普通高等院校规划教材

食品新产品开发

文连奎　张俊艳　主编

化学工业出版社

·北京·

食品科学的发展催生了食品新产品的开发,食品新产品的不断推出也推进了食品工业的进一步发展。本教材以创造学、市场营销学、食品法规与与管理等课程为基础,讲述食品新产品开发的过程、食品新产品的思维训练、产品创意、产品设计、市场开发、新产品市场管理等内容,该书应用了创造学、心理学、市场营销学、企业管理学等学科的最新理论,通过许多食品新产品开发的案例来启迪创新思维,使读者对食品新产品的开发有全面的认识与理解。

本书可以作为普通高等院校食品及其相关专业的教材,也可以作为企业从事食品及相关产品开发的科技与管理人员使用与参考。

图书在版编目(CIP)数据

食品新产品开发/文连奎,张俊艳主编. —北京:化学工业出版社,2010.5(2018.3重印)
普通高等院校规划教材
ISBN 978-7-122-07912-1

Ⅰ.食… Ⅱ.①文…②张… Ⅲ.食品-技术开发-高等学校-教材 Ⅳ.TS2

中国版本图书馆 CIP 数据核字(2010)第 039690 号

责任编辑:赵玉清　　　　　　　　　　文字编辑:刘　畅
责任校对:洪雅姝　　　　　　　　　　装帧设计:尹琳琳

出版发行　化学工业出版社(北京市东城区青年湖南街13号　邮政编码100011)
印　　刷　北京京华铭诚工贸有限公司
装　　订　北京瑞隆泰达装订有限公司
787mm×1092mm　1/16　印张11¾　字数288千字　2018年3月北京第1版第4次印刷

购书咨询:010-64518888(传真:010-64519686)　　售后服务:010-64518899
网　　址:http://www.cip.com.cn
凡购买本书,如有缺损质量问题,本社销售中心负责调换。

定　价:**25.00元**　　　　　　　　　　　　　　　　　版权所有　违者必究

编写人员名单

主　编　文连奎　吉林农业大学
　　　　　　张俊艳　韶关学院
副主编　张　莉　吉林农业大学
　　　　　　侯振建　南阳理工学院
　　　　　　赵欣宇　烟台南山学院
参　编　刘艳明　吉林农业科技学院
　　　　　　王治同　吉林农业大学
　　　　　　陈春丽　中粮五谷道场食品有限公司
　　　　　　姚　娜　吉林农业大学

前言

"国以民为本,民以食为天"这是我们的祖先把对食品的认识提升到治国安邦高度的名言。中国饮食文化历史发展悠久,文化积淀深厚,民族特色鲜明,它是透视中国文化的一个极好的窗口。

食品工业是朝阳产业,是永不衰败的工业。进入 21 世纪,我国食品工业发展迅速,其产值居工业总产值的第一位,已经成为我国国民经济的重要支柱产业。食品科技的进步和技术创新极大地促进了食品工业的现代化进程,正在由初加工向深加工过渡,食品加工企业也正在向现代化管理迈进。

我们现在广泛食用的食品并不是在人类存在以来就有的,它们随着科学技术的进步逐步被开发出来。社会在发展,食品就要不断地创新。不断地开发新产品,包括采用新原料、应用新技术、改进新工艺、提高食品营养价值、食品文化的发展等多方面。"创新则兴,不创新则亡",这是市场经济的一条定律,创新是食品发展的永恒主题。

随着社会的发展和科学技术的进步,食品的种类日新月异,而食品行业作为一个朝阳产业,要想使自己的企业在强手如林的市场上立于不败之地,就要加强食品新产品的研究开发。目前大多数企业都设立了研发部,配备了研发人员,但是要做好研发工作却不是一朝一夕的事情。它既需要理论的支持又需要实践的积累,而关于食品研发方面的实用资料却很少。

本书综合了创造学、思维学、市场营销学、技术经济学、食品加工科学等多学科知识,对食品新产品开发的全过程进行了构思。全书贯穿了食品新产品发明、创造、开发应用的实例,具有理论性、实践性和实用性。强调针对性、注重实际案例的应用,大多数案例均为食品加工方面的,便于和生产实际结合,也便于启发食品新产品研发的思路。

本书可作为高等学校食品及相关专业开设新产品开发课程和思维创造课程的教科书,也可作为企业从事食品及相关产品开发的研发人员的参考书,还可作为食品及相关企业生产管理人员创新思维培训的参考资料。

全书共分九章,第一章由文连奎编写,第二章由张莉编写,第三章由文连奎和张莉编写,第四章由刘艳明和王治同编写,第五章由张俊艳和赵欣宇编写,第六章由文连奎、张俊艳和侯振建编写,第七章由陈春丽编写,第八章由文连奎和张俊艳编写,第九章由姚娜编写,最后由主编文连奎教授统稿。

本教材在编写过程中得到了化学工业出版社、吉林农业大学有关部门的大力支持,并引用了大量文献资料,在此一并向这些作者和所有为本书提供过资料的同志致以诚挚的谢意。

该类教材首次出版,不当之处,敬请广大读者给予批评指正,以便再版时修订。

编者
2009 年 11 月

目录

第一章　绪论　　1

第一节　创造与创新就在我们身边 …… 1
一、什么是创造 …… 1
二、什么是创新 …… 1
三、谁是创造与创新的主体 …… 2

第二节　食品新产品开发与创造 …… 2
一、食品及其分类 …… 2
二、食品新产品及其创造 …… 2
三、创新、创造在食品新产品开发中的作用 …… 3
四、食品新产品开发的意义 …… 4

第三节　开设食品新产品开发课程的意义 …… 5

第四节　如何学习本门课程 …… 7
一、活学活用，善于思考 …… 7
二、广泛涉猎，举一反三 …… 7
三、创造力测试，思维训练 …… 7
四、参加社会实践，掌握生活常识 …… 8

思考题 …… 8

第二章　创造性思维与创造　　9

第一节　思维的种类与创造性思维的特征 …… 9
一、思维的种类和特征 …… 9
二、创造性思维的概念 …… 11
三、创造性思维的特性 …… 11

第二节　创造性思维的理论基础和作用 …… 14
一、哲学是创造性思维的基础 …… 14
二、创造性思维的作用 …… 16
三、创新思维的环境与条件 …… 18

第三节　创造学概述 …… 19
一、创造与发明 …… 19
二、创造学及其研究内容 …… 20
三、国外创造学的发展 …… 21
四、我国创造学的发展 …… 22

思考题 …… 23

第三章　创造性思维与思维训练　　24

第一节　发散思维的定义和特性 …… 24
一、发散思维的定义 …… 24
二、发散思维的特点 …… 24
三、发散思维的过程 …… 25
四、人人都具有发散思维 …… 26

第二节　发散思维的种类与创造 …… 26
一、逆向思维 …… 26
二、侧向思维 …… 27
三、想象思维 …… 28
四、联想思维 …… 29
五、灵感思维 …… 30
六、直觉思维 …… 31
七、假说 …… 32
八、系统思维 …… 34

第三节 收敛思维 …………………… 34
　一、收敛思维的概念和特点 …… 34
　二、收敛思维的基本方法 ……… 35
第四节 创造性思维在解决问题中的
　　　 活动过程 …………………… 37
　一、关于创造性思维一般活动过程
　　　的有关学说 ………………… 37
　二、创造性思维的四个阶段 …… 38
第五节 创造性思维与训练 ………… 39
　一、教育与创新思维 …………… 39
　二、创意思维训练具有悠久的
　　　历史 ………………………… 39
　三、创新思维是可以训练的 …… 40
第六节 破除思维定势的训练 ……… 41
　一、破除权威定势的训练 ……… 41
　二、破除从众定势的训练 ……… 42
　三、破除唯经验定势的训练 …… 43
　四、破除唯书本定势的训练 …… 43
　五、破除非理性定势的训练 …… 44
第七节 发散思维训练 ……………… 45
　一、材料发散 …………………… 45
　二、功能发散 …………………… 45
　三、结构发散 …………………… 45
　四、形态发散 …………………… 46
　五、结合发散 …………………… 46
　六、方法发散 …………………… 46
　七、因果发散 …………………… 47
　八、关系发散 …………………… 47
　九、缺点列举训练 ……………… 47
　十、愿望列举训练 ……………… 47
　十一、想象训练 ………………… 48
思考题 ………………………………… 48

■ 第四章 产品及新产品概述　　49

第一节 产品的概念及产品线 ……… 49
　一、产品的概念 ………………… 49
　二、产品组合与产品组合策略 … 50
　三、具体产品组合策略 ………… 51
第二节 产品生命周期 ……………… 51
　一、产品生命周期的划分 ……… 52
　二、特殊的产品生命周期 ……… 53
　三、食品类产品生命周期的意义 … 54
第三节 产品定位与方法 …………… 54
　一、什么是产品定位 …………… 54
　二、产品定位的种类和方法 …… 55
　三、产品定位的步骤 …………… 57
　四、营销产品再定位 …………… 57
第四节 产品商标与品牌 …………… 58
　一、产品商标 …………………… 58
　二、产品品牌 …………………… 59
　三、产品品牌和商标的命名 …… 60
第五节 新产品概念及其分类 ……… 61
　一、新产品的概念 ……………… 61
　二、新产品的分类 ……………… 62
第六节 新产品开发、创新的原则
　　　 和方式 ……………………… 63
　一、新产品开发的原则 ………… 63
　二、产品创新的几个原则 ……… 64
　三、产品创新方法 ……………… 65
　四、新产品的开发方式 ………… 67
第七节 新产品开发的文化塑造 …… 67
思考题 ………………………………… 69

■ 第五章 食品新产品开发过程　　70

第一节 新产品开发过程 …………… 70
　一、产品开发程序 ……………… 70
　二、产品开发步骤 ……………… 70
第二节 食品新产品开发的创意
　　　 来源 ………………………… 72
　一、来自企业内部的创意 ……… 72
　二、来自企业外部的创意 ……… 74
　三、来自产品本身的创意 ……… 75
第三节 食品新产品市场调查方法 … 76
　一、市场调查的主要内容 ……… 76

二、常见的市场调查方法 ………… 77
　　三、市场调查的程序 …………… 79
　　四、调查问卷设计 ……………… 79
　第四节　食品新产品设计研发 ……… 82
　　一、人体工学与食品新产品开发 … 82
　　二、食品产品的标准制订 ………… 83
　　三、食品研发选题设计 …………… 84
　　四、食品新产品配方设计 ………… 87

　　五、食品工艺研发设计 …………… 88
　　六、食品标签设计要求 …………… 89
　　七、食品建厂与设备选型 ………… 90
　第五节　食品新产品的包装和定价 … 91
　　一、食品新产品的包装 …………… 92
　　二、食品新产品的定价 …………… 94
　思考题 …………………………… 96

第六章　食品新产品开发的创造技法　　97

　第一节　创造技法应用的原理和
　　　　　原则 ……………………… 97
　　一、创造技法应用的原理 ………… 97
　　二、创造技法应用的原则 ……… 100
　　三、正确运用创造技法 ………… 101
　第二节　智力激励法 ………………… 101
　　一、奥斯本智力激励法的程序 … 102
　　二、智力激励法的规则、要求、
　　　　技巧和注意事项 …………… 106
　　三、智力激励法的特点、作用和应用
　　　　实例 ………………………… 109
　第三节　列举法 …………………… 111
　　一、缺点列举法 ………………… 112
　　二、希望点列举法 ……………… 113
　　三、特征列举法 ………………… 114
　第四节　组合法 …………………… 115
　　一、技法原理 …………………… 115
　　二、运用要点 …………………… 117
　　三、常用组合创造法 …………… 118
　第五节　设问法 …………………… 119

　　一、"5W 1H"法 ………………… 120
　　二、奥斯本检核表法 …………… 121
　　三、十二路思考法 ……………… 122
　第六节　信息交合法 ……………… 124
　　一、概述 ………………………… 124
　　二、信息交合法的基本原则 …… 125
　　三、信息交合法的应用方法 …… 125
　　四、信息交合法的应用实例 …… 125
　第七节　形态分析法 ……………… 127
　　一、概述 ………………………… 127
　　二、形态分析法的具体步骤 …… 127
　　三、形态分析法的应用 ………… 127
　　四、形态分析法的改进 ………… 128
　第八节　借用专利文献法 ………… 129
　　一、调查专利进行创造发明 …… 129
　　二、综合专利成果进行创造发明 … 129
　　三、寻找专利空隙进行创造发明 … 129
　　四、利用专利法的知识进行创造
　　　　发明 ………………………… 130
　思考题 …………………………… 130

第七章　食品新产品开发方向与方法　　131

　第一节　新产品开发的信息需求 …… 131
　　一、新产品开发过程中的信息
　　　　需求 ………………………… 131
　　二、新产品生命周期中的信息
　　　　需求 ………………………… 132
　　三、新产品技术引进中的信息需求 … 133
　第二节　市场导向型开发方向 …… 133
　　一、市场细分思考法 …………… 133

　　二、引申需求列举法 …………… 134
　　三、消费趋势导向法 …………… 134
　　四、市场定位分析法 …………… 135
　　五、创造新型消费法 …………… 135
　　六、产品用途扩展法 …………… 136
　　七、产品附加值思考法 ………… 137
　第三节　传统食品工业化与食品
　　　　　新产品开发 ……………… 138

  一、传统食品及其种类、特点 …… 138
  二、传统食品开发与现代加工技术
    应用 …………………………… 140
  三、传统食品开发与口味 ………… 140
  四、传统食品开发与标准化 ……… 140
  五、最小工业规模与产品成本
    控制 …………………………… 141
  六、传统食品开发应注意文化传承
    和国际化 ……………………… 141
 第四节 畅销产品创意开发方向 … 141
 第五节 食品新产品开发策略 …… 144
 第六节 食品新品开发方法 ……… 147
 思考题 ……………………………… 148

第八章 食品新产品生产过程与开发实例 149

 第一节 食品类产品生产过程 …… 149
  一、企业注册程序 ………………… 149
  二、食品卫生许可证审批流程 …… 149
  三、产品标准的编写、审批、
    备案 …………………………… 149
  四、办理食品生产许可证（QS）… 150
  五、产品试生产与试销售 ………… 150
 第二节 保健食品的生产 ………… 150
  一、国产保健食品申报 …………… 151
  二、保健食品生产企业卫生许可 … 152
  三、国家对保健食品原料的要求 … 152
  四、新资源食品 …………………… 153
 第三节 产品成本核算与价格
    估算 ……………………… 154
  一、成本核算及其内容、意义 …… 154
  二、成本核算的方法 ……………… 155
  三、销售价格的估算 ……………… 155
  四、成本核算及销售价格估算的
    应用 …………………………… 156
 第四节 食品新产品开发的评价 … 156
  一、新产品评价的目的 …………… 156
  二、新产品评价的内容和方法 …… 157
 第五节 食品新产品开发实例 …… 159
  一、台湾"桂冠熟布丁"的研发
    实例 …………………………… 159
  二、台湾法舶纤维饮料研发营销
    实例 …………………………… 161
 思考题 ……………………………… 164

第九章 新产品开发的管理 165

 第一节 提高研发人员的素质 …… 165
  一、研发人员应具备的素质 ……… 165
  二、如何提高研发人员的素质 …… 166
 第二节 开展群众性合理化建议 … 171
  一、群众性、经常性合理化建议
    工作的程序 …………………… 172
  二、群众性、经常性合理化建议的
    保证 …………………………… 172
 第三节 企业技术创新 …………… 173
  一、技术创新的概念 ……………… 173
  二、企业技术创新的内容 ………… 173
  三、加强企业技术创新的对策 …… 174
 第四节 新产品开发失败与分析 … 174
  一、产品沉默期导致的失败 ……… 175
  二、战略的缺失导致新产品开发
    失败 …………………………… 175
  三、新产品在销售过程中的失败 … 176
 第五节 新产品保护 ……………… 177
  一、熟悉掌握国家行业法规 ……… 177
  二、利用知识产权法保护自己的
    合法利益 ……………………… 178
  三、企业自己保护自己的发明
    创造成果 ……………………… 178
 思考题 ……………………………… 179

参考文献 180

第一章 绪 论

第一节 创造与创新就在我们身边

一、什么是创造

创造是人们为实现一定的目的,综合运用各种有关的信息,并通过自身独特的思维方式和操作过程,产生出前所未有的、具有一定社会价值的新成果的活动。

谈到创造,人们自然会想到像牛顿、爱因斯坦这样一些杰出的科学家。牛顿以他的才干创建了经典力学和经典物理学完整的理论体系,爱因斯坦以其丰富的想象力建立了具有划时代意义的相对论的时空观,对科学和社会的发展作出了巨大的贡献,这都是创造史上的典范。

然而并非只有能够影响人类命运的伟大发现才叫创造。其实,创造的内容包罗万象、极其广泛,涉及人类活动领域的一切方面。随时随地,都能看到人类创造的足迹。车间里轰鸣的机器,田野上飘荡的麦浪,商店里琳琅满目的商品,战场上纵横驰骋的装甲车辆等等,无一不是来自创造;科学理论的新发现,工艺、技术路线的新发明,新产品的研制和开发,文学、艺术的创作,乃至一种新的改革方案、一套新的教学方法、一种新的营销策略、一个新的广告创意等等,无一例外都是创造的成果。在我们的身边,到处都有创造的例子,例如:我们现在看到的各类启事所留的电话号码都用一个一个的长条分割开来,为的是便于使看启事的人保存电话号码;我们看到在一些大的单位门前,有存放自行车的固定架,自行车前轮被固定就不会被大风刮倒等等。这就是说,世间一切事物中,除了自然形态的,其余都是人类创造活动的结晶。

二、什么是创新

在英文中,创新(innovation)这个词起源于拉丁语,它原意有三层含义:第一,更新;第二,创造新的东西;第三,改变。在1912年,美国哈佛大学的经济学、管理学教授熊彼特第一次把创新引入了经济领域。换句话说,从经济的角度他提出了创新。他提出了五个方面的创新,主要有产品创新,就是生产一种新的产品;工艺创新,要采取一种新的生产方法;市场创新,要开辟产品市场;要素创新,要采用新的生产要素;管理制度创新,改革管理体制、管理机制等。

对创新我们有多方面的理解,说别人没说过的话叫创新,做别人没做过的事叫创新,想别人没想到的东西叫创新。但是创新不一定非得是全新的东西,包装旧的东西叫创新,改变切入点叫创新,改变结构也叫创新。

有一个公司,有四个生产车间,怎么提高劳动生产率?有人给出了这样的主意:首先分析四个车间的员工构成，就发现第一个车间都是男孩，就加几个女孩进去，效率提高；第二个车间都是一些青年人，加几个中年人进去，效率提高；第三个车间都是中老年人，加几个年轻人进去有新鲜活力，效率提高；那么第四个车间呢？老少男女都有，经过分析就发现，这个车间都是本地人，那就加几个外地人进去，效率就提高了。还是这么多人，就把结构变换一下，这就是创新。所以创新到处都有，创新就在我们身边。

三、谁是创造与创新的主体

在很久以前，启事就是一张纸，自行车也都是自己支在那里，由此引发我们思考，这些创造是什么人发明出来的？是看启事的、放自行车的人呢，还是写启事的、看车子的人呢？

如果我们还不能想明白，我们再看一个例子：折叠三轮车，它可以通过平时三轮车不能通过的窄门，那么这样一个实用的发明，是什么人所为？这就是本课程开始之初我们要弄明白的一个问题就是，谁是创造发明的主体？那就是具有创造与创新能力的人。

著名教育学家陶行知说过："处处是创造之地，天天是创造之时，人人是创造之人"。发明就在我身边，事事都可以创新，创造不分学历高低，只有思维创新性之区别。

第二节　食品新产品开发与创造

一、食品及其分类

饮食是人类生存和发展的物质基础，食品是经由食物加工而来的一种产品。食品工业和人们生活息息相关，是人类永恒不衰的工业，是我国国民经济的重要产业之一。我国的食品加工业以"选料广泛、技法众多、口味多变、品评多元"等特点，在世界上享有盛誉。中国饮食文化历史发展悠久，文化积淀深厚，民族特色鲜明，它是透视中国文化的一个极好的窗口。中国文化的方方面面，在这个窗口里都可显示的特别清晰。中国文明史，其实很大部分都体现在具体的饮食活动之中。

近年来人们对饮食生活从质量到内涵都发生了前所未有的变化，从过去的吃饱，吃好，发展到今天人们要吃品味，吃文化。人们饮食观念的变化正是中国经济发展、人们文化素质和审美情趣提高、社会大进步的具体反映。

食品是指各种供人食用或者饮用的成品和原料以及按照传统既是食品又是药品的物品，但是不包括以治疗为目的的物品。《食品工业基本术语》对食品的定义：可供人类食用或饮用的物质，包括加工食品，半成品和未加工食品，不包括烟草或只作药品用的物质。从食品卫生立法和管理的角度，广义的食品概念还涉及：所生产食品的原料、食品原料种植、养殖过程接触的物质和环境、食品的添加物质、所有直接或间接接触食品的包装材料、设施以及影响食品原有品质的环境。

日常食品根据其所含的营养及食用价值，可分为六大类：①谷类、芋类、含淀粉多的蔬菜及豆类（大豆除外）等；②水果类；③鱼、瘦肉、蛋、大豆及豆制品类等；④乳、乳制品类；⑤油脂及多脂食物类；⑥蔬菜类（含淀粉多的除外）、海藻及蘑菇类。

二、食品新产品及其创造

现在广泛食用的食品并不是在人类存在以来就有的，它们是随着科学技术的进步逐步被开发出来的。例如：碳酸饮料是 1772 年，英国化学家普利斯特里把从一家酿造厂得到的"固定空气"通入水中，大部分被水吸收而制成的人工泉水，只有 200 多年的历史；罐头则是 1804 年，法国的糖果点心匠尼古拉·阿佩尔受一瓶经过煮沸又密封很好的果汁没有变质的启发而发明出来的。尼古拉·阿佩尔为长期贮藏食品做出了贡献，获得了两万法郎的奖金。不久以后，他就在巴黎建起了世界上第一家罐头厂。

社会在发展，食品就要不断地创新，不断地开发新产品，它包括采用新原料、应用新技术、改进新工艺、提高食品营养价值、食品文化的发展等多方面。任何企业，包括那些年销售额上百亿的大企业，并不是总会长兴不衰，它们的命运是与创新相联系的。产品创新是企业竞争制胜的法宝，因此，每一个希望发展的食品企业，都在研究自己的对手，研究消费者的喜好，不断对自己的产品进行创新。

创造是历史前进的根本动力，人类进化发展的历史就是一部创造发明的历史。没有创造，就没有今天人类社会的物质和精神的文明。俗话说"一招鲜，走遍天"，创新是食品发展的永恒主题。新潮流行食品是食品发展的时代体现。创新能力的强弱，直接关系到食品科学工作者是否有发展后劲。

21 世纪是我国进入全面小康社会的新时期，只要我们不断努力，继承传统与创新未来，开拓创新，必将使我国的食品加工和饮食文化更加灿烂辉煌。

三、创新、创造在食品新产品开发中的作用

新产品开发属于经济学范畴，在创造学内容体系中一般不包括新产品开发，但它与创新、创造关系十分密切。可以说，新产品开发离不开创新、创造。

（一）新产品是一种创造成果，是创造学理所当然的研究对象

一般说来新产品具有以下一项或多项特征：新产品具有新的原理、新的结构，或加以改进，在性能方面比老产品有显著提高；新产品采用了新的材料、新的元件，性能优于原有产品，或价格低于原有产品，并使原材料供应得到保证；新产品采用新的工艺、新的设备来生产，具有先进性。新产品产生新的用途、新的市场需要，具有使用性。

因此，不论是从创造的含义上讲，还是从创造的分类上说，新产品都是创造成果。创造学是新产品开发的指导性和应用性学科。

（二）新产品开发过程和创造过程是一致的

一般来说，新产品开发可分为五个阶段：构想阶段、设计阶段、行销规划阶段、投产阶段、投销阶段。

其中，构想阶段即创意思维阶段与创造性思维过程完全是一致的。而新产品开发的整个程序是围绕着产品的诞生和创造过程产生创造成果一样，有它们的相映性。象构想阶段类似创造的准备阶段；设计阶段和行销规划阶段大致相当于创造的酝酿期；投产阶段是产品诞生，与创造的突破性相似；投销阶段是检验产品是否畅销，类似创造的验证期。因此，用创造学指导新产品开发是十分有效的。

（三）新产品开发的任一环节都渗透着创造

新产品开发的实际追求目标是畅销商品，从市场前景调查开始，畅销商品开发程序包括下列环节：以市场需要为依据进行产品创意，通过产品观念对创意进行筛选评价；然后设计蓝图，同时考虑名称、包装；按设计创作实体模型并估计产品成本，其后开始制定产品规

格,决定生产过程。与此同时对名称、包装、产品做一定的实验,如把拟就的几种名称在一定范围内进行实验性征询意见,并估计产品定单来源;样品生产,让样品经受多种实验以进一步完善产品;开始实验市场规划,通过确定促销计划、确定经销方针、确定生产方案,最后确定对生产部门的指示;终点是投产并投销。

上述程序中的每一个环节,都充满了创造。例如粽子产品构思,用创造工程学中的组合原理,把糯米和肉组合在一起,通过改革工艺过程,开发出工厂化生产的肉粽子,是组合创造原理的应用。蜂蜜矿泉水是将蜂蜜与矿泉水融合,解决了其沉淀问题,并改进其杀菌保藏工艺技术而研究开发出来的。对技术创新的研究,可以使我们明确,创造学应十分注意技术创新,将技术创新纳入自己的研究和教学中,使创造学在为经济服务、为企业发展服务方面有更大的作为。

在国家大力倡导"创新"的大环境下,企业已经意识到了"无创新即死亡"的发展趋势。在市场经济条件下,产品供不应求是不多见的,大多数商品都会处于一种市场饱和状态;即使某种商品出现了供不应求,也会在短时期内出现供求平衡甚至供过于求,这是市场资源配置的结果。

四、食品新产品开发的意义

食品属于快速消费品,其产品周转周期短,进入市场的通路短而宽。因而使用寿命较短,消费速度较快。食品经营企业如逆水行舟,不进则退。没有新产品的企业如同失去往上划的动力,也就等于无视消费者的新需要,失去了长足发展的生命动力。

(一) 开发新产品是企业生存和发展的根本保证

科学技术的发展以及它们在生产中的应用,使科学技术和生产力飞速发展,产品日新月异,产品生命周期出现缩短的趋势,这给食品行业企业造成了严重威胁。企业必须利用科技新成果不断进行新产品开发,才能在市场上有立足之地。因此,新产品开发已成为企业生存和发展的支柱,只有这样才能做到"生产一代、改进一代、淘汰一代、研发一代、储备一代"的产品研发战略。

(二) 开发新产品是提高企业竞争能力的重要手段

没有产品开发能力,企业也就没有竞争能力。不断地创新,不断地开发新产品,是增强企业竞争能力的必要条件,也有利于分散企业的经营风险。在激烈的商战中,谁拥有新产品,谁就占据市场竞争的有利地位。企业要想在竞争中立于不败之地,就必须根据市场需求和竞争对手的变化,不断推陈出新,给市场注入"新鲜血液",及时填补市场空白,抢占市场制高点,控制生产、流通和消费的导向权,这样才能做到"人无我有,人有我优,人优我全,人全我廉,人廉我特,人特我新"。

(三) 开发新产品是提高企业经济效益的重要手段

新产品开发成功与否,直接关系到实现企业的业绩与利润目标,它有利于充分利用企业的资源和生产能力,提高劳动生产率,增加产量,降低成本,取得更好的经济效益。新产品上市成功与否是实现利润目标与否的重要变量。

(四) 开发新产品是满足消费者需求、提高国家综合国力、推动社会进步的需要

只有不断地开发新产品,及时采用新技术、新材料、新设备,不断推陈出新,逐步替代

老产品，不断地开拓新市场，才能适应不断变化的市场需求，更好地满足现实和潜在的需要，才能尽快促进社会生产力的发展。

第三节　开设食品新产品开发课程的意义

本课程主要讲述与食品新产品开发有关的知识，主要包括：创造性思维及其训练，创造发明技法及其训练，新产品概述，新产品开发的流程，新产品的定位与设计，新产品的上市与管理等。通过本课程的学习，达到以下目的。

1. 有利于素质教育的发展

素质教育是指一种以提高受教育者诸方面素质为目标的教育模式，它重视人的思想道德素质、能力培养、个性发展、身体健康和心理健康教育。它是相对于应试教育而提出的，素质的含义有狭义和广义之分。狭义的素质概念是生理学和心理学意义上的素质概念，即"遗传素质"。广义的素质指的是教育学意义上的素质概念，指"人在先天生理的基础上在后天通过环境影响和教育训练所获得的、内在的、相对稳定的、长期发挥作用的身心特征及其基本品质结构，通常又称为素养。主要包括人的道德素质、智力素质、身体素质、审美素质、劳动技能素质等。"也就是我们通常说的非智力因素素质。

应试教育培养的收敛思维，而素质教育培养学生具有发散思维的品质，本课程就是通过发散思维训练，提高学生的创新能力和创造能力。

2. 提高学生的创新思维能力进而提高学习能力，提高就业能力

大学的学习与中学完全不同，它是以自学为主的学习方法，要求学生具有较好的分析归纳与推理演绎能力，而这要求学生要有创新思维的能力。通过本课程中的发散思维训练、创造技法训练，可以使学生掌握创新思维的基本应用技巧，将其应用于学习中，提高学习能力。

尽管当前大学生就业形势严峻，然而具有较强创新能力的学生还是会得到用人单位的青睐的，而这种创新能力来源于创新思维，它可以使大学生在应聘、面试与试用过程中灵活应对，并将其应用于工作中，因而提高其就业能力。

例如某学生接到一个应聘通知，题目是全上海共需要多少调琴师？结合生活经验，她快速地理出了思路，首先从人口数量入手，根据在社会实践中得到的知识，按家庭人口得到家庭数量，再按一定的百分比确定有钢琴的家庭数量得到钢琴数，再根据钢琴调琴的周期和钢琴师的工作周期推断出所需要的琴师数量。由此我们可以在产品开发中推断某朝鲜族地区每年可以消费多少吨泡菜？进而设计出产量指标。

3. 有利于开发右脑

科学研究表明，人脑约150亿个脑细胞组成，120万亿根神经键，一个神经细胞每秒钟可接受的信息量是15~25比特（信息单位），那么一个人的一生总的记忆储量相当于3~4个美国国会图书馆（藏书2000万册）的信息量。前苏联学者伊尔菲莫夫明确地提出：我们的脑袋可同时学习40种语言，可以默记一套大百科全书的全部资料；与此同时可以有充分的能力去完成10种不同的大学课程的教研活动。

人们在日常的生活、工作学习中所使用的神经细胞，只占总量的5%~10%左右，其他的脑细胞都处于休整、后备状态，这就是说人脑有90%以上的潜力还没有充分发挥出来。人的大脑分为左、右两个半球，各自具有不同的功能。具体情况如下表示。

表1-1 大脑两半球功能比较

左半球	右半球	左半球	右半球
语言	知觉	抽象	图形
阅读	理解	判断	空间
书写	类比	推理	视觉记忆
分析	综合	抽象逻辑思维	具体形象思维、直觉思维

由表1-1可见，人脑的两个半球，既具各司其职，有严格的分工，又有联系的协作：左半球主要从事抽象逻辑思维，进行逻辑思维和分析，主管语言和自我意识；右半球主要从事形象思维、色彩欣赏、空间定位、图像识别等。

人的左右两边身体的活动是由左、右脑交叉控制的：左脑控制着人体右边的神经和感觉，是理解语言的语言中枢，主要进行逻辑思维，是知识脑；右脑控制着人体左边的神经和感觉，主要进行形象思维和直观思维，是创造脑。而人们一般只重视用左脑儿忽视用右脑，因为大多数人都习惯于用右手，这表明人们习惯用左脑。

一个人小学到大学毕业，从思维的角度看，接受的大多是抽象逻辑思维的训练，发挥的是左脑的功能，忽视右脑功能的发挥。右手是受左脑指挥的，但左利手只占人类的10%左右，而创造性思维则需要大脑两半球功能的联合。因此，培养创造性思维就是要开发大脑潜能，这是提高人类自身素质的途径。

4. 提高个体发明创造能力，实现自我价值

个体创造性思维的发展水平决定着其创造力的强弱，一个创造性思维发达的人，一定具有较强的创新能力。世界上许多科学家，如爱迪生、牛顿、爱因斯坦等人之所以取得了举世瞩目的科学成就，是与他们思维的独特性、灵活性、敏捷性即思维的创新性是分不开的。在日常工作中我们也可以发现，一个墨守成规、思想僵化的人工作成绩平平；相反，一个思想活跃、勇于开拓的人往往能做出突出的成绩。衡量一个人价值大小的尺度是为社会所做贡献的大小，培养创造性思维，提高创造力是实现个体自我价值的有效途径。

5. 是现代企业和社会发展的客观要求

创造性思维是现代人思维方式的必然选择。面对新技术革命的挑战，在激烈的世界竞争和信息爆炸的时代，人们需要不断地调整自己的思维方式、价值观念和行为习惯去适应激烈竞争的社会。创造性思维最大限度地发挥了思维主体的主动性，不拘于已有结论，不迷信权威，力求从新的角度，用新的方法找到新的不同的结论。因而就有开拓性和开放性，这正是现代人应具有的心理素质。

在市场经济中，企业之间的竞争尤为激烈。从经济发展的过程来看，企业竞争的重点不断发生转变，并且出现了三个不同的竞争阶段。

在第一个阶段，企业的规模都比较小，它们重点进行的是物质领域的竞争，争原料，争市场，争设备，因为这些东西与企业效益直接联系，一旦竞争成功，效果会立竿见影地显现出来。

在第二阶段，企业看到了"物"是死的，而人是活的，企业有了人才就能迅速发展。于是人才竞争成为企业竞争的重点，许多大公司想尽一切办法招揽人才。

在第三阶段，企业认识到"人才"分为两类，一种是技术型的，另一种是智慧型的。前者请来就能用，马上见效益，而后者尽管投资大、收效慢，却能够对企业的整体效益和长远发展产生无法估量的价值。于是，智慧型人才在市场上成为竞争热点，咨询、策划、顾问之类职位火热。

创造性思维是创新的实质和核心。它虽然是一种复杂的、高级的心智活动，但绝不是神秘莫测，高不可攀仅属少数天才人物的"专利"。创新的能力是人类普遍具有的素质，绝大多数的人都具有创新的禀赋，都可以通过学习、训练得到开发和强化。在科学技术飞速发展和竞争激烈的时代，创造力水平的高低决定一个民族的兴衰荣辱、生死存亡。

6. "创新"——成就当代大学生的使命

当今社会，对大学生的成才要求出现多元化。表现在，一方面，学习知识具有继承性，而时代要求我们拥有的绝不仅仅只是知识，时代更呼唤我们具有创新思维。继承和创新都是推进时代发展的巨大动力；另一方面，学习必须经过实践的检验。而实践本身就是一种创造，需要创新思维作载体。再一方面，要让创新思维表现出来需要不断地学习提高。要使得我们的创新、创造力变为现实，很重要的是要有丰富的知识。丰富的知识是和创新思维创造力的发挥成正比的。创新思维是创造性实践的前提，是创造力发挥的前提，因此必须学习创新思维知识，增强自己的创造力，正确处理好学习与创新的关系。

创新是一个民族进步的灵魂，是国家兴旺发达的不竭动力。技术创新是推动科技进步和经济发展的源泉和动力，科学创造是构建人类智慧宝库的基石。因此，本课程培养掌握创造新世界的创造性思维方法，对于国家建设、民族振兴、经济发展、科技崛起、企业生存和社会进步，都有着极其重要的意义。

第四节　如何学习本门课程

一、活学活用，善于思考

本课程主要结合创新思维的案例和新产品开发的案例，讲解新产品开发需要的思维方法、创造技法和新产品开发过程所需要的相关知识，提高学生的学习能力和应变能力，因此在学习中应该活学活用，勤于思考。

不耻下问，打破沙锅问到底的精神，都是良好的思维品质。思考就是要不断地问"为什么？"，在我们的生活和企业生产管理的实践中，面对千千万万个案例的问题，我们所问的永远是下一个问号。

二、广泛涉猎，举一反三

本课程涉及哲学、应用心理学、逻辑学、市场营销学、企业管理学、创造学、食品工艺学等多门学科的知识，这些知识的融会贯通，将提高对食品新产品开发过程的理解和领悟，提高创新思维能力，从而在创造开发中发明出新的技法。学习中要做到举一反三，自由联想，提高食品新产品开发中各个环节创造性革新的数量和质量。

三、创造力测试，思维训练

本课程中思维训练占有较大比重，而一个人的思维能力和创造力经过训练是可以提高的。我们经常在报刊杂志上看到一些思维的小游戏，如数字游戏、图形游戏、火柴梗游戏、文学类的诗词游戏等等，这些都是创造性思维训练的内容。现在创造力测试还有专门的试题，也有很多思维训练的书籍，因此在学习中要经常的看这些思维训练的试题，测试自己的创造力，这些都有利于加深对本课程内容的理解和认识。

四、参加社会实践，掌握生活常识

大学生多数是从学校到学校，没有走上过社会，而且平时为了学习忽视了很多有益的社会活动和基本的劳动技能的培养，因而最缺乏的就是社会实践知识和生活常识。

本课程在讲授食品新产品开发过程中，经常涉及一些食品加工的常识性知识，还有与食品加工相关的设计、命名、成本组成、销售心理、广告心理、市场调查等各方面知识。因此要求在学习中按照内容的要求深入到市场进行考察，考察某食品类产品在市场上的各项指标和生产销售情况，加深对食品新产品开发过程的理解。

思考题

1. 举例说明什么是创新与创造？
2. 举例说明谁是创新与创造的主体？
3. 以你现在的知识和经验，你想开发什么样的食品？为什么？
4. 你认为现在市场上的哪些食品是新产品？
5. 新产品开发对企业和你本人有什么意义？

第二章 创造性思维与创造

第一节 思维的种类与创造性思维的特征

一、思维的种类和特征

(一) 思维的种类

思维可以从不同角度进行分类，通常多是根据思维任务的性质、内容和解决问题的方式分为以下类型。

1. 直观动作思维、具体形象思维和抽象逻辑思维

(1) 直观动作思维，又称实践思维 思维任务具有直观的形式，解决问题的方式依赖于实际的动作，3岁前的儿童的思维属于直观动作思维。

(2) 具体形象思维 这是指人们利用头脑中的具体形象来解决问题。具体形象思维主要表现在学前期。这时儿童的语言还没有得到充分的发展，他们主要运用具体形象来思考，思维活动受具体知觉情形的影响。

例如，当着他们的面把两瓶同体积的水分别倒进一个试管和广口瓶，一般孩子都认为试管内的水多些。他们的判断直接受到水面高低的影响。成人的思维虽然主要是抽象逻辑思维，但也不能脱离形象思维，在解决直观形象的任务或比较复杂的问题时，鲜明生动的形象有助于思维活动的顺利进行，特别是艺术家、作家、导演、设计师等。

食品新产品开发中的包装设计也是更多的运用了形象思维，例如选择直筒形状的玻璃瓶和溜肩形状的玻璃瓶装饮料，同样装量下，一般人都认为直筒形玻璃瓶里装的要多些。

(3) 抽象逻辑思维 当人们对着理论性质的任务，并要运用抽象的概念、理论知识来解决问题的时候，这种思维称抽象逻辑思维。例如，学生学习各种科学知识，科学工作者进行某种推理、判断等都要运用这种思维。它是人类思维的典型的形式。在个体思维发展中，只有到青年后期，才能具有较发达的抽象逻辑思维。

2. 经验思维和理论思维

这是根据思维凭借的依据作为的划分。人们凭借日常生活经验的思维活动叫做经验思维。例如学龄前儿童根据他们的经验，认为"果实是可食的植物"，"鸟是会飞的动物"，这都属于经验思维。这种思维易产生片面性，甚至得出错误或曲解的结论。

理论思维则是根据科学的概念和论断，判断某一事物，解决某个问题。例如，我们用辩证唯物主义和历史唯物主义的观点来分析社会发展中存在的问题，便能抓住问题的实质。

3. 知觉思维和逻辑思维

这是根据思维是否具有逻辑性来划分的。知觉思维是人们在面临新的问题、新的事物和想象时，能迅速理解并作出判断的思维活动。这是一种直接的领悟性思维活动，属非逻辑思维范畴。如科学对某些突然出现的现象,提出猜想等。

逻辑思维是遵循严密的逻辑规律,逐步推导,最后得出合乎逻辑的正常的答案。或作出合理的结论。如学生通过多步的推理和论证,解决数学问题。

4. 收敛思维和发散思维

收敛思维是指人们根据已知的信息,利用熟悉的规律解决问题。也就是从所予的信息中。产生逻辑的结论,它是一种有方向、有范围、有条理的思维方式。

例如,甲>乙,乙>丙,乙<丁,其结果必然是丙<丁。

发散思维是从给予的信息中,产生众多的信息。或者说人们沿着不同的方向思考,重新组织眼前信息和记忆系统中储存的信息,产生出大量、独特的新思想。例如,砖的用途不仅可用来建房子,而且可用来当武器,设置路障等。

5. 再造性思维和创造性思维

这是根据思维的结果是否具有创造性来划分的,再造性思维是人在遇到某些问题时,常常不加改变的运用以往在类似条件下解决类似问题时所获得的知识、经验和解决问题的方法,来解决当前的问题。

创造性思维也叫做创新思维,是一种具有开创意义的思维活动,是以感知、记忆、思考、联想、理解等能力为基础,以综合性、探索性和求新性特征的高级心理活动。而我们的新产品开发应用最多的就是创造性思维,上述的发散思维即属于典型的创造性思维的类型,这种思维方式,遇到问题时,能从多角度、多侧面、多层次、多结构去思考,去寻找答案。既不受现有知识的限制,也不受传统方法的束缚,思维路线是开放性、扩散性的。它解决问题的方法不是单一的,而是在多种方案、多种途径中去探索,去选择。

(二) 思维的特征

思维是人脑对客观事物概括和间接的反映。它揭露事物的本质特征和内部联系,是认识的高级形式,它主要表现在人们解决问题的活动中。思维具有以下特征。

1. 概括性

思维是在大量感性材料的基础上,把一类事物的共同的本质的特征和规律抽取出来,加以概括,这就是思维的概括性。例如,学生在长期的学习过程中,无数次使用过多种铅笔、钢笔、毛笔、圆珠笔之后,便能概括出笔的本质特征为"人类制造的专门用来写字的工具";蒸馏酒是以水果、乳类、糖类、谷物等为原料,经酵母菌发酵,再经蒸馏得到的无色透明的液体,最后经过陈酿和调配,得到的透明的含酒精浓度大于或等于20%的酒精饮料。主要特征是通过蒸馏制得。

概括在人们的思维活动中有着重要作用,它使人们的认识活动摆脱了事物的局限性和对事物的直接依赖关系,这不仅扩大了人们认识的范围,也加深了人们对事物的了解。

2. 间接性

思维活动是借助于一定的媒介和一定的知识经验对客观事物进行间接的反映,这就是思维的间接性。例如,人们不能直接感知类人猿的生活情景,但是考古学家通过化石可以思考古老的过去,复现出猿人的形象和当时的生活情景;医生根据医学知识和临床经验,通过检查病人的体温和脉搏,通过听诊和观察病人身体的一定部位,就能断定直接观察所不能达到的病人内部器官的状态,并确定其病因、病情和治疗处方。在食品高压高温加工中,我们不知道高压锅内的温度压力对食品的影响情景,但是我们可以根据食品成分和感官的变化以及测定得到的温度和压力来推测其作用过程。

人们可以根据发展的规律，预见未来社会发展的趋势。由此可见，由于思维的间接性，人们才可能超越感知觉提供的信息，认识那些没有直接作用于人的各种事物的属性，揭露事物的本质、规律，预见事物发展变化的进程。从这个意义上讲，思维认识的领域要比感知觉认识的领域更广阔，更深刻。

3. 时代性

人的思维受社会实践活动的制约，实践是人的思维活动的基础。不同的社会历史时期，由于人们对客观世界的认识水平不同，思维水平也不同。因此产生的思维成果也不同，其成果体现了思维阶段性即时代性。例如在制冷技术、真空技术、加热技术已经成熟，但没有发现升华前，水果蔬菜的干制最好的方法就是热风干制，而在升华现象发现后，科学性地将上述三种技术组合在一起生产出冻干水果和冻干蔬菜制品，为食品的干制开辟了新的技术领域。

4. 思维与语言

人们的思维和语言是密切联系在一起的，语言是思维赖以进行的载体，借助语言能表达思维的结果。思维中的概念是用语言中的词来表意的，如水、液体、饮料、糖、果酱、酸等。人们借助概念进行判断和推理也是凭借句子来进行的，如糖具有甜味、饮料中含有糖，故饮料是甜的等。

食品新产品开发中我们也要用语言来描述我们发明的产品，通过描述让消费者知晓并产生共鸣，这样一个新的产品才能在市场上立足。

二、创造性思维的概念

创造性思维是重新组织已有的知识经验，提出新的方案或程序，并创造出新的思维成果和思维方式，例如，科学家新的发明创造，工程师的技术革新等。创造性思维是人类思维的高级形式。创造性思维是在一般思维的基础上发展起来的，是人类思维能力高度发展得形式。

创造性思维是相对于再造性思维提出的，再造性思维创造性水平低，对原有知识不需要进行明显的改组，也没有创造出新的思维成果。许多心理学家认为，创造性思维是多种思维形式的综合体。在创造性思维中，既有抽象思维，也有形象思维；既有逻辑思维，也有发散思维和收敛思维。

三、创造性思维的特性

1. 独特性

独特性也称为独创性、首创性、新颖性。这是创造性思维最重要的特征，反映了思维内容的与众不同。美国心理学家吉尔福特认为：思维的独特性是具有创造才能的人的最重要的思维品质，是鉴别一个人创造力高低的重要标志。

独特性反映了思维的深及对事物本质特征的把握程度，只有触及事物的本质，才能"棋高一招"，牛顿的经典力学无法解释光在真空中每秒传播30万公里的原因，爱因斯坦的狭义相对论却独辟蹊径，系统地发展并突破了经典力学的原理，他的狭义相对论显然要比牛顿的经典力学深刻的多。

独特性还表现为解决问题的独特性。如数学家高斯在当小学生时就表现了他的数学才能。一次在上课时老师问：1～100之和是多少？老师话音刚落，小高斯就举手回答：

"5050"。老师惊呆了,为什么他能用这样快的速度解题?原来高斯没有用传统的"1+2+3…"地运算下去,而是用了一个独特的方法。由于1~100头尾数相加总是101,如1+100=101;2+99=101,因此,101×50=5050。这种算法突破了常规,别出心裁,是创造性的。

那么我们现在也要问,还有哪些方法也能较快地计算出1~100的总和?

某校园门口有两家糖炒栗子店,一家售价为每千克16元,一家为每千克18元。便宜的一家天天排着队,生意火爆,而另一家时不时地也有人买,老板也在奋力的炒着栗子,无数经济学相关专业学生百思不得其解。经过市场跟踪,答案出人意料:两家店为同一个老板所开。我们看到的食品有高中低档并存就是这个道理,关键是定位好主打产品的价格。

根据豆腐是由卤水凝固蛋白质而得到,我们可以想象还有哪些方法可以做成豆腐?因此有人发明了不用点脑儿后压制而在盒内直接成型的内酯豆腐,也是一种独特的发明。

独特性还包含着首创性。著名作家王尔德说的好:"第一个用花比美的是天才,第二个是庸才,第三个就是蠢材了。"一般说,独特的东西都是首创的,首创的东西都带有独特性。我国古代兵法中强调"出奇制胜",奇者特也,用奇特的方法才能制胜敌人。春秋战国时期,田单大摆火牛阵的出乎燕国的意料之外,在战争史上是首创的,罕见的。南宋的岳飞用牦牛阵大败金军也是受此启发的。

2. 求异性

创造性思维是对已有知识经验的重新组合,目的是获得新的思维成果,因此是一种求异性思维。创造性思维往往是一个破旧立新的过程,"破旧"才能"立新","推陈"才能"出新"。这个"新"就是破坏传统思维模式、破坏习惯性思维的产物。伽利略从大小石头同时掉落山下推测到质量不同的物体下落的速度一样,并通过实验推翻了亚里士多德关于质量不同的物体其自由落体的速度不一的论断;哥白尼大胆提出"日心说",打破了垄断人们思想几百年的"地心说"。因此可见,敢于怀疑权威,不畏强权,坚持对真理的不懈追求是创造性思维的一大特点,也是其求异性的必备条件。目前我国处于改革开放的新时期,在改革经济体制的过程中,必须解放思想,破除那些旧的思维框框的限制,大胆改革,才能建立起市场经济新体制。

3. 灵活性

灵活性即变通性。创造性思维强调根据不同的对象和条件,具体情况,具体对待,灵活应用,反对一成不变的教条和模式,其核心是具体问题具体分析。中国新民主主义革命采用的是与俄国革命不同的方式,是"以农村包围城市"代替"城市包围农村",这也是我党根据中国的具体情况作出的英明决策。

两个推销员到一个岛屿上去推销鞋,一个推销员到了岛屿之后,就发现这个岛屿上每个人都是赤脚,没有穿鞋的习惯。他气得马上发电报回去,鞋不要运来了,这个岛上每个人都不穿鞋的。第二个推销员来了,见每一个人都不穿鞋,高兴极了,要是一个人穿一双鞋,这个岛屿上鞋的销售市场太大了!他马上打电报,赶快空运鞋来。他拿出50双鞋,免费给岛屿上的部落首领、老人和儿童试穿,一段时间后鞋的销量大增。

同样一个问题,不同的思维得出的结论是不同的。在产品研发中,我们通常是思维是开发市场上没有的新品,但是许多人没有成功,因为消费日趋理性,新品不易被人们认识,就像岛屿上的鞋,要有营销手段的配合。

圆珠笔刚产生时,有一大缺点,就是写到二十万字时因钢珠磨损而漏油,有人从钢珠的质量、放置上进行研究，但没有什么效果。后来，有人干脆把笔管做短一点，刚好写二十万字便用完了，解决了圆珠笔漏油的问题。这也是思维灵活性的一个典型例子。

4. 敏捷性

由于创造性思维是以创新为目标，必然要求思维者有敏锐的洞察力，能看到别人所没有看到的，创新就是想到别人所没有想到的东西，这样才能有所发现，有所发明，有所创新。诺贝尔奖金获得者艾伯特说过："发明创造就是看同样的东西，却能想出不同的东西。"所以说思维的敏捷性就是指"发现不同"的能力。

德国地球物理学家魏格纳，1912年病卧在床，无意中看到一张世界地图，这是一张平时大家都能看到的普通世界地图，但魏格纳却从中看到了别人所没有看到的问题：南大西洋两岸即非洲西海岸和南美洲东海岸的外形相当吻合，脑海中顿时萌发了一个新的设想，两岸原来会不会连在一起呢？两年后，经过深入的研究、论证，魏格纳提出了具有划时代意义的"大陆漂移说"。牛顿从苹果落地发明了万有引力定律，瓦特从沸腾的水蒸气冲击水壶发明蒸汽机等都是创造性思维敏捷性特点的具体体现。生活中的"说者无心，听者有意"也是一种思维敏捷性的表现。

5. 突发性

创造性思维是多种思维形式的综合体，是人在长期的认识活动中，思维处于紧张状态，有时通过某一现象的启发，达到顿悟，产生灵感，因而具有偶然性、随机性和突发性。当然，这偶然的背后隐藏着必然，突发的基础是积累，是"长期思考，偶然得之"。

如美国工程师杜里埃为提高内燃机功效，比需使汽油与空气均匀混合后再进行燃烧，但考虑多时，一直无法解决，后受到妻子在头上喷香水的启发，才发明了内燃机气体器；德国化学家凯库勒在研究有机化合物苯的分子结构时，长期思考未能解决，一天，他坐在火炉旁沉思，渐渐进入睡眠状态，忽得一梦，见好多条蛇在眼前晃动，每条蛇头咬住了前面一条蛇的尾巴，组成了一个环。这些蛇组成的六角形的"环"使他茅塞顿开，解决了苯分子的结构：由六个碳原子个带一个氢原子组成的六角环形结构。这些是思维的非逻辑性的表现。

突发性说明了我们不要轻易地放弃突然而至的一些想法。

6. 跳跃性

创造性思维常以偶然的机遇为契机，突然产生某种判断和结论，他的起点和终点并不具有明显的逻辑必然性。例如我们科学家对某一问题在经过长期的思考没有结果，在偶然的情况下忽然产生灵感或顿悟，解决了问题。这种思维即具有跳跃性。

思维的跳跃性还体现在思维的快速转换方面，例如我们在聊天时候快速的转换话题；看到走出楼宇防盗门时正好遇到进楼的人就想到非本楼人员一样能进入到楼内的；思考问题的时候由一想到二，由二想到三，想着水面上行走，就想到了冰面，想到冰面就想到了南方的冰雪，由此开发出南方人造冰雪旅游景观；看到保鲜的鲜面就想到了保鲜米线等等都是思维跳跃的结果。

7. 综合性

创造性思维是一种综合性思维。法国遗传学家F·雅各布说："创造就是重新组合"。知识是创造性思维的基础，丰富的知识使思维主体站得高，看得远，容易产生新的联想和独到的见解。创造本身常常是"智力杂交"的结果，它既是各种知识的相互渗透，相互结合，也是多种思维形式和方法的综合。如交叉学科的兴起是综合思维的结果，日本人提出"综合即是创造"，本田会社曾综合发达国家90多种发动机样机之长，装配成世界一流的摩托车，迅速占领国际市场。这也是思维综合性的表现。

综合性还体现在学科交叉产生的边缘学科上,我们都知道"半路出家"的人往往会做出成就,就是边缘学科融合的结果,因为这样的人具备了两个学科的基础知识,而且任何学科都是有相近性的,都可以互相借鉴而提出新的创造设想,做艺术的去做面点就会想到把馒头做成各种艺术的造型。而分属于单独两个学科的人则不具备这样的综合能力。

8. 联动性

创造性思维是一种联动性思维。它善于由此及彼产生连贯的思索,从一类事物联想到另一类事物,从一个思路到多个思路,由正向到逆向,从纵向到横向,引起一系列"连锁反应",体现出思维的灵活性、变通性、流畅性,产生奇妙的效果。伽利略曾说"科学是在不断改变思维角度的探索中前进的"。从葡萄球菌培养过程偶然现象产生联想,弗莱明发明了青霉素;从面包多孔松软的特点受启发,古德伊尔发明了海绵橡胶,铃木信一则研制成功泡沫水泥。而富兰克林从酒杯里淹死的苍蝇在阳光下复活,产生了冷冻保存身体的奇想。

第二节 创造性思维的理论基础和作用

一、哲学是创造性思维的基础

1. 思维能产生创意

创意是根据英文"Creative idea"翻译过来的,简单地说,创意就是点子,是具有创造性的想法,构思等,作为动词它也指提出有创造性的想法和构思,就是开动脑筋想点子。

人类头脑中的思维活动确实是一种特殊性质的"活动",与人们的其他"活动"有着明显的区别,这就是思维的超越性。思维能够超越具体的时间,也许在头脑中,你正回忆着几年前在高中的课堂上听老师讲课;思维能够超越具体的空间,你现在可以想象自己正坐在某大学的教室里,听一位外国教授在讲课;我们的思维还能够超越具体的客观事物,卖火柴的小女孩能够在火柴的微光中看到热腾腾的烤鹅和慈祥的老祖母;你伸手掏口袋摸到一叠纸巾,而思维中显现的却是一叠令人欣慰的百元大钞;听着海浪单调的拍岸声,而头脑中出现的却是一首声调优美的乐曲……超越性是人类思维最基本的属性,也是思维能够产生创意的根本原因。

从更广阔的视野来看,有史以来人类的一切活动都可以归结为两种,一是通过思维活动的超越性把外界观念化,由此积累其丰富的知识;二是通过实践活动的现实性把观念外界化,即物化,创造出五彩的世界。前一种情形马克思称为"自然的人化",即人类的精神生产;而后一种情形则被马克思称为"人化的自然",即人类的物质生产。

思维的超越性正是所有创意的来源,也是创新思维的基础。那么创意是什么?简单地说,创意就是现实世界中并不存在而仅存在于头脑思维当中的东西。不论是伟大的发明家还是背着书包的小学生,他们的每一项创意都是运用思维超越性的结果。例如,正是由于思维超越了具体的时间,马克思才能构想出数百年之后人类所采取的社会制度;正是由于思维超越了具体的空间,爱因斯坦能够在思维中追随光线进入太空,发现新的时空性质;正是由于思维超越了具体事物,一位小学生能够抓住普通雨衣的缺点,在思维中构想出能防止雨水打湿鞋袜的新式雨衣……每一个新创意都是如此。

2. 创意能改变世界

西方思想家有两句名言：第一句是"太阳每天都是新的"，另一句是"太阳底下没有新事物"。这两句都没有错，因为它们看世界的角度不一样。在某些人的计划和目标中，时常会出现一些新东西，那就是思维所产生的创意。创意指挥着我们身体的活动，让人们四处奔忙，竭力要实现形形色色的创意。当创意实现以后，物质世界便产生了新的变动；而有些创意只是针对思维领域本身的，这些创意出现之后，我们的主观世界会焕然一新。

创意能够改变世界，创意就是创新思维，首先是由于创意的"新"："新"点子、"新"观念、"新"方法、"新"事物。思维的创意给世界带来了无穷多的新东西，使得自然界、社会和思维领域自身不停地变动，以至于我们感到，遥远的太阳每天都以崭新的面貌出现在东方的地平线上。创意改变世界的例子多得不胜枚举，我们来看下列几个。

我国东汉时代的蔡伦，发明了一种简易的造纸法，这种轻便而廉价的纸逐渐淘汰了沉重的竹简，在多数场合下代替了昂贵的丝帛，打破了贵族阶级对知识的垄断，使得普通劳动人民有可能学习文化和接受文化教育。这一项小小的创意发明，对中华文明的发展具有不可估量的意义。

三国时期的诸葛亮"未出茅庐已知三分天下"，在隆中为刘备进行创造性的战略策划，建议他占荆州，夺四川，东和孙权，北攻曹魏，奠定了三国并立抗衡的局面。真难想象，假如没有诸葛亮这个人，还会不会有所谓的"三国时代"。

"五四"时期提倡"白话文"运动，要求写文章和说话相一致，这同样是一项划时代的创意，即给传统的文学和语言注入了新鲜血液，又为知识和教育的普及打下了基础。

1862年巴斯德发现微生物，发明了巴氏杀菌法，从而使罐头这一产品找到了防止变质的理论依据，食品保藏方法有的飞跃的发展。

3. 哲学与创新思维

马克思主义告诉我们，意识形态领域内的变化，其根源必定在于社会物质生活条件的变化；每一种思想体系，都有其赖以产生、存在和发展的客观经济背景，背景变了，思想体系也必然要变；"皮之不存，毛将焉附？"讲的就是这个道理。

在我国当前时期，哲学走向市场经济，同样有多种道路。先寻找一个合适的切入点，这个切入点应该表现出如下的特征：既是市场经济的兴奋点——覆盖面宽而且持续长久的兴奋点，又能够充分发挥出哲学的学科优势，最好还应对普通人的实践活动具有应用价值和可操作性——这个点就是创新思维。

一方面，创新思维给哲学带来了丰厚的礼物，其中最重要的，就是使哲学恢复了自己的本意。哲学，不就是"Philo（爱）——sophy（智慧）"吗？启发头脑、开阔思路、增益智力，本来是哲学的题中应有之义，然而长期以来，在计划经济体制下，哲学丧失了自己的本义，并且走向了自己的反面。市场经济冷落了哲学同时也拯救了哲学。哲学走向市场经济，融入创新思维，终于恢复了自己的本来面目，重新成为引导人们思考，有益于人们增长智慧的有力武器。

另一方面，哲学也给创新思维带来了丰厚的礼物。首先，哲学给创新思维提供了深厚的理论基础。创新思维既然是一门新学科，就不仅仅满足于"怎么样"，而应进一步探索其背后的"为什么"。目前，与创新思维相关的研究中，有不少指导思考、训练思维、教人创新的方法和技巧，但是这些只是个人感觉或特殊经验的推广，缺乏强有力的理论支持。研究者们所关心的，只是告诉我们应该怎样做，但很少告诉我们为什么要这样做，更没有深层次地说明，为什么只能这样做，其他做法就不行。而这类追根求源的"为什么"，最终只能由哲学来给予回答，别的学科是难以越俎代庖的。

哲学使创意思维开阔了视野，拓展了领域。作为一门新学科，创意思维不能仅仅局限于物质性实物的创造，而应该包括思维的全部领域。

二、创造性思维的作用

1. 市场经济需要创意

在现代化社会或市场经济体制下，社会主体是多元的，个主体之间不是一种纵向的金字塔关系，而是一种横向的平等关系。竞争具有一种神奇的力量，正是因为有了竞争，智慧和创意才能派上用场。即使在传统社会，一旦社会竞争激励起来，"谋士"和"点子"也会大受重视，像春秋战国时的"养士"，三国时代的"三顾茅庐"等。

曾担任IBM公司总裁的托马斯·沃森认为，IBM公司的成功不是靠资源的调配，也不是靠研究部门或推销部门的勤劳工作，主要是靠全体职员开动脑筋进行独立思考。沃森指示，在IBM的所有厂房和办公室都挂着写有"思考"两个字的牌子，以便随时提醒人们什么事是最重要的，不要因为每天的杂务而忘记了思考。无论大会小会，只要沃森到场发言，总要把"思考"的牌子挂在身后，似乎在对听众说"如果你们没听清我的发言，至少应该记住思考两个字。"

企业家们直接在竞争的第一线搏杀，他们当然深谙"有'智'者事竟成"的道理。而且，从实际的操作过程来看，有些创意需要一定的物质条件才能实施或取得成效，但是也有很多创意只是一个纯而又纯的创意，完全是头脑的思维杰作，你只要知道了就能实施，只要实施了就能收获，不需要额外投入资金、技术或人力。这样的创意是企业家最感兴趣的。我们来看两个实例。

日本有一家生产味精的工厂，销售量一直徘徊不前，于是向社会各界人士征求创意，以便在不增加投资规模的前提下能够大幅度地增加销售量。后来，有一位普通的家庭妇女给他们提了一条建议，厂方采纳了她的建议，不费吹灰之力便使产品的销售量增加了四分之一。那位妇女的建议是：请在味精瓶的内盖上多钻一个孔。

原来，这家厂出产的味精是装在一个小瓶子里出售的，瓶子的内盖上有三个孔，顾客使用时只需打开外盖，对着汤盆或菜锅猛甩几下，瓶里的味精便通过三个小孔掉进食物里。一般顾客放味精没有精确的度量，只是大致甩个三四下，三个孔时那样甩，四个孔时还那样甩，结果就在不知不觉中多甩出来了25%！把每位顾客的25%加起来，就是一个很可观的数字了。况且，在味精瓶内盖上多钻一个孔，不过是更换一种模具而已，哪里需要增加投资，引进技术？

在20世纪90年代末的市场上，到处都是"电脑学习机"，十年前畅销大江南北的"电子游戏机"似乎销声匿迹了。但是内行的人都知道，这两种"机"实质是一种，把后者改名换姓就成了前者。据说，最早建议厂家改"机名"的那位聪明人，得了一笔不少的"咨询费"！

请想一想，这种产品的消费群主要是中小学生，但是每台产品的价格通常是数百元，学生的存钱罐里不可能有那么多，非得家长掏腰包不可。作为一个家长，你是希望买台机器帮助自己的孩子"游戏"呢，还是帮助自己的孩子"学习"？答案是显而易见的。不但能"学习"，而且和高深莫测的"电脑"结合在一起，吸引力就更强了。

不要认为创新思维只是大企业的专利，也不要误以为只有在重大问题上才值得我们绞尽脑汁去思索。在社会的任何一个角落，在我们日常生活的每时每刻，创新思维都能够施展手脚，并且都能够获得应得的报偿。

> 某年夏天，农贸市场一个卖西瓜的摊贩手拿一把小刀，在西瓜上划了一些图案，并刻上"福"、"寿"、"双喜"、"祝你快乐"等字。他卖的西瓜质量并不见得比别家好，价格也不低，但是，那些下班要与家人团聚的，走亲戚串朋友的，去参加喜庆聚会的，都被西瓜上的图案和吉祥语吸引住了。这样，小贩的举手之劳，即给顾客带来了满意，也使得自己的生意火红起来，据小贩自己说，他的西瓜自从刻上字以后，每天的销售量增加了将近3倍。

大量的事例都说明，市场经济体制下之所以智慧辈出，创意如潮，就是因为创意能够得到丰富的报偿；社会以各种形式奖励那些有创意思想的人，不断激励着个人、组织和企业想办法，出主意，巧策划。当然，就个人来说，绝不意味着每个人都是为了得到奖赏才去创新的。个人的创新动机是多种多样的，有些是为了自己的兴趣，有些是为了解决现实的问题，还有些只是为了赚钱或者显示自己的才智等。但是，现代化社会比传统社会更能激发人们的创新思维，市场经济比计划经济更强调智慧和点子的价值，这是肯定无疑的。

2. 创新思维不同于点子思维

随着市场经济的发展，社会涌现出一大批以"咨询"、"策划"、"拍脑袋出主意"为职业的人们，其中的一些佼佼者便被大家尊崇为"点子大王"。然而，某些"点子大王"最主要的误区表现在，他们过分强调创意的普遍性、通用性，忽略了创意的特殊性、专用性。

每个企业都有自己的特殊性，其中有不同的规模、不同的历史、不同的员工素质、不同的管理体制、不同的产品结构、不同的营销战略、人事管理、行为惯例、不同的企业文化背景等。由于这些特殊性，使得它们需要特殊的创意来解释自己所遇到的特殊问题。

两家企业出现了同样的问题，比如都是销售额下降，但是引起这种问题的原因却不可能完全一样。而"点子大王"不可能一一做细致的调查，于是只能给两家企业出一个同样的点子。比如，儿童商场的柜台要摆低一些，包装盒内的空隙要大一些之类。还有的则是从书本出发，从某某"公式"、"曲线"推导出一些华而不实的"点子"。有这样一个案例：同样是出口产品，有些产品在国外销路不好，是因为它的质量太差，只能摆在地摊上出售而登不上大雅之堂。还有些出口产品之所以滞销，是因为它们的质量太好了。比如，我国的某品牌电线在打入香港市场时大受挫折，代理商认为，受挫的原因正是这种电线的"品质过于精良"，主要表现在：一是电线表面过于光洁明亮，与一般建筑物的色泽反差太大，看起来不协调；二是电线的护套太结实，用手撕不开，安装的时候费时费力。

要想给一家企业出一个真正有用的好点子，必须具备两方面的条件：第一，必须对该企业及其所遇到的问题了如指掌；第二，必须具有充满创意的头脑。

一般来说，一个人要想同时具备这两个条件是十分困难的。企业管理者经常是具备第一个条件，但却缺乏第二个条件，因为整天在一个企业中，容易产生僵化的思维定势，而形形色色的"点子大王"就算具备第二个条件，却无法具备第一个条件，要知道，真正了解一个企业，绝不是读几篇材料、开几个座谈会就能达到的。

解决这一问题有许多种办法，而其中最简单而又效的办法是，定期组织企业界人士或企业的研发人员接受"创新思维训练"，让他们先脱离原来的工作环境，破除头脑中的一些"思维定势"，掌握创新思维的基本方法，人后再回到原来的工作环境，便能用一种新的眼光看待周围的事物，发现其中需要改进的地方，并能创造性地解决问题。这也就是我们在绪论中提出的问题——"谁是创造发明的主体？"的答案。

3. 创造性思维的作用

人类的创造性思维的应用可以大致体现在如下五个方面。

第一，实物的发明或革新，像发明一种伞形遮阳帽等，对于食品研发来讲，发明一种非油炸的方便面、一种玉米面的水饺、一种水果醋等都属于这一类。

第二，解决现实问题的新对策，像大禹治水，用疏导法代替堵塞法；对民众的反叛，由围剿改为招安等。对于食品加工中的杀菌或保藏，我们可以采用"栅栏技术"或 HACCP 控制技术，而不是针对杀菌进行改进。

第三，制度的创新，比如设计出一种新的管理方式等。慧聪国际集团关于"人才激励"的制度创新。

第四，纯理论的构想，像"哥德巴赫猜想"、广义相对论、对未来社会的预测之类。

第五，主观认识和个人态度方面的新变化。比如，想通了一个令人烦恼的难题，提高了某些方面的觉悟，找出了观察事物的新视角等等。

所有贯穿于这五个方面的思维活动，都应该属于创造性思维的领域，其中后三方面，在人类社会中具有十分重要的意义，但是以往的相关研究却大大地忽视了这几方面。而对于这三个方面的研究，则只有引入哲学，才能使整个创意思维领域联为一体，进行系统而深入的研究。

三、创新思维的环境与条件

要营造一个充分发挥创新思维的良好的环境。这个良好的环境，包括多个方面，并受许多因素的影响。

（一）环境条件

1. 宽松的环境

相对宽松，愉悦的情况下，创造性更容易发挥出来。试想，一个背上沉重枷锁的人，更多想到是枷锁，哪儿想到是创造？

2. 适度紧张，这也是个良好的环境

适度紧张可以把创造力发挥出来，怎样的适度紧张呢？一位猎人带着一群人上山打猎，远远看去烟雾缭绕，突然一只老虎向他们扑来，猎人张弓引箭，向老虎射去，此时其他人都吓得趴下了，等了不久过去一看，哪是老虎啊，是一个石头！令大家惊异的是那一箭把石头射成两半了。消息传开了，有的人不相信，再搬来石头让他射，无论怎样，石头都射不开了。所以为了让创造力出来，有时候要制造一点危机，让大家认识到有危机感。

3. 无畏的环境

创造力的发挥要无所畏惧，有所畏惧，他的创造性发挥出不来。有名中学数学老师给同学们布置了四道题的家庭作业，一位同学回家做第一道，很轻松做出来了；第二道题稍微难一点，也做出来了；第三道题确实有点难，做了一个多小时才做出来；第四个题他怎么也做不出来，他冥思苦想，熬了一个通宵，终于做出来了。这位老师惊呆了，因为老师他没有注意，顺便把一道世界难题写在黑板上。他要是先说明这是世界难题，那位同学可能碰都不碰它，所以无畏才能有所创造。

4. 主观意愿环境

第一要充满好奇心。科学是满足科学家好奇心的一件东西。第二要有丰富的想象力。丰富的想象力是创造性发挥的前提和基础，哪怕是异想天开。第三要有良好的心态。比如面对半杯水，消极心态的人会说"怎么只有半杯水了？怎么办呢？"，积极心态的人会说，"太好了，还有半杯水"。第四要经得起挫折，经得起失败。第五要交流信息。通过交流产生创新的思想火花，你有一个思想，我有个思想，我们交换一下你我都拥有了两个思想。第六要善于与人合作。创新固然需要有创新的个体的行为，但是现在创新需要合作。要发挥团队优势，群体优势，使创新思维和创造力升华，在合作中升华。第七要学习、要实践，让创新思维表现出来，所以我们要成为学习型的人才。有人说已有知识和未知知识成正比，这看起来是荒谬的，实则就在情理之中。越有知识越要学习，就是我们说的"学而知不足"，要真正具有创新性思维，就要活到老学到老。

（二）影响因素

关于一个人创意思维能力的形成和发展，现代心理学家做过许多实验。根据实验的结果来看，影响创意思维程度的主要有三大因素。

一是先天赋予的能力，"天赋能力"决不意味着不需要任何外界条件，它只是一种资质、一种倾向，一旦遇到合适的条件，"天赋能力"便能够充分地展现出来，如果缺少必要的现实条件，"天赋"再高的人也无能为力。

二是生活实践的影响，后天的实践活动对于个人思维能力是具有积极意义的，在社会现实中我们也经常能够看到，"见过世面"的人对问题的理解往往更为深刻，更容易接受新事物，处理问题的时候点子也特别多。

三是科学安排的思维训练，规律而科学的头脑思维训练方法，既能开发智力，又不会形成新的束缚。

（三）创新思维的褒与贬

创新思维的结果是点子、是创意，因此它没有正反、好坏之分，它是中性的。正如武功可以强身健体、可以救人，但是也可以伤害人一样。所以关键看是什么人去用创意，用到什么地方。点子、创意等用于正义的和社会进步的方面就是好的，用于破坏社会发展或损人利己就是坏的。

第三节　创造学概述

一、创造与发明

创造一般是指首创前所未有的思想（理论）和事物，它是相对仿造和再造而言的。人类在劳动中创造了工具，人类在探寻自然的创造奥秘的过程中创造了科学（如天文学、地质学、物理学、化学等），人类在自身的发展过程中创造了灿烂的文明等。创造是一种活动，是一个动态的过程。创造的成果可以是物质的，如爱迪生创造的灯泡、留声机，瓦特创造的蒸汽机，鲁班创造的锯子，张衡创造的浑天仪等；也可以是非物质的，如各种科学理论，革新的技术，创作的故事、诗歌，优美的绘画等。

创造有广义和狭义之分。广义的创造是指所产生的成果仅仅对于本人来讲是一种新的产物，而对全人类来说不一定是新的。例如，某人产生了一种新的想法，提出一种新设计或革新了一项新工艺，对个人来讲可能是全新，但对于其他人来讲却并不是新东西，其他地区、国家已经有了，这种创造就属于广义创造，或一般的创造。狭义的创造是产生的成果对于整个人类社会来说是新的、有价值的、独创的。例如瓦特发明蒸汽机、爱因斯坦提出相对论、爱迪生发明电灯、安藤百福发明的方便面等，这些发明使全世界的人受益，因此是狭义的创造，也可以理解为真正的创造。

人类的所有创造有四大共同的特点：

（1）创造的主体可控性　即任何一种创造都是主体有目的地控制、调节客体的一种活动，是主体为实现自身的目标作用于自身客体、自然客体和社会客体而进行信息、物质和能量变换过程。

（2）创造的新颖性　即任何一种创造活动必须能产生出前所未有的新成果。

（3）创造的进步性　即任何一种创造活动都是具有社会价值的，是能促进人类进步的。

（4）创造的价值性　即任何一种创造都要为企业带还经济效益。

以上特征可以概括为除主体以外的三点：即新颖，进步，有价值。有人发明的"电子麻将出牌机"、窃贼专用的"转轮刀"就不能算是创造，而我国一个工厂女工发明的集顶针、引线和美化功能（一颗红心）三者结合起来"多功能顶针"、美国一名女工发明的在一条绳子上快速打三个结的操作法都可以看作是创造。但是有的发明如"转轮刀"若是应用在其他正当的方面还是可以认定为创造。从这点上说，创造的物品可以是中性的，判定是否为创造则看用在什么地方。

创造从某种意义上说就是发明，而发明特指应用自然规律解决技术领域中特有问题而提出创新性方案、措施的过程和成果。发明分为有用发明和无用发明。按创新程度不同，发明可以分为开创性技术发明和改进性技术发明两大类。发明主要是创造出过去没有的事物，发明不仅要提供前所未有的东西，而且要提供比以往技术更为先进的东西，即在原理、结构特别是功能效益上优于现有技术；发明必须是有应用价值的创新，它有明确的目的性，有新颖的和先进的实用性，要有应用前景和可能应用的技术方案和措施。

无论何种创造发明冲动，都离不开创新思维的参与。只有具备了创新思维才能发挥创造力进行创造。一个人与生俱有的两大能力，一是创造力，二是破坏力。创造力是根据一定的目的和任务，运用一切已知条件和信息，开展能动思维活动，经过反复研究和实践，产生某种新颖的独特的有价值的成果，这种能力我们叫创造力。任何发明创造在为人类造福的同时也对人类有负面的影响，有的是对自然的破坏，如汽车和塑料的发明；有的是对人体生理产生影响，如X光机，手机等。只要益处远远大于害处，并在生产中把危害减少到最小就是好的发明创造。

二、创造学及其研究内容

创造学是随着社会生产力的发展而新兴的一门以人类创造活动、创造过程、创造成果、创造环境、创造者人格、创造力及人类实践经验等为研究对象的学科。也可以说，创造学是一门研究人类发明创造规律和方法，开发人类创造力的学科。

创造学的核心是对创造力开发的研究。也就是以开发人类的创造力、培养创造性人才为宗旨。围绕这一宗旨的研究与实践就形成两个层次：一是理论研究，即基础研究；二是开发研究，即应用研究。随着研究的深化，涉及面的广泛，产生了许多创造学的分支，如创造工程学、创造思维学、创造心理学、创造教育学、创造人才学、创造军事学及创造发明学等。其中创造工程学与创造思维学构成创造学的两大支柱，是我们学习和研究的重点。

创造学重点是研究创造活动的具体思维过程和技巧与方法。通俗地说，是研究创造成果怎样从人们大脑中脱颖而出的思维规律和操作诀窍。如具体研究世界著名发明家爱迪生，他连大学门槛都没有进过，却获得近3000项发名专利；瓦特是一名普通工人，却发明了蒸汽机导致了第一次产业革命；我国已故著名数学家华罗庚、已故国画大师齐白石、兵工专家吴运铎、光源专家蔡祖泉等人是如何从平凡的出身中为人类做出巨大科学贡献的。对哲学（乃至古今中外）大量的创造成果是怎样在他们身上孕育、萌芽、产生和完善的，我们有必要进行研究，从而去能动地改进工作，改造世界，实现"人类总得不断地总结经验，有所发现，有所发明，有所创造，有所前进。"人类的历史才能从必然王国走向自由王国。

这里还应明确一点，即创造学尽管有许多分支，但从总体内容来归纳，不外乎是由两大部分组成的，一为自然科学，二为社会科学。它是属于交叉科学，也称边缘科学的范畴，是一种行为管理学。

三、国外创造学的发展

创造学的理论起源于美国，20世纪30年代美国通用电气公司（GE）首先开设了"创造工程"训练课程。世界著名发明家爱迪生就是这个公司的前任理事长兼经理，他对公司职工和刚来公司工作的大学毕业生进行培训，通过培训使公司员工的创造力明显提高。1941年美国奥斯本先生率先写了一本《创造与思维》，当时美国2亿多人口，而购买该书的就有1.2亿人，几乎人手一册。该书提出了一个具有显著培训效果的方法即智力激励法，后来人们把它称为创造技法的母法，奥斯本先生因此也得名为创造学的奠基人。60多年来，这门科学越来越被人们所青睐和重视。目前，美国已有50多所大学设立了专门研究创造学的机构，有10个创造学研究所，还设立了"创造性教育基金会"。奥斯本还在美国布法罗法大学设立了创造研究中心。一些诺贝尔奖金获得者与当代著名的发明家都纷纷撰写文章，向人们传授创造发明的方法。后来，创造学研究随之在美国、德国、瑞典等许多国家相继开展起来，同时建立了有关的组织机构。

前苏联有不少心理学专家十分强调企事业职工的主动精神和创造力开发。前苏联政府极力强调发挥职工群众的创造力和改革精神。截至1978年，就有80多个城市建立了百余所发明创造学校。1971年，阿塞拜疆创办业余发明创造学院，并在全国40多个城市设立分院。这个学院每年都有数千人参加学习，并能获得数百项高水平的发明成果。毕业生反映，通过学习，他们的发明创造活动效率提高了九倍多。这一经验在前苏联各大专院校普遍得到推广，据统计当时在校的350万大学生中，有一半人从事科技创造活动。

在匈牙利，创造学工作者在中小学进行了创造学与语言和其他科目相结合的创造力开发训练，并在全国设立了创造协会和革新基金会。

在波兰，建立了一个"绿山发明家学校"，学生是来自工厂和中等技术学校的革新能手。

在校要学习发明法、创造工作方法学、各个领域的科技发展史等。通过10个月的学习，学生毕业时几乎每人都能获得一个专利成果。

在保加利亚，政府认为：青少年科技创造活动是动员青年人积极参加实现科技革命的主要因素，具有重大的思想、政治和经济意义；教育部决定在中小学和高等院校就科技创造理论、方法及方法论等问题开设专门课程；组织最出色的发明家，合理化建议者和专家、学者去指导群众的创造小组；组织研究院所、高等院校、工艺中心、施工单位联合一体（智力开发），成为青少年科技创造活动的基地；增加青少年科技创造活动所必须的器材，扩大"青年技术商店"的服务网点，按国家规定价格集中供应创造小组所需的材料、工具与仪器。从而使青年人加速形成符合科技规律的新的技术思想。

在日本，第二次世界大战以后，新发展起来的欧美科技也随之涌入，日本发现自己远远落后就奋起直追。20世纪50年代，创造学传入日本之后，他们发现这一学科非常有用，称之为"天书"、"聪明学"、"点金术"。同时把美国奥斯本先生所著的《创造与思考》一书译成日文出版，这对日本科技界、教育界、企业界形成了一个强大的刺激，不少人结合自己的专业开始研究学习创造学。到1955年，在大学里设置课程，建立创造研究会。到1979年，正式成立"日本创造学会"。30多年来，他们结合企业质量管理、结合企业的合理化建议在工厂里广泛推广运用。从而，日本在创造学研究和应用上已居世界领先地位。

20世纪50年代，我国和日本的合理化建议水平差距不大，日本那时年人均一条，而我国有的企业最高纪录达到年人均0.7条。但是，到了20世纪70年代，差距越来越大，日本企业职工人均提合理化建议（日本称之为"提案"）的数量大幅度上升，建议质量和采纳率也大大提高。合理化建议的年人均数已跃居世界第一位。那么，是什么原因使日本合理化建议水平达到如此高的程度呢？一是日本民族有强烈的危机感，他们千方百计研究前进道路上将会出现的各种问题和危机。20世纪70年代，国际上出现石油危机，日本就充分利用创造学的知识大力发展节能技术，大力开发节能产品，开拓新市场，渡过了经济危机。二是他们重视科学与技术教育，员工文化素质与技术素质普遍提高。三是大力推广普及创造学，并且形成了具有日本独特风格的一套相当完整的科研、教育方法和社会政策。

从1965年开始，日本的创新学研究已经进入独立发展阶段。日本许多学者著书立说，其数量远远超过译著，在内容和水平上也都有明显进步，同时开发一些具有日本特点、适于日本国情的创造技法。自1980年起，创造学在日本已经形成体系，创造学研究的成果已为日本社会所接受，已经变成国家、地方、企事业和一些群众团体的政策依据之一。

目前，全世界已有近90个国家和地区在推广、使用和研究创造学。

四、我国创造学的发展

我国是20世纪70年代末期，由上海、辽宁两省市的知识界首先从国外把创造学引进国内的。1979年上海交通大学最先开展创造学理论研究。1980年以来，在上海交通大学、同济大学相继开设了创造学选修课。其他院校如东北大学（原东北工学院）、复旦大学、华东理工大学（原华东化工学院）、东华大学（原中国纺织大学）、上海理工大学（原上海机械学院）等也开办了创造学培训班。与此同时，一些学者陆续撰写创造学的推广应用教材与译文，为创造学在我国的推广与普及奠定了坚实的理论基础。

1983年6月28日至7月4日，由上海交通大学、中国科技大学、广西大学联合发起，在广西南宁召开了我国首次创造学学术研讨会。首届创造学学术研讨会之后，上海和辽宁等省市开展了一系列学术研究和科学实践活动,并把从国外引进的创造学理论结合我国国情加以深化,以期把创造学的普及工作推向全国。

为了引导全国各行各业的创造学工作者深入开展对创造学的研究与应用,1994年6月8日,在上海成立了在"中国创造学会"。到目前,中国创造学会在全国建立了一批创造学实验基地。创造教育实验基地旨在大、中、小学、幼儿园推广与应用创造教育,推进以培养创新精神与实践能力为重点的素质教育。企业创新实验基地旨在推动企事业的创新、创造能力开发活动。

学会通过举行报告会、培训班,在企事业单位员工中普及创造技法、开发创造创新能力,有力地推动了企事业单位的创造创新成果的不断涌现。

中国创造学会与美国创造学会、美国创造教育基金会、创造性指导中心、创造力研究中心、英国创造和创造力中心、欧洲创造力与创新协会、日本创造学会等30余个国际创造学组织建立了联系,并组织会员参加国际学术交流活动。如美国创造教育基金会每年举办的"创造性解决问题研讨会",欧洲创造力与创新协会的学术年会,日本创造学会的学术年会等。

经过多年来的实践和研究,同济大学、浙江大学、广西大学、西南交大、中国矿业大学、中国科大、厦门大学、大连理工大学、安徽工业大学、江苏大学、江南大学、杭州商业大学、吉林农业大学等几十所高校,已经在大学本科教学计划中开设创造学方面的必修和选修课程。中国科大、海军航空工程学院、中国矿业大学、东南大学、大连理工大学、杭州商业大学、吉林农业大学等还在研究生课程中加入了创造学内容。

思考题

1. 举例说明什么是再造性思维和创造性思维?
2. 由"1+2+3+…+98+99+100"还有哪些较快的计算方法?
3. 请举出创造性思维具体应用的实例?
4. 如何才能让创新思维在社会主义建设中发挥作用?
5. 什么是创造和创造学?我国的创造教育应如何开展?

第三章 创造性思维与思维训练

创造性思维活动极为复杂，形式也多种多样，各种思维因子总是纠结融合在一起。创造性思维分为发散思维和收敛思维，二者有机结合就构成了各种水平的创造性思维。

第一节 发散思维的定义和特性

一、发散思维的定义

发散思维又称"辐射思维"、"放射思维"、"多向思维"、"扩散思维"或"求异思维"，是大脑在思维时呈现的一种扩散状态的思维模式，比较常见，它表现为思维视野广阔，思维呈现出多维发散状。是从一点向四面八方想开去的思维，从一个目标出发，沿着各种不同的途径去思考，探求多种答案的思维，与聚合思维相对。可以通过从不同方面思考同一问题，如"一题多解"、"一事多写"、"一物多用"等方式，培养发散思维能力。自然，发散思维希望答案越多越好。不少心理学家认为，发散思维是创造性思维的最主要的特点，是测定创造力的主要标志之一。

例如，"试举水泥的多种用途"。我们"以水泥为中心"，至少可以列举出如下各种答案：可以造房子、砌围墙、堆在公路上阻挡汽车、防火等等。这些答案，把水泥的用途分散在各个领域，而且皆是正确的。

发散思维是创新人才的智力结构的核心，是社会乃至个人都不可或缺的要素。它强调开拓性和突破性，在解决问题时带有鲜明的主动性，这种思维与创造活动联系在一起，体现着新颖性和独特性的社会价值。发散思维的形成必须经过自觉的培养和训练，必须积累丰富的知识、经验和智慧，必须敢为人先勇于实践，善于从失败中学习，才能获得灵感，实现思维的飞跃。

二、发散思维的特点

1. 流畅性

流畅性就是观念的自由发挥，指在尽可能短的时间内生成并表达出尽可能多的思维观念以及较快地适应、消化新的思想观念。机智与流畅性密切相关，流畅性反映的是发散思维的速度和数量特征。

2. 变通性

变通性就是克服人们头脑中某种自己设置的僵化的思维框架，按照某一新的方向来思索问题的过程。变通性需要借助横向类比、跨域转化、触类旁通，使发散思维沿着不同的方面和方向扩散，表现出极其丰富的多样性和多面性。

3. 独特性

独特性指人们在发散思维中做出不同寻常的异于他人的新奇反应的能力。独特性是发散思维的最高目标。

4. 多感官性

发散性思维不仅运用视觉思维和听觉思维，而且也充分利用其他感官接收信息并进行加工。发散思维还与情感有密切关系。如果思维者能够想办法激发兴趣，产生激情，把信息情绪化，赋予信息以感情色彩，会提高发散思维的速度与效果。

三、发散思维的过程

发散思维在解决问题的活动中，需要一定的过程。心理学家对这个过程也做过大量的研究。比较有代表性的是英国心理学家华莱士（G. Wallas）所提出的四阶段论和美国心理学家艾曼贝尔（T. Amabile）所提出的五阶段论。华莱士认为任何创造过程都包括准备阶段、酝酿阶段、明朗阶段和验证阶段四个阶段。而艾曼贝尔从信息论的角度出发，认为创造活动过程由提出问题或任务、准备、产生反应、验证反应、结果五个阶段组成，并且可以循环运转。这里，以华莱士的四阶段论来看发散思维的活动过程。

1. 准备阶段

准备阶段是创造性思维活动过程的第一个阶段。这个阶段是搜集信息，整理资料，作前期准备的阶段。由于对要解决的问题，存在许多未知数，所以要搜集前人的知识经验，来对问题形成新的认识。从而为创造活动的下一个阶段做准备。如：爱迪生为了发明电灯，据说，光收集资料整理成的笔记就200多本，总计达四万多页。可见，任何发明创造都不是凭空杜撰，都是在日积月累，大量观察研究的基础上进行的。

2. 酝酿阶段

酝酿阶段主要对前一阶段所搜集的信息、资料进行消化和吸收，在此基础上，找出问题的关键点，以便考虑解决这个问题的各种策略。在这个过程中，有些问题由于一时难以找到有效的答案，通常会把它们暂时搁置。但思维活动并没有因此而停止，这些问题会无时无刻萦绕在头脑中，甚至转化为一种潜意识。在这个过程中，容易让人产生狂热的状态，如"牛顿把手表当成鸡蛋煮"就是典型的钻研问题狂热者。所以，在这个阶段，要注意有机结合思维的紧张与松弛，使其向更有利于问题解决的方向发展。

3. 豁朗阶段

豁朗阶段，也即顿悟阶段。经过前两个阶段的准备和酝酿，思维已达到一个相当成熟的阶段，在解决问题的过程中，常常会进入一种豁然开朗的状态，这就是前面所讲的灵感。如：耐克公司的创始人比尔·鲍尔曼，一天正在吃妻子做的威化饼，感觉特别舒服。于是，他被触动了，如果把跑鞋制成威化饼的样式，会有怎样的效果呢？于是，他就拿着妻子做威化饼的特制铁锅到办公室研究起来，之后，制成了第一双鞋样。这就是有名的耐克鞋的发明。

4. 验证阶段

验证阶段又叫实施阶段，主要是把通过前面三个阶段形成的方法、策略，进行检验，以求得到更合理的方案。这是一个否定-肯定-否定的循环过程。通过不断的实践检验，从而得出最恰当的创造性思维过程。

四、人人都具有发散思维

每一个人都有创造性思维的能力，但是，不是所有的人都能够运用它，因为随着知识和经验的积累，大量的创新思维被埋没了。小孩子问老师："天上会不会有两个太阳？"老师答："瞎说，怎么会有两个太阳呢？"，宇宙无限，银河系可能有多个太阳，小孩子的创新思维就被泯灭了。但是小孩子的发散思维仍然比成人发达，比如在黑板上点一个点，问幼儿园小孩、小学生"这是什么"？回答"猫眼睛"，"太阳"，"月亮"，"豆粒"，内容丰富多彩，问大学生则回答"点儿"。

发散思维要求比较强的职业有诗人、记者、侦探……，诗人的想象力是一种发散，记者拟定文章标题需要发散思维，侦探推断作案动机和手段也要用到发散思维。

第二节 发散思维的种类与创造

一、逆向思维

1. 逆向思维的概念

逆向思维，又叫逆反思维，即使突破思维定势，从相反的方向去思考问题。生活中人们常说的"反过来想一想"，"换个角度想一想"，便是逆向思维。一道趣味题是这样的：有四个相同的瓶子，怎样摆放才能使其中任意两个瓶口的距离都相等呢？一般都会想到把三个瓶子放在正三角形的顶点，那么第四个瓶子呢？只有将第四个瓶子倒过来放在三角形的中心位置，才能满足题意的要求。把第四个瓶子"倒过来"，就是典型的逆向思维！

2. 逆向思维的类型

（1）原理逆向 即从相反的方向或相反途径对原理及其运用进行思考的方法。人们算术都是从右向左进行，而史丰收却一反常态，从左到右运算，终于创造出 13 位数以内的加减乘除和开方的速算法。从来烫发都是用热烫，逆向思维的结果又导致了冷烫的产生。酱油都是液体的，固体酱油就是逆向思维的结果。

（2）属性逆向 事物所有的性质、特点，称为属性。将事物的属性作一逆向变换的思考方法，叫属性逆向。对于产品来说，属性逆向可以引起功能、性能、状态和成本的变化。食品脱水机，当初设计时，为了解决脱水缸的颤抖和由此产生的噪声问题，工程技术人员想了许多办法，加粗加硬转轴均无效，最后弃硬就软，采用软轴成功地解决了颤抖和噪声两大问题。

（3）方向逆向 假如对事物的构成顺序、排列、位置、输送方向、操作进程、旋转方向、上下高低等，作一个逆向变动，往往可以出现新创意。这种思考方法，叫方向逆向。如反画面的电视机，病人躺在床上可以通过镜子来看正面的电视。白兰地的发明就是一个方向逆向的例子，当时是在葡萄酒贸易中为了减少运量而将葡萄酒蒸馏，到达目的地后加水复原，不加水直接饮用就出现了今天的白兰地。

（4）尺寸逆向 将事物常规物理性或事理性质，做出大与小、高与矮、窄与宽、多与少、长与短的逆向变换，便是尺寸逆向。

高露洁牙膏当年为扩大产品销量在公司内征集创意，一个青年工人提出了扩大牙膏管口的建议被采纳,因为多数人挤牙膏都是根据牙刷的长度而不是牙膏的粗细,此创意一直保留至今。某厂生产的一种呢子,因原料成分的不同,着色不一,呢料上总有白花点。几经努力,仍难以消除。后来设计人员利用缺点,干脆扩大白花点,取名"雪花呢"在市场上很受欢迎。

将味精瓶上的开孔由三个增加到四个也是尺寸逆向思维的结果,我们熟知的田忌赛马也是尺寸逆向的例子。

需要注意的是,要正确区分变相涨价与尺寸逆向。某食品厂家生产的香肠因原料涨价而将香肠的净含量由150g降为120g而销售价格不变,生产的纯牛奶每袋由250g降为227g,而价格基本不变等,这些做法不属于尺寸逆向的例子,因为它是对消费者的一种隐瞒,是一种变相的涨价。

(5)常识逆向 在逆向思维中,比较普遍的还是常识逆向。常识逆向,即是逆常识的思考方法。常识逆向的思维,往往富于创意,易出成果。我国古代有这样一个故事,一位母亲有两个儿子,大儿子开染布作坊,小儿子做雨伞生意。每天,这位老母亲都愁眉苦脸,天下雨了怕大儿子染的布没法晒干;天晴了又怕小儿子做的伞没有人买。一位邻居开导她,叫她反过来想:雨天,小儿子的伞生意做得红火;晴天,大儿子染的布很快就能晒干。逆向思维使这位老母亲眉开眼笑,活力再现。

冰葡萄酒就是在果农葡萄晚采受冻后违反常识进行低温发酵而得到的,因其品质优良而被推广开来。

"无片名的电影",限量发行的书刊、司马光砸缸等都是常识逆向的例子。

二、侧向思维

1. 侧向思维的概念

在特定的条件下,将思维的流向由此及彼,从侧面扩展和推广,因而解决问题或产生新成果的思维方法,称之为侧向思维。侧向思维与逆向思维的区别,在于前者是平行同向的,而后者为逆向的。

2. 侧向思维的形式

(1)侧向移植 所谓侧向移植,即使把特定的思维或成果由A移植到B之上的思维方法。

某广告设计师对火柴盒有特殊的兴趣和爱好,就想:"能不能将火柴盒与其他东西结合起来?"于是设计一种啤酒瓶形状的火柴盒,不是可以为啤酒做广告吗?于是,一种新的啤酒广告设计就诞生了。于是我们想到有一种常用的产品,其外形移植了几乎所有的产品形状,有象棋形的、飞机形的、水壶形的、笔形的、汽车形的、手枪形的等等。

我们看到的饼干有各种形状,如各种卡通动物形状、各种数字图形形状、飞机形状、象棋形状、五星形状等,都是侧向移植的结果。

情人节送玫瑰花和巧克力是我们熟知的,但是在最早期的情人节只送玫瑰花,当时是在日本,一个巧克力商人受到情人节送玫瑰花的启发,将巧克力移植到情人节上的。

由此我们还可以想象,我们加工的各类食品的形状,都可以移植生活中各类物品的形状,就出现了各种形状的酒瓶,各种形状的饼干、面包、冰淇淋等。

(2)侧向外推 从一种现象或研究成果得到启发,并将之外推到其他领域的思维方法,叫侧向外推。

侧向外推适用于一切技术推广的研究，包括推广一个产品，一种产品的属性、功能等。例如，如果你看到理发推子因为装了微电机而带来了方便，你就可以想想微电机能否用到刮脸、擦皮鞋、磨指甲、玩具、风扇上；如果你感到香味的名片很好闻，你就可以想想能否在手帕、纽扣、纪念币上也放上香料。超声波用于金属加工，就可以想象用于食品加工，出现了超声波破碎、杀菌、有效成分提取等。

（3）侧向启示　侧向启示是抓住意外出现的现象，将之正式运用和推广开来的一种思维方法。能否利用侧向启示，含有机遇的因素。塞尼费尔德发明的石版印刷术、日本大和达教授发明的金属黏合剂都是缘于意外的失误。

香槟葡萄酒也是由于酿造中发酵不彻底而且在贮存期间感染了酵母菌引起二次发酵而产生二氧化碳得到的。

三、想象思维

创造离不开想象，想象的重要性，已经达到了是创造的先导和基础的位置。欲参与创造性活动，就必须重视想象和想象力的培养。

1. 想象的概念

人们能够根据社会实践，并结合自己已有的知识，在头脑中构建事物的新形象。这种在头脑中创造新事物的形象，或者根据口头语言或文字的描绘形成相应事物的形象和认识活动，就叫做想象。任何想象都是不能凭空产生的，都是从现实世界中的规律出发的。

2. 创造性想象的常见类型

创造性想象，是一种不依据现成的描述或既有的事物而创造出新事物形象的认识活动。诗人就是靠想象来写出一系列的比喻的。

（1）假设想象　所谓假设想象，就是创造一定的假设条件（如时间、地点、环境、情态等）而展开的想象。

值得注意的是，假设想象如果又具有一定的科学根据，且具有比较系统的理论说明，便可以升华为假说。

（2）幻想　幻想是一种与愿望相结合并指向于未来的想象。

幻想常常是科学发明和发现的先导，从这种意义上说，没有幻想，就没有科学的进步。具有一定的科学依据的幻想，称为科学幻想。

（3）启发式想象　启发式想象是从事物得到启迪，从而展开的想象。

譬如，瓦特通过观察水蒸气掀动壶盖，这一启发式想象，导致了蒸汽机的发明。牛黄，是混进牛胆囊的异物，周围凝聚了许多胆素的分泌物，日积月累形成的牛胆结石。由此科研人员想到了将沙子弄进蚌体内，蚌分泌出黏液，可将沙子包住而成人工珍珠，能否在牛的胆囊里弄入异物，形成人工牛黄呢？根据这种设想生产出了人工牛黄。

3. 想象的作用

（1）想象是创造的先导　牛顿躺在故乡苹果树下的躺椅上，惊异于一个苹果的落地，得到启发，想象到月亮的坠落问题，通过实验，进而发现了著名的万有引力定律。

（2）想象产生假说　科学史上许许多多新发现都源于假说，每个科学假说都包含着大胆的想象。爱因斯坦利用想象中的升降机阐明了相对论的许多种推论。

（3）想象激励创造　想象力能够激发我们作出新的努力，同时，通过想象，可以使我们看到有可能获得的成功，从而激发创造热情，克服困难将创造活动进行到底。

四、联想思维

客观事物总是相互联系的，事物之间的不同关系反映在人脑中，就可以形成不同的联想。联想其实也是一种想象。为了突出联想在创造活动中的作用，将其独立出来进行认识。

1. 联想的概念

联想，是由一种经验想到另一种经验，或有已想起的一种经验又想起另一种经验。抑或说，所谓联想，就是将头脑中储存的形象或反映事物形象的概念联想起来，从而产生新的设想的心理活动。

2. 联想的基本规律

（1）相似律　相似律又叫相似联想，即联想相似的事物。例如，弗莱明在培养葡萄球菌时，有一次看到一个培养器中长出了一撮青霉，青霉周围的液体十分清澈，他想，一定是青霉能分泌杀菌素。后来他经过实验，证实效果相同。这是他联想到儿时自己划破手指，母亲总用青霉给自己抹伤口的情景。于是，他产生了用青霉的分泌物作杀菌药的想法，发明了青霉素，由于这项成果，他获得了1945年医学生理学诺贝尔奖。

人们从碗装方便面想到了开发碗装的方便米线、碗装方便羊肉泡馍、碗装方便酸辣粉丝等旅游方便食品，就是联想的结果。

（2）接近律　接近律又叫接近联想，即经过联想，接近目的指向的事物。前苏联心理学家哥洛万和寺塔林认为：任何两个概念都可以通过相近概念的联想建立起联想的联系。比如，桌子和土地，作家和猴子，都是离得很远的概念，但只要在中间过渡性地增加几个相似概念的联想，便能建立起联想的联系。

如：桌子——木头——树林——土地

　　作家——人——动物——猴子

接近联想在构型解决问题的方案时，有益于拓展思路。比如，构思路灯自动开关装置的设计方案，就可以在"天色变黑"与"灯亮"之间作接近联想。与天色变黑相近的事物有：能见度降低、温度降低、环境寂静等等。最后利用光敏材料的特性用光敏电阻控制达到自动开关的目的。

（3）矛盾律　矛盾律又叫对比联想，指从相反的角度，联想与之对立的事物。例如，奥斯特发现电能产生磁，法拉第则从相反的方面联想到磁也能产生电；自亚里士多德以后，许多人还提出了多种多样的联想定律。如因果律，或叫因果联想，是指由一种经验想到与它有因果关系的另一种经验。

3. 逆常理联想

这是违背常理的一种联想。从逆常理联想产生的效果和实例看，运用和开发这种联想，对于丰富想象力、激发创造力是很有帮助的。逆常理联想的方法主要有三种。

（1）动态法——让形象动起来的方法

某青年工人运用"脸盆—按摩"这一联想，发明创造出了按摩保健盆。

（2）代用法——用一件事代替另一件事的方法

某持枪劫机事件后，有家不景气的保险柜厂厂长，联想到今后加强枪支的管理问题，必然会需要大量的专门放枪支的保险柜，于是立即组织工厂转产，果然，产品投放市场后，获得良好的经济效益。

五、灵感思维

灵感是人的最佳的创造状态。在灵感状态下，人的创造性思维能力、创造性想象能力和记忆能力等，达到最巧妙的融合。灵感的产生，不是成功的启示，成功的信号，就是成功的过程。

1. 灵感的概念

钱学森在"关于形象思维的一封信"中指出："创造性思维中的'灵感'，是一种不同于形象思维和抽象思维的思维形式。"灵感是人们在创造活动中出现的一种复杂的心理现象。在创造活动中，新形象、新思维的产生往往是"来无踪，去无影"，带有突发性，我们认为这种突然获得"顿悟"的状态，便称为灵感。

灵感是人的全部精力、智力高度集中、升华的表现。在灵感状态下，人的注意力完全集中在创造性活动的对象上，思维异常活跃。不仅文艺工作者有灵感，需要灵感，科技工作者也有灵感，需要灵感。在创造性活动中，往往光靠形象思维和抽象思维不能创造，不能突破，要创造突破还得需要灵感。灵感虽然有突然性，但灵感是不会垂青于懒惰的脑袋的。真如苏联一位艺术大师所说："灵感是对艰苦劳动的奖赏。"

2. 灵感的特点

（1）灵感是创造性劳动和科学探索的产物

（2）灵感具有突发性和瞬时性

（3）灵感往往在良好的精神状态下产生

灵感常常出现在经过苦苦追求后的大脑暂时的松弛状态。俄国化学家门捷列夫的第一张元素周期表诞生于 1869 年 12 月 17 日，在此之前，门捷列夫曾经从各个方面研究过元素及其化合物的各种相互联系，但都不得要领。有一天，门捷列夫准备动身离开圣彼得堡去办与元素周期律毫不相干的事情。就在一切准备就绪，轻轻松松地提着箱子要上火车之际，一个天才的构想在他脑海里突然闪现，即原子按其原子量系统化的原则排列。

3. 灵感的类型

灵感尽管是很玄妙的东西，然而，概而述之，大致可有以下几种类型。

（1）思想点化型　指偶然得到他人思想启示而出现的灵感。例如，前苏联火箭专家库佐廖夫为解决火箭上天的推力问题，而苦恼万分，食不甘味，妻问其故后说："此有何难呢，像吃面包一样，一个不够再加一个，不够，继续增加。"他一听，茅塞顿开，采用三节火箭捆绑在一起进行接力的办法，终于解决了火箭上天的难题。

（2）原型启示型　即通过某种事物或现象原型的启示，激发创造性灵感。如科研人员从科幻作家儒勒凡尔纳描绘的"机器岛"原形得到启示，产生了研制潜水艇的设想，并获得成功。

（3）创造性梦想型　即从梦中情景获得有益的"答案"，推动了创造的进程。

（4）无意识遐想型　即在紧张工作之余，大脑处于无意识的宽松休闲情况下而产生灵感。有人曾对821名发明家做过调查，发现在休闲场合，产生灵感的比例均比较高。

4. 灵感的作用

灵感在创造活动中的作用，主要表现在以下五个方面。

（1）促成创造的早日成功　科技工作者在创造活动中，往往由于灵感的引发、促进，问题便"豁然开朗"，得到了圆满的解决。

（2）提供重要启示、重要思路、重要线索　在创造活动中，有时会出现这样的现象，由于某人的一句话、一篇文章的启发，创造者便提出了新理论、新概念、新思想和新方法。

（3）导致新的设想　灵感往往产生在形象思维和抽象思维长时间紧张而暂时松弛之时。

（4）帮助选题　文学工作者往往是在搜集了大量素材后，还找不到理想的写作主题，或写作的表现角度，常常是靠灵感的帮助作出最后的选择。科技工作者亦然，在积累了许多某一方面的技术资料后，并对某一方面的问题作出长期的调查研究之后，往往还是依靠灵感的闪现，才确定产品研发的选题。

（5）有助于论文构思　撰写科学论文时，由于材料很多、思绪很乱，不知如何下手。灵感的出现，往往给人以清晰的思路，条理性的段落，从而完成科学论文的写作。

5. 灵感的捕捉

在科学史上，亦有稍纵即逝的灵感，一闪之后，因没有及时的捕捉下来而被忘记，或者因不会创造一个良好的、利于灵感产生的环境而影响了成功。

（1）积极的创造性劳动是灵感产生的基础　灵感必须以创造者长期的探索性劳动为基础。灵感是创造者长期辛勤劳动的结果。

（2）良好的环境与时机　创造者的工作环境，如果宽松、和谐，那么对于灵感的出现将会有很大的益处。

（3）愉快的精神状态　心情愉快，情绪轻松的精神状态是捕捉灵感的有力条件。对于文学家和科学家，适当的"业余爱好"，有利于营造一个愉快和轻松的精神状态，利于创造性灵感的出现。

（4）兴趣和知识的准备　兴趣是促使人们去刻苦获得知识的动力之一。对某一领域的研究有兴趣，就会自然而然地留意工作、学习和日常中与之有关联的事物，便会使自己具有丰富的知识经验，这也是捕捉灵感的一个基本条件。

（5）摆脱习惯性思维的束缚　按固定的思路考虑问题，常常使思路堵塞，思维迟钝，反应迟缓，阻碍寻找新问题的答案。把问题暂时放一放，过几天后或数周后，可能旧时的联想、旧的思路就有所遗忘或可能产生新的思路。

（6）发挥原型启发的作用　原型启发是从已有或类似的事物得到启迪，通过联想，爆发出创造的火花，得到解决问题的新方案。

（7）利用学术讨论促发灵感的出现　学术讨论具有一个平等轻松的气氛，大家都积极提出新的学术见解，会使大脑不断地受到鲜活的刺激，利于灵感的到来。

（8）随时做好记录的准备　有创造经验的人都喜欢随时携带纸和笔，当灵感一闪现，马上就掏出纸笔记录下来。灵感的出现，正如周恩来总理所说：乃"长期积累，偶然得之"。

六、直觉思维

爱因斯坦说："在科学创造中，真正可贵的因素是直觉"。彭加勒认为："逻辑用于论证，直觉用于发明。"认识直觉的作用、特点及其局限，具有十分重要的意义。

1. 直觉的概念

贝弗利奇在《科学研究的艺术》一书中说："直觉用在这里是指对情况的一种突如其来的颖悟和理解，也就是人们在不自觉地想着某一题目时，虽不一定但却常常跃入意识的一种使问题得到澄清的思想。"他还指出："当人们不自觉地想着某一题目时，戏剧性地出现的思想就是直觉最突出的例子。但是，在自觉地思考问题时突如其来的思想也是直觉。"

德国数学家史特克罗夫曾经说："创造过程是无意识地进行的，形式逻辑在这里一点也不参与，真理不是通过有目的的推理，而是凭着我们的直觉通过现成的判断，不带任何论证的形式计入意识。"

我们认为，直觉是在一瞬间便判断、理解和领悟出事物的"主要矛盾"，并作出主观结论的一种心理状态。

2. 直觉的特点

直觉主要具有以下三个特点。

（1）直觉以经验为基础，但又不是简单地从经验中归纳出来的，是"对经验的共鸣和理解"，是一种升华，一种创造。

（2）直觉是一种突发性的瞬间判断（想象、猜测、洞察力），刹那间便把握住"主要矛盾"；直觉是智力活动的一个飞跃，它不经过三段式的推理，是一种瞬间的直接的理解和领悟。

例如你与陌生人首次接触后便会有一个"好坏的印象"，若问理由，一下子也说不太清楚。其实，此种印象就是靠直觉得来的。再如，在欣赏一幅画或一幅书法作品时，一般人都能得出"好"或"不好"的结论，但无法说出好或不好在什么地方。这种直觉力也叫艺术鉴赏力。

（3）直觉并非绝对正确　直觉的非逻辑的心理反应以及其猜测性，决定了直觉并非绝对正确。如前所述，你与陌生人只是见过一次面便凭直觉肯定其"好"或"不好"，是不可能绝对准确的。

3. 直觉的作用

在创造活动中，直觉的作用主要表现在如下四个方面。

（1）直觉可以引起创造冲动　老舍创作的著名长篇小说《骆驼祥子》，起因是一位朋友向他讲述的一个车夫自己买车又卖车，三起三落最后依然受穷的事。爱因斯坦在谈到相对论的创造过程时说：一天夜晚，他正躺在床上，对那个正折磨着他的谜感到毫无希望而充满沮丧时，突然脑际中暴风般涌出来他坚信能阐明问题的思想。

（2）依靠直觉，进行选择　法国数学家彭加勒说过："所谓发明，实际上就是鉴别，简单说来也就是选择。"在创造实践中，从大量的试验事实提供的各种可能性中作出选择，往往单纯运用逻辑推动是无法实现的，更多的是凭借直觉。

（3）依靠直觉，作出科学预见　一些杰出的科学家，能够凭借非凡的直觉能力，在纷繁复杂的事实材料面前，敏锐地觉察到某种现象或思想具有重大意义，科学地预见到将会出现的伟大创造和发现。

（4）依靠直觉完成新概念、新理论　达·芬奇不仅是文艺复兴时期意大利著名的艺术家，还是优秀的工程师、力学家。他"对于基本原理的把握，以及对每一个科学史的研究方法和洞察力"都是杰出的。他凭借自己的物理直觉，摆脱了亚里士多德和阿奎那演绎思想的束缚，超越时代地预见了100年以后才由伽利略用实验证明的惯性原理。

七、假说

恩格斯指出："只要自然科学在思维着，它的发展形式就是假说。"许多科学家正是借助假说充分发挥他们的创造性，从而走上成功之路。明确假说的特点和作用，以及假说与科学创造的关系，具有十分重要的意义。

1. 假说的概念

假说，是根据一定的科学事实和科学理论，对研究的问题所提出的假设性的看法和说明。大部分假说来源于理论与实践的矛盾。同时，一些新的事实被发现，旧的理论不能解释了，新的猜测性的说明——假说，也会产生。

比如，1543年，天文学家哥白尼发表的《天体运动论》，由于宇宙本身的复杂性和科技水平的局限性，这种"日心说"理论体系只能是一种假说。但哥白尼提出"日心说"，并不是偶然。在当时，托勒密地心说与天文观察事实发生了矛盾，应用"地心说"不能准确测定地球上的方位，也无法满足历法的需要。

2. 假说的特征

（1）假说具有一定的科学根据　假说虽然具有想象的特征，但并不是凭空产生的。假说需以一定的事实或科学理论作为依据，能解释与他有关的事物和现象，而避免与他引为根据的已有理论的矛盾。

（2）假说具有一定的猜测性、假定性　假说虽然具有一定的科学根据，但开始研究问题时，根据常常又是不足的，资料也不完备，对问题的看法仅是一种猜测。

3. 假说在科学创造中的作用

假说在科学创造中具有重要的作用。假说是研究工作者最重要的思想方法之一。有些假说还凝结了一代或几代人的劳动。离开假说，科学很难想象能够进步。假说主要具有如下几个作用。

（1）导致新实验或新观察　确实，科学史上绝大多数的实验以及许许多多的观测，都以验证假说为明确目的。反过来，为了验证假说，也必须有全新的实验或观测。

（2）帮助人们看清一个事物或事件的重大意义　比如，在进行有关进化论的现场考察时，一个知道进化论假说的人，就比没有用这种假说武装头脑的人能够作出许多更为重要的观察。在这里，假说的作用，类似于作为工具来揭示新的事物，而不是将其视为自身的终结。

（3）促使理论因成熟而升华　假说作为科学研究的基点，可使科学研究工作的新方向朝四面八方铺展，并且，尽量与各种具体的情况相"碰撞"，经过研究，如果假说适用于各种情况，则可以上升到理论范畴；如果够深度，则可以上升为"定律"被普遍接受。

4. 运用假说的注意事项

（1）不要抱住已被证明无用的假说不放　假说如果使用不当，则会引起麻烦。当我们证明假说与事实不符的时候，就须立刻放弃或修正它。对已证明无用的假说的放弃，并不意味着在假说刚碰上与事实不符时便抛弃他。假说的正确与否，在极大程度上还依赖于科学家的鉴赏力和直觉。认为肯定正确的假说，便需要以坚忍不拔的精神来证实之。法拉第提出磁生电的假说后，在试验中尽管一再遭到失败，仍然能够坚信自己的假说，直到最后，才终于用磁铁产生了电流。

（2）必须进行假说服从事实的思想训练　贝尔纳说："过于相信自己的理论或设想的人，不仅不适于作出新发现，而且会作出很坏的观察。"因此，进行假说必须服从事实的思想训练，对过于"自信"的人，显得尤其重要。在进行观察和实验时，必须十分注意保持客观态度，这样才能尽量不歪曲结果。

（3）对假说进行批判的审查　人们不应过分急于接受一个想到的猜测，即使作为一个实验性的假说也要经过仔细推敲才能接受，因为意见一旦形成，再要想出其他可供选择的方案就不是那么容易了。

（4）对错误的观念退避三舍　在科学史上，有些假说尽管是错误的，却可能"歪打正着"，引导出别的意想不到的成效。在科学的发展上，对严重谬误的揭露，其价值不亚于创造的发现。

八、系统思维

系统思维，就是根据系统及基本特征而思考问题的思维方法。

1. 系统简述

客观世界是由大大小小的、各种各样的系统组成的。每一个相对独立的事物，都可视作一个系统。系统必须由一定数量的要素（或子系统）组成。各要素各有特定的功能和目标，他们之间即互相关联，又分工合作，以达成整体的共同目标。我们把相互依存和相互影响的若干要素，为实现共同的目标所构成的特定功能的集合体，成为系统。

2. 系统的基本特征

（1）整体性　整体性，又名集合性，指系统是由各个相互区别的要素的集合，而且各要素都服从实现整体最优目标的需要。系统作为整体，它的性质和功能，是整体的性质和功能会大于或小于各部分的总和。俗谚"三个臭皮匠，顶个诸葛亮"，就是这个道理。

（2）层级性　指作为整体的系统，是有许多层次的子系统（或要素）组成，每一层次的子系统又有许多次级子系统（元素）组成，系统与子系统之间既有纵的上下关系，又有横的平行关系，还有纵横的交叉关系。

（3）相关性　指系统与系统之间，以及系统内部个元素之间具有相互关联、相互作用的特性。即系统与周围的其他系统（或环境）具有开放式联系，而且系统内的每个元素，也不仅为完成某种任务而起作用，而且任一元素的变化也都会影响其他元素完成任务。

（4）目的性　指对整个系统来说，都以完成某种功能作为目的，并且目标明确。例如，我们设计一个办公自动化电脑系统，目的就是为了提高工作的效率和水平。

（5）动态性　指系统不仅作为状态而存在，而且具有随时间变化的特性。譬如特人体系统，其随时间而变化的特性，不言而喻。

第三节　收敛思维

研究证明，一个创造性活动的全过程，要经由发散思维到收敛思维，再从收敛思维到发散思维，即："发散——收敛——再发散——再收敛"，经由这种思维方式的多次循环，才能完成。明确收敛思维的概念、特点和基本方法，同样具有重要意义。

一、收敛思维的概念和特点

收敛思维是指某一个问题仅有一种答案，为了获得这个答案，以达到解决问题的目的。收敛思维也叫做"聚合思维"、"求同思维"、"辐集思维"或"集中思维"，也是创新思维的一种形式。也就是说，收敛思维乃是这样一种思维形式，对有发散思维所提出的各种可能性，分别进行分析、综合、抽象、概括，以获得解决问题的唯一最佳答案。收敛思维具有如下几个特点。

1. 收敛思维的产生必须以发散思维为前提

没有发散思维提出新概念、新问题、新方法、新思想,就不能产生创造的胚胎;没有收敛思维,思维就不可能定向,就不能对众多的点子或设想进行比较、评价、选择或决策。

2. 收敛思维是纯理性的形式

收敛思维可看做是创造性思维的第二阶段。又由于收敛思维直指问题的答案,方向极端明确而且需通过抽象、概括、判断和推理这一类智力因素进行思维,所以,是纯理性思维。

二、收敛思维的基本方法

收敛思维的具体方法很多,常见的有抽象与概括、分析与综合、比较与类比、归纳与演绎、定性与定量等。

(一) 抽象与概括

抽象与概括均是形成概念的思维过程和方法。抽象和概括是思维,所以皆借助于语词来实现。

抽象,即通过对事物的属性作分析、综合和比较,而抽取出事物的本质属性的思维过程和方法。其目的是从具体事物中抽出其相对独立的各个方面,包括属性、关系等,抽出具体事物的特殊性,撇开偶然性。

概括,是在思想中把从某些具有若干相同属性的一切事物,从而形成关于这类事物的普遍概念的思维过程和方法。

"去粗取精、去伪存真、由此及彼、由表及里",毛泽东同志说的这十六个字,说明了科学的抽象和概括的一般步骤。

(二) 分析和综合

1. 分析

所谓分析,是这样一种思维方法,将对象分解成各个组成部分,然后再对它的各个部分进行考察。抑或说,分析就是分解剖析,即通过认识对象的各个组成部分的属性来认识对象的本质的思维方法。

分析的具体过程可表述为如下的思维模式:把整体分解或分离成部分——考察各部分的本质属性——考察各部分间的相互联系和相互作用,以及相互作用的规律性。在分析的方法中,较特殊的有以下两种。

(1) 由现象逼近本质法 即通过事物的外部表现,即部分的想象,而逼近其本质。期间,必须去假象,求真相,将现象当做入门的向导,从不同角度、不同层次去分解和考察分析,从而得出一般规律。牛顿由苹果落地这一现象入手,继而通过大量的实验、研究,终于揭示出具有普遍性的反映客观物体相互吸引的规律——万有引力定律。

(2) 淘汰法 即对影响根本问题的各个方面,进行分类、排列,排除其中的无效或多余的方面,从而得出本质的一种分析方法。

德国化学家欧立希获悉药品"阿托什尔"能有效地杀死人体血液锥虫,但有使人眼睛失明的副作用。经过四年的努力,将药品的副作用淘汰掉。

2. 综合

所谓综合,即使在分析的基础上,把不同类别的事物或事物的有关组成部分,组合在一起,从而出现一个新的整体的思维方法。

"综合就是创造"。现代技术发明的一个重要途径，是技术综合。美国阿波罗登月计划总指挥韦伯指出：今天世界上，没有什么东西不是通过综合而创造的。阿波罗计划中就没有一项理论和技术是新发明的，全是现成技术的综合运用。综合其实也就是组合，可分为两种类型。

（1）组合功能型　即将原有功能分开的两种或两种以上的东西结合在一起，各自功能不变。如铅笔顶端加配上橡皮擦、情侣手表、双人伞等。

（2）出新功能型　即将几种具有不同功能的东西组合起来，从而创造出一种具有不同功能的组合体。如爱迪生将锡纸圆筒、螺旋杆及尖针、藻膜、电池组合起来，便发明了留声机。

分析和综合又是相对的，分析中有综合，综合中有分析。分析是综合的基础，综合常常是分析的目的。马克思写作《资本论》，历时40载，查阅研究了大量的资料。在这部历史性巨著中，从分析入手到综合出新的方法，贯穿始末，是一个有效地利用分析和综合思维的方法的奇迹。

（三）比较和类比

1. 比较

比较是确定事物同异关系的思维过程和方法。根据一定的标准把彼此有某种联系的事物加以对照，便可以确定其相同和相异之点，从而对事物作出分类。

比较的方法很多，有求同比较，有求异比较，有的立足在空间上，有的立足在时间上，有的立足在想象上，有的立足在本质上。越好的比较，就是在越趋同的事物中找出差异来，在越趋异的事物中找出相同来。

近年来，比较方法应用越来越广泛。人们在深入比较研究的基础上，已逐渐形成了许多新兴交叉学科和比较科学。比如，比较文学，比较哲学等。

2. 类比

类比，即类比推理，是根据两个对象某些属性的相同，而推出他们的其他属性也可能形同的间接推理。类比推理的基本形式有如下几种。

（1）正反类比　即根据两个事物若干属性的相同或相异，已知某事物还有或没有某种属性，从而推知另一事物也具有或没有某种属性的思维形式。

光和声这两类现象具有一系列相同的性质：直线传播、有反射、折射和干扰的现象；而声有波动性质，据此荷兰物理学家惠更斯运用正反类比推理，推出结论："光可能有波动性质——光波。"

（2）扮演类比　扮演类比又叫亲自类比，即思考一个问题时，把自己就当做是这一问题，而激发自己的思想和智慧，从而找到解决问题的方法的一种思维形式。这种扮演类比能激发人们的情感，启发人们的智慧，提出独特性的方法。

西红柿是一种新鲜的美味蔬菜，但是机械收割的西红柿却非常容易破损。很多专家致力于发明一种新的更灵巧的机械和新的收获办法，但都由于效果不佳或花钱太多而失败了。戈顿领导的发明小组成员想：如果我是西红柿我会怎样感觉？一个人说："如果我是西红柿，我就希望我是个大胖子，跌一跤一点也不疼，我的脂肪起了缓冲作用"。他的话引起了其他人的兴趣，最后提出的解决办法是：培育一种肉厚型西红柿品种。

（3）幻想类比　即借用神话和幻想，得到解决问题的启示而作出发明创造的思维形式。

例如，要发明一种新型的屋顶，夏天呈白颜色，能反射太阳光，从而降低空调的负荷；冬天呈黑颜色，能够吸收热量，从而减少采暖费用。人们想到了一种变色的比目鱼，在白色沙滩上,它会变成白色,如果到了深水中,它又变为黑色。搞清楚比目鱼的变色原理和机制,人们设计了一种白色小球,埋放在黑色屋顶上。当阳光照的屋顶灼热时,小白球会依波义耳定律产生膨胀,使屋顶呈白色;反之,当屋顶变冷时,小球冷缩,屋顶变成黑色。这种设计使幻想变成了现实。

(4) 仿照类比　即采用仿照的办法,产生了一种有效的创造思路的思维形式。

用此法将树的管理和成长与促进人的创造力相类比。为使树长大,必须施肥、浇水和杀虫。为了培养你的创造力,要采用怎样的"相似方法"呢?

(四) 归纳与演绎

1. 归纳法

归纳法又称归纳推理,是从特殊事物推出一般结论的推理方法。

比如有经验的老农说:"东虹日出西虹雨。"这句话的意思是说当东边天空出现彩虹时,多半是晴天;而当西边天空出现彩虹时,多半要下雨。这是老农长期观天察云概括出来的气象变化规律,其间就运用了归纳法。归纳法可分为完全归纳法和不完全归纳法两类。

(1) 完全归纳法　即将考察的对象全部列举出来,从而推出该类对象都具有相同属性的思考方法。完全归纳法在前提中须没有反例,即全部属真。

(2) 不完全归纳法　即根据部分事物的属性而推出同类事物具有该种属性的思维方法。

例如,我国生物学家童第周和美籍华人科学家牛满江夫妇合作,通过实验,把从鲫鱼卵巢成熟卵子中提取的遗传信息核糖核酸,注入到金鱼的受精卵内,使产生的一部分金鱼的后代和他们的后一代,由双尾变成单尾,表现出鲫鱼的尾鳍形状。他们以此作为前提,推出一个一般性结论:细胞质信息核糖核酸对于动物的发育、遗传具有明确的作用。这便是用了不完全归纳法。

不完全归纳法涉及的对象有限,因而不能保证其得出的结论绝对正确。

2. 演绎法

演绎法又叫演绎推理。归纳推理是从特殊到一般,演绎推理与之相对,乃由一般到特殊。演绎推理的主要形式是三段论。三段论有大前提、小前提和结论三部分构成。大前提断定的是一个一般性原则,小前提断定的是某种特殊事物同这个一般性原则的联系,结论断定的是从前提必然推出的关于这个特殊事物的新知识。

例如有生命的地方都有水,月球上没有水,所以,月球上没有生命。又如,所有的光都是电磁波,紫外线是光,所以,紫外线是电磁波。归纳和演绎是相互联系、相互补充的。将它们对立或割裂开来,是形而上学的思维方法。

第四节　创造性思维在解决问题中的活动过程

创造性思维是极其复杂的心理活动。创造的过程其实就是解决问题的过程,对于不同的创造主体,不同的创造领域,不同的创造环境及不同的创造对象,创造性思维的过程会表现出相应的差异。

一、关于创造性思维一般活动过程的有关学说

(一) 三阶段说

我国清末著名学者王国维指出,创造性思维的三个境界:第一境界:创造活动的"悬

想"阶段。第二境界："苦索"阶段；第三境界：经过"悬想"和"苦索"后达到了问题解决的"顿悟"阶段。

王国维的三境界模式："悬想——苦索——顿悟"，对于创造性思维过程的分析，具有启发作用。

（二）十步法

日本"发明大王"中松义郎，共获得专利2360项。他总结出发明创造的三大要素和十个步骤，可以称之为中松义郎十步法。

三大要素是：合理、灵感和实用。

十个步骤是：①解放思想，突破陈旧观念的束缚。②详细调查市场需要，做到心中有数。③具备一定的理论基础，掌握有关专业知识，做到融会贯通。④看自己的构思是否违背科学原理。如违背科学原理，立即放弃之。⑤善于捕捉灵感。⑥根据自己头脑中的想象进行实验。⑦认真分析实验数据。⑧以使用价值高低评价发明的意义。⑨若一项发明不具备实用价值，尽力使其更加完善。⑩迅速使发明成果转化为商品。

二、创造性思维的四个阶段

关于创造性思维活动过程的学说，众说纷纭，不尽一致，但根据最新研究，创造性思维在解决问题中的活动过程存在四个阶段，即：

产生问题阶段——准备阶段——创造阶段——评价验证阶段。这四个阶段，亦可以看成是创造性思维的一般过程。

（一）产生问题阶段

"产生问题阶段"包括自觉地提出问题和不自觉地发现问题，产生问题是一切创造发明的前提。譬如，依靠直觉思维发现的问题属于非自觉地提出问题，产生问题的方式也可以是假说。当然，产生问题需要依靠创造主体的知识、经验和技巧的积累。

（二）准备阶段

进入"准备阶段"时，即需要围绕问题作调查，收集和积累必要的资料，而后，对之进行加工和整理，使之条理化、系统化，明确解决问题的方法和主攻方向。值得重视的是，创造发明的准备阶段需要充分地依靠事实。

（三）创造阶段

这个阶段分为两种类型，一种类型包括潜伏和顿悟步骤。在这个阶段，当外界事物的激发或某种媒介进行触发时，就会突然涌现出新的设想或灵感，而找到解决问题的"金钥匙"，使问题豁然开朗。或者依靠有意识的、自觉的思考、分析、试验等，便可直接完成创造阶段。例如，牛顿在产生苹果落地蕴含着"问题"的假说后，他的创造阶段，便是依靠了有意识的实验才完成了"万有引力定律"的创造。

创造阶段的过程可长可短。有的人，花费毕生的精力。可能对所研究的问题仍然得不到"顿悟"创造；也有的人"灵感就像拧开的水龙头"，源源不断，机遇甚佳。

（四）总结验证阶段

这一阶段是将所取得的成果进行概括、总结、补充、修改和验证，使成果更加完善化。如果是技术发明，这一阶段是使发明部件的各部分的相互作用有鲜明的、正确的表象。若是科学研究，则使成果变成一般的规律。在创造性思维过程中，必须综合运用发散思维、收敛思维和其他各种研究方法，才能完成发明创造活动。

不难看出，在创造性思维的不同阶段和步骤中，运用思维形式也不同，同时还可以看到：①在整个创造新思维过程中存在着非逻辑和逻辑思维两种思维形式，尤其在创造阶段，非逻辑思维的潜意识或下意识活动，占了特殊重要的地位。②在创造性思维解决问题的过程中，产生问题是根本前提，创造阶段是核心。由此也可以看出创造性过程和发散思维的活动过程相一致。

第五节　创造性思维与训练

每个人来到这个世界上，都有许许多多的东西需要学习、理解和掌握。但是，每一样东西都能够教吗？

比如说绘画，其中的线条、比例、色彩、透视等技术性的内容是能够教的，学生只要画得和老师教的一模一样，就算"学"会了。但是，绘画中的"创作"能"教"吗？老师"创作"了一幅画，你"学"着画得惟妙惟肖，但是你并没有学会创作。因为所谓"创作"就是前无古人。文学也是如此，老师能够"教"的只是字义、语法和修饰之类的东西，而文学"创作"是无法教的，勉强教出来的也算不上是真正意义上的"创作"。

创意思维正是这种情况。严格地说，"创意"思维是无法"教"的，至少，创意思维的"教"和"学"的方法与某些技术性东西的"教"和"学"的方法有很大的差别。那么，如何才能具有创造性思维？

一、教育与创新思维

在西方语言中，"教育"这个词是从拉丁文（educare）转化而来的，其原意是"引来"、"导出"，也就是充分开发一个人的潜力。这种原意的"教育"很适用于创意思维。

所谓"创意思维训练"，也就是"创意思维"的启发和引导，教师提出并解决某个问题，使得学生从中得到启发，以后再遇到其他类似的问题时，就多了一种解决问题的思路。世界上没有两个完全相同的问题，因而世界上也没有两种完全一样的解决问题的方法。

从学生的角度来说，学习"创意思维"和学习别的技术性课程也不用同一种学习方法。技术性课程有时需要死记硬背，"理解的要背，不理解的也要背，在背的过程中加深理解"，而学习"创意思维"主要靠自己的独立思索，多想多练，形成一种习惯性的行为。如果只是记住几条创意规则，而没有改进自己的思维习惯，那就等于什么也没学到。

二、创意思维训练具有悠久的历史

从历史上看，创意思维训练具有悠久的传统。在西方，最早采用系统的方法进行思维训练的人，也许可以追溯到古希腊时代的苏格拉底。

据历史记载，苏格拉底相貌丑陋，不修边幅，整日在市场上闲逛。古希腊的市场上不仅卖物品，也"卖"思想——经常有人站在市场中面对大众发表演讲。

有一天，苏格拉底遇到一位年轻人，正在宣讲"美德"。苏格拉底装作无知者的模样，向年轻人请教说："请问，什么是美德呢？"那位年轻人不屑地答道："这么简单的问题你都不懂？告诉你吧，不偷盗、不欺骗之类的品行都是美德。"苏格拉底仍然装作不解地问："不偷盗就是美德吗？"年轻人肯定地答道："那当然啦！偷盗肯定是一种恶德。"

苏格拉底不紧不慢地说："我记得在军队当兵的时候，有一次，接受指挥官的命令，我深夜潜入敌人的营地，把他们的兵力部署图偷出来了。请问，我的这种行为是美德呢，还是恶德？"那位年轻人犹豫了一下，辩解道："偷盗敌人的东西当然是美德。我刚才说的'不偷盗'，实指'不偷盗朋友的东西'；偷盗朋友的东西，那肯定是恶德！"

苏格拉底依然不紧不慢地说："还有一次，我的一位好朋友遭到了天灾人祸的双重打击，他对生活绝望了，于是买了一把尖刀，藏在枕头下边，准备夜深人静的时候用它结束自己的生命。我得知了这个消息，便在傍晚时分溜进他的卧室，把那把尖刀偷了出来，使他得免一死。请问，我的这种行为究竟是美德呢，还是恶德啊？"

那位年轻人终于惶惶然，承认自己无知，拱手向苏格拉底请教什么是美德。

苏格拉底把自己的这种思维训练方法称为"头脑助产术"，意思是说，创意观念本来就存在于你自己的头脑中，但是你在挖掘创意的时候不得要领。苏格拉底不过采取了一些科学的方法，使你的创意得以顺利地"分娩"。

三、创新思维是可以训练的

对于占人口绝大多数的普通智力的人们来说，是否接受过思维训练，结果是不相同的。思维学家做过很多实验已经证明了这一点。比如，对于下边这样的思考题，受过思维训练的人和没受过思维训练的人将会有不同的反应。

（1）有一只蜗牛，住在一棵梧桐树下面。一天清晨，太阳刚刚升起，蜗牛便开始从树根向树梢上爬。它爬得忽快忽慢，又时候还停下来四处望一望，躲避可能发生的危险。直到太阳落山的时候，这只蜗牛终于爬到了梧桐树的树梢，在树梢上睡了一觉。

第二天清晨，也是太阳刚刚升起的时候，蜗牛开始从树梢向下爬。它沿着昨天爬行所留下的印迹，忽快忽慢地朝树根爬去。因为是向下爬行，速度比向上爬行略快，不到太阳落山就达到了树的下面。

问题：在蜗牛上树和下树的路途中，有没有一个点，第一天上树和第二天下树过程中，通过这点的时间相同？

（2）一个人开店卖鞋，一双鞋售价75元。一天来了一个顾客买了一双鞋，付款时顾客拿出一张100元的人民币，他找不开，就到隔壁的食杂店换回了100元零钱，找给顾客25元。顾客离开后，隔壁食杂店店主说刚才的100元是假钱，他只好又给了那店主100元。请问，卖这双鞋，鞋店总共赔了多少？

第六节 破除思维定势的训练

在长期的思维活动中，每个人都会形成一种自己惯用的、固定的思维或行为模式。当面临某个问题时，便会不假思索地把它纳入已经习惯的思维模式，并依据这种模式来思考和处理问题，这种模式即思维定势。我们来看下面两个例子。

(1) 有一个聋哑人，他到五金商店去买一个钉子，他就比划。人家给他一个锤子，一个榔头，他摇手，更使劲比划，肯定是钉子，给他了，他非常高兴地走了。接着来了一个盲人，他要买剪刀，请问他该怎么用最简洁的方式表达？

(2) 在一条船上有75头牛，有32只羊，问船长的年龄有多大？大多数学生的回答都是43岁（即75减32）。

在第1题中，多数同学都说应该怎样怎样比划，其实他不用比划，只要说"我买剪刀"就可以了。在第2题中，其实，这是一道没有答案的题，船长的年龄和75头牛，和32只羊没有关系。可是中小学生认为这个题出了，肯定有标准答案，他们还是动脑筋了，一加，107岁；一除，二点几岁；又一乘，2000多岁；一减，43岁，开船不正好吗，这就是思维定势了。有一句经典的语言叫做什么呢，思维一旦进入死角，其智力就在常人之下。所以，我们首先是要把思维定势要打破。我们把它作为创意思维的一种对立面，进行弱化和破除这些定势的训练，扫除创意思维的障碍。

一、破除权威定势的训练

有人群的地方就会有权威，人们对权威普遍怀有尊崇之情，进而演变为神化和迷信。所以我们以前经常在电视广告中听到"全国牙防组如何如何"、"某影星代言某药品疗效好！"等等，权威定势充斥在我们的生活中。为了保持创意思维的活力，削弱头脑中的权威定势，最好的方法是进行弱化权威定势的训练。

1."权威经常依赖于权威效应"

训练的方法：找出某一权威人物的某种论断，这种论断尽管是正确的，但却与人们的常识或直觉相违背，而且传播的范围比较窄，一般人不太了解。比如，爱因斯坦相对论中的"尺缩"现象——物体运动时长度不变只是低速世界的特殊现象，长度随速度而变才是宇宙的一般规律。然后，你把这一权威论断告诉周围的人，但不要打权威旗号，或干脆冒充你自己的新发现，听别人的反应和评价。你还可以把同一论断告诉另外一些人，首先声明是某权威的观点，听大家的反应和评价。最后，把两种反应和评价作一比较，从中悟出什么道理？

2."过时的权威"

任何权威只是一时的权威，没有永久的权威。随时间之推移，旧权威不断让位于新权威，明确这一点，会大大减弱对某权威的敬畏心态。

训练方法：请在自己头脑中回忆一两个10年或20年前自己敬畏的权威，如今他们还是权威吗？再设想一个当代的权威，思考10年后，这位权威的观念和学说是否会变得很荒谬？

3. "那是外地的权威"

地域的差异能使权威失效。东部发达地区一位颇有建树的企业家，不一定能当好西藏原来连公路都不通的墨脱县一个县办工厂的厂长。

训练方法：如果听到某权威性论断，请想一想，那位权威是否是外地的？也就是说，他的论断是否同样适合本地的具体情况？

4. "那是别的领域的权威"

一位电影演员能推荐一种小儿药品吗？一位体操健将就肯定能制造出高质量运动衫吗？一位胖得像皮球而患心血管疾病的相声演员有资格评价一种白酒吗？面对权威"泛化"怪状，问自己：他是哪个领域的权威？他对这一行有研究吗？他那些振振有词的言论对这个领域有价值吗？

5. "那是借助外部力量的权威"

权威的产生有时非常微妙，在许多领域被公认的权威并非领域的顶尖人物。他们借助外部力量上升为权威，比如，政治力量可把人推上某一领域要职；财大气粗而成为权威的还很常见？训练时遇到某一权威想一想：他之所以为权威，是凭借自己的实力，还是凭借外力？

6. "那与权威的自身利益有关"

即便是一位真正的权威，而且就在他的权威领域发表意见，也看看是否与他自身利益有关。一位科学家发明了一个营养保健品，那么他自己对该产品的评价就会至少部分失去权威性。训练方法：如看到某权威在卖力地推销某产品或某观念，首先想一想：它与权威的利益有没有关系？

二、破除从众定势的训练

"从众定势"是思维惯常定势的一个重要表现。"从众"就是服从众人，顺从大伙儿，随大流。在从众定势影响下，别人怎么做、怎么想，我也这样做、这样想。从众定势不利于个人独立思考和产生创意，从创意思维的角度来说，往往是种破除从众定势的结果。

1. 请参加"动物聚会"的游戏

把大家按照自己的属相分成12组，然后每2人相对而立，按照自己的属相学某种动物的叫声或动作，不要怕"出丑"，学叫的声音越大越逼真、学做的动作越形象、越"放得开"越好。也可以再大胆一点，在公共场所做这个训练，主要体会别人惊异、嘲笑的目光，提高自己做了一件与众不同的事情而承受环境压力的能力。

2. 提出一种与众不同的观念

开动脑筋，想出一种与众不同的观念，不追求高明和实用，只要与人们的日常习惯相冲突，然后把自己的新观念告诉朋友和刚认识的人，听听大家的反应，体会社会的从众定势有多强大，也能锻炼你"反潮流"的胆量。面对大家的指责、嘲讽和反对，你应心平气和地辩解，尽力说服他们，让多数人承认新观念中有可取之处。你还可以发明或改进一种物品，与"理所当然"的物品不同就行，同样要大力宣传、辩护，仔细观察不同人的不同反应。

例如，提出"炎炎夏日的傍晚着最暴露的泳装散步"的想法，把自行车前轮换成小轮骑出去试试。通过这类练习，你能够体会到众人的评论和嘲笑没什么了不起，从而逐渐削弱思维中的从众定势。

3. 扮演"傻子"的讨论会

在一个讨论严肃问题的有关会议上，请一个思维敏捷、知识丰富并富于表达能力的人扮演"傻子"的角色，他总提与众人相反的论点，使用某种莫名其妙的方法乃至荒唐可笑的逻辑，其目的是刺激讨论会的气氛，打破团体一致的思考方法，促使创意的出现。

三、破除唯经验定势的训练

在一般情况下，经验是处理问题的好帮手，经验与创意思维之间，一方面，假如我们看到经验自身的相对性，即发现了它的局限性，不断开阔眼界，增强见识，创意思维能力得以提高，经验本身就意味着新创意。另一方面，经验又有可能导致人们对经验的过分依赖乃至崇拜，形成固定思维模式，削弱了头脑的想象力，造成创意思维能力下降，这就是"唯经验定势"。

1. 仿盲人训练

经验大部分是通过感觉得来的，而感觉中由视觉获得的信息占全部信息的85%以上，由于过分发展的视觉反而妨碍了其他感觉功能的发挥，有必要体会一下盲人的感觉，来充分发挥其他感觉的功能，使你获得意想不到的丰富的外界信息材料。训练方法是用布或完全不透光的眼镜使自己看不到外界，先在室内走动，再去室外熟悉处走走，最后由朋友引领下到陌生地方走一圈，这种地方最好是景物、人员等比较丰富之处，完全依靠你的听觉、触觉、方向感和平衡性去了解外界。如此训练几次，肯定会有丰富的收获。

2."逆经验反应"训练

大量日常经验使每个人对外界刺激物形成一套固定反应模式，打破它对增强创新意识大有帮助。训练原则即如此，内容可自定。例如：下大雨时不打伞走出去；放寒假不回家，自己在外过一次春节；电话铃响着，不去接等等。

3. 风险意识测定

打破经验定势，同样要承担很大风险。以下的问题只是测试一下你有多大的冒险勇气，并非要你实际去做；尽管你也许真的敢做。本训练首先是敢想，"连想都不敢想"就无法训练创意思维。

（1）在时速超过100百公里的火车上，你敢站立在车厢门口的踏板上吗？
（2）如果驯兽师说，他能保证你的安全，你敢和他一起进入关有老虎的铁笼内吗？
（3）楼下有张开的消防救护帆布篷，你敢不敢从五层楼的阳台上跳下去？
（4）有一根裸露的高压线，供电局的同志说这根线的电闸已经拉断了，没有电，你敢不敢用手去摸它？

四、破除唯书本定势的训练

书本是一种系统化、理论化的知识，是人类经验和体悟的结晶。但读书除了有理论联系实际的问题外，有的人常受书本专业知识的限制，反而出现某些专业领域的新创意并非出于资深专业人员之手的现象。一般情况下，所受正规教育越多，专业知识越丰富。但从创意思维的角度来说，思维受缚可能性越大。另外，书读多了，又学会了比较，才发现书与书、书与现实之间存在着不吻合，笔者记得读过一本心理学，作者告诉读者只有消除了心理冲突才能如何如何，殊不知心理冲突是客观存在的，是根本消除不了的，只能学会转化和控制。人的大脑不可能塞进太多的与自己的目标不相符合的东西；在某些时候，为了接受新观念，或者为了激发新创意，还需要我们把某些书本强行忘掉，努力摆脱已有知识的束缚，跳到"无知"的另一面。

1. "正反合"读书法

拿到一本理论类的书，认真用不同的方法和眼光读三遍，你会有一种全新的感觉。

第一遍是"正读"，首先假定书中的说法完全正确，假定你十分赞同作者的观点。你一边读，一边为书中的看法补充新的证据、材料和论证方法。

第二遍是"反读"，你假定书中所有的观点都是错误的，你读此书的目的，就是找出错误而一一驳倒它们。也许一开始很困难，这一方面是过去读书的习惯使然；一方面你还没有真正把握书中所讲的内容。任何理论上的阐述，都不可能天衣无缝。

第三遍是"合读"，就是把"正读"与"反读"的结果综合起来，在此基础上对书中所讨论的内容，提出自己的新看法。到这一步，应该说达到了读书的最高境界——既读"进去"又读"出来"了。

2. 书本与现实的差距

想一想，怎样从现实中找到具体事例反驳下列知识性论断？

（1）男人比女人有力气；

（2）众人拾柴火焰高；

（3）冬天比春天冷；

（4）用电脑写作既方便又迅速。

3. 设想多种答案

书本上提供的答案往往是"唯一的""标准"答案，它会束缚头脑，减低创新意识。如果我们面对一个问题，通过发散思维，尽可能多地给出越新奇越好的多种答案，创意思维水平就可以提高。例如：

（1）面条是怎样做成的？

（2）天空为什么是蓝的？

（3）花朵为什么颜色不同？

（4）大雁为什么往南飞？

五、破除非理性定势的训练

我们的思维时刻受非理性因素影响，主要有感情、欲望、冲动、情绪、潜意识等，其中感情是一种最常见的非理性因素。一定的感情影响着人们思考的倾向和范围，自己喜欢的就一切都好，讨厌的就一切都不好。创意思维针对这种偏向，应学会"推迟判断"和"朝反面想"。后者是指，想一想你最讨厌的人所具有的优点，你最喜欢的人所具有的缺点。创造就意味着放弃和否定，而放弃和否定则包含感情上的割舍，这对多数人来说是极为困难的，而创意思维要求我们排除感情表达干扰，大胆放弃并开辟新领域。但感情常常是无形地暗中操纵思维过程，当我们改变感情之时，就是改变对外界事物看法之际，再两相比较，才发现自己的思维偏差。

1. "理性的想象力"训练

静坐深呼吸10次，将杂念排除大脑之外，想象一块白色画布，在大脑中相继"画"出如下图案：

（1）画图形　画正方形；用橡皮擦掉；画一圆形，再擦掉；画上一个三角形，把三角形擦掉；画上你喜欢的任一几何图形。所有图形均应工整、清楚。

（2）涂颜色 画一个清楚的几何图形，涂上耀眼的红颜色；洗掉颜色改涂苍翠欲滴的绿色；再洗掉改涂明亮的黄色；洗掉黄色改涂你所喜欢的任何颜色，要逼真并填满几何图形。

（3）按比例画图形 画一小正方形，再画边长大一倍的正方形；接着画边长大两倍的正方形；最后把三个正方形并列排在一起，比例尽量精确。按照上述比例各画三个三角形、三个圆形、三个你喜欢的任一图形，都并列排在一起，比例一定尽量精确。

这个训练主要是培养清晰、鲜明、准确的理性想象力，想象时不要受个人感情、欲望、情绪的干扰。

2．"日记反省"

当你经历了一场非理性冲击后，例如吵了一架，当晚要平心静气写一篇日记，用理性发省一下自己的得失，找出导致非理性的原因。这样做的好处：平静情绪，减弱非理性影响；找出引发非理性因素，遇到类似情况能理智控制，提高思维质量；可以经常翻看日记，减弱思维中的非理性定势。

第七节 发散思维训练

以材料、功能、结构、形态、组合、方法、因果、关系等八个方面为"发散点"、进行具体集中性的多端、灵活、新颖的发散训练，以培养创造性思维的能力。

一、材料发散

以某个物品作为"材料"，以其发散点，设想它的多种用途。例如：写出面粉的用途，我们通过发散则有做馒头、做面汤、做糨糊、堵洪水、喷人眼睛防身等等。当然我们也可以反过来想一想，哪些东西可以做成粉？则有玉米粉、大豆粉、荞麦粉、大米粉、薏米粉等。

例：尽可能多地写出可以做面包的所有原料，即应用材料发散改进面包。我们可以开发出玉米面面包、荞麦面包、豆面面包等。

还有尽可能多地写出玻璃瓶的各种用途；尽可能多地写出塑料薄膜的各种用途；尽可能多地写出旧食品罐头盒的各种用途等。

二、功能发散

以某种事物的功能为发散点设想出获得该功能的各种可能性。例如：怎样才能达到果汁饮料澄清的目的？

答：静置，冷冻一下，加热，采用澄清剂，超滤技术……

食品加工中常用到的还有：

1．怎样才能达到降温的目的？

2．怎样才能达到希望的保质期？

3．怎样才能使面包松软焦香？

三、结构发散

以某种事物的结构为发散点设想出利用该结构的各种性能。例：尽可能多地画出包含半圆形结构的东西，并写出或说出它们的名称。如月亮、雨伞、半圆房顶、食品罩、锅、果冻杯、面包、馒头、半圆形饼干、糖果等。

同理，还有尽可能多地画出包含三角形、菱形、圆柱形等结构的东西，并写出它们的名称。反过来我们还可以问：面包都可以做成什么形状的？果冻都可以做成什么形状的包装？由此开发出各种形状的面包和果冻。

四、形态发散

以事物的形态（如颜色、音响、味道、气味等）为发散点设想出利用某种形态的各种可能性。例：尽可能多地设想利用浆液状态可以做什么或办什么事？

答：洗东西、溶解溶质、糊纸、喷射、增加比重（密度）……类似的还有：

1. 尽可能多地设想利用蔬菜粉末可以做什么或办什么事；
2. 尽可能多地设想利用水果香味可以做什么或办什么事；
3. 尽可能多地设想利用酒精味道可以做什么或办什么事。

当然我们还可以这样问：如何用形态发散来改进馒头？

由此我们得到黄色、绿色、红色、黑色等不同颜色的馒头，苹果味、香蕉味、蓝莓味等不同味道的馒头。

五、结合发散

从某一事物出发，以此为发散点，尽可能地设想与另一事物（或一些东西）联结成具有新价值（或附加价值的）新事物的各种可能性。

例如：尽可能多地写出（或说出）巧克力可以同哪些东西结合在一起。

答：可以和牛奶组合、可以和蛋糕组合、可以和糖果组合、可以和饼干组合、可以和面包组合、可以和玫瑰花组合……同理还有：

1. 尽可能多地写出果汁可同哪些东西组合在一起；
2. 尽可能地写出牛奶可同哪些东西组合在一起；
3. 尽可能多地写出葡萄酒可同哪些东西组合在一起；
4. 尽可能多地写出方便面可同哪些东西组合在一起；
5. 尽可能多地写出某食品企业可同哪些企业或行业组合在一起；

当然我们还可以问：如何用组合创造法改进面包？可以开发出白面和玉米面、荞麦面等组合的复合面包。

六、方法发散

以人们解决问题或制造物品的某种方法为发散点，设想出利用该种方法的各种可能性。
例如：尽可能多写出（或说出）用"灌装"的方法可以加工哪些食品？

答：灌装汽水、灌装葡萄酒、灌装果酱、灌装酱菜、灌装大米、灌装水果罐头、灌装香肠、灌装果酱、灌装胶囊、灌装果汁粉……此外还有：

1. 尽可能多地写出用"提取"的方法可以办成哪些事情或解决哪些问题；
2. 尽可能多地写出用"摇"的方法可以办成哪些事情或解决哪些问题；
3. 尽可能多地写出用"烤"的方法可以加工哪些食品。

当然我们还可以问：饺子都有哪些种加热熟化方法？进而开发出水饺、蒸饺、煎饺、炸饺等。

七、因果发散

以某个事物发展的结果为发散点，推测造成该结果的各种原因；或以某种事物发展的起因为发散点，推测可能发生各种原因。例如：尽可能多地写出或说出造成罐头败坏的各种可能的原因。

答：杀菌没有彻底、罐头盖漏气、马口铁盖涂料损坏、原始菌数过高……

也可以问，高压高温对袋装酱腌菜杀菌会引起哪些变化？采用哪些方法可以保证袋装低盐酱菜的货架期？

八、关系发散

从某一事物出发，以此为发散点。尽可能多地设想与其他事物之间的各种关系。例如："鸡蛋是什么？"尽可能多地写出鸡蛋与各类食品的关系。

答：鸡蛋是蛋糕中的原料；鸡蛋是馒头中的原料；鸡蛋是日本豆腐中的原料；鸡蛋是鸡蛋奶粉的配料；鸡蛋是蛋黄蛋清粉的主料等。

1. 尽可能多地写出塑料薄膜的发明对人类社会产生的哪些影响；
2. 尽可能多地写出一位研发人员可能与哪些人有关系；
3. 你在做一个食品店的售货员，你可以在工作中观察或学到哪些现象、知识？

同样你做着某食品超市收银员的工作，你设想这一工作和什么有关系？换句话说干着这一工作你能了解到什么信息？发散的结果是你对超市顾客的购物倾向有了了解，对哪些食品销售较快有了了解，对日营业情况有了了解，以后你从事同类工作就有了经验。

九、缺点列举训练

对某个事物存在的某个缺点产生不满，往往是创造发明的先导。只要把列举出来的缺点加以克服，那么就会有所发明、有所创造、有所进步了。经常进行缺点列举训练，可以逐步树立创造志向。例：尽可能多的列举出易拉罐装碳酸饮料的缺点。

答：拉环不易拉开；开后无法密封；喝时容易洒出来弄脏衣服；不直观，看不到里面的内容物等等。同理还有：

1. 尽可能说出现有搪瓷盆和塑料盆的缺点；
2. 尽可能地说出月饼的缺点；
3. 尽可能能地说出冰淇淋的缺点；

十、愿望列举训练

愿望列举就是把某个事物的要求——"如果是这样就好了"之类的想法都列举出来。有时候，人们把它与缺点列举混淆起来，觉得不易区别。有人认为，希望列举实际上是缺点列举颠倒过来的表达。不过也有人认为，提出积极的希望要比仅仅为了克服缺点可能会产生更好的产品。从思维训练的角度来看，两者也不宜划得太清，即便将两者混同起来一起训练也未尝不可。

例如：怎样的包子才理想？尽可能多地写出你的愿望。

答：皮要薄些；馅要大些；可以是死面的；可以是发面的……同理还有：

1. 怎样的食品才理想？请尽量多地写出你的愿望；

2. 怎样的啤酒才理想?

还可以表述为用希望点列举法改进冰淇淋、葡萄酒、水果罐头等。

十一、想象训练

1. 图形想象

例：尽可能多地写出什么东西与∩图形相像。

答：屋顶、涵洞、城门、窑洞、缸、拱桥等。

2. 想象性绘画

(1) 用简单的线条画一幅能表达"害怕"这个词的图画；

(2) 用简单的线条画一幅能表达"激动"这个词的图画；

(3) 用简单的线条画一幅能表达"喜欢"这个词的图画；

(4) 用简单的线条画一幅能表达"痛苦"这个词的图画；

(5) 用简单的线条画一幅能表达"静思"这个词的图画。

3. 假想性推测

"假想性推测"被一些创造学家认为是通过猜测意见在一般情况下不可能发生的事情的后果，而达到自由想象的目的。它的出题模式是"假如……，将会……"是兼有"关系发散"和"因果发散"中由因及果的训练因素。

例如：假如世界上没有糖，将会怎样?

答：可以不用种植甘蔗；人们不知道甜蜜是什么；糖尿病人不用忌口了；食品不容易发酵败坏了；世界上没有酒了，也就没有醋了；味道只有四味俱全了。

还有：假如世界上没有任何食物，将会怎么样?

假如世界上没有电，将会怎么样?

假如世界上没有水，将会怎么样?

思考题

1. 什么是发散思维? 举例说明之。
2. 何为逆向思维? 举例说明那些食品开发应用了逆向思维。
3. 何为侧向思维? 食品研发中应用较多的侧向思维是什么?
4. 什么是灵感思维? 如何才能获得灵感?
5. 什么是收敛思维? 它有哪些种类?
6. 如何破除书本定势和从众定势?
7. 针对一种食品，从材料发散、功能发散、形态发散和结构发散等方面改进之。

第四章 产品及新产品概述

第一节 产品的概念及产品线

一、产品的概念

这里讲的产品的概念不是对某一种食品下的定义，如葡萄酒是以葡萄为原料经过酵母菌发酵而得到的含酒精的液体，而是作为一个产品的整体概念，即宏观的市场学的概念。那这样的葡萄酒的概念是什么呢？

产品开发学上产品的整体概念包括三个层次：产品核心、产品形式、附加产品。

产品核心也称核心产品（core product），是产品的最基本层次，主要是指产品的功能、性能，是为顾客提供最基本需要的满足，代表了该产品的实质内容，也就是产品的使用价值。如顾客购买电冰箱是在购买其制冷功能，使食物保鲜，生活方便；购买笔是用来写字；顾客购买汽车是购买其运输功能，以利交通方便。顾客是在购买产品功能，工厂是在生产产品功能，商品销售是在销售功能。功能是产品的核心，产品是功能的载体。

产品形式也称有形产品（tangible product），是产品整体概念的第二个层次。它主要是指产品的结构、款式、品牌、包装、质量、价格、标准化等。它所提供给顾客的是有形的客体。顾客所购买产品的功能总是通过产品的有形客体体现出来。它也是顾客挑选商品时最主要的参考因素。

附加产品（augmented product）是产品整体概念的第三个层次。它是指顾客在购买该产品时得到的各种附加服务或利益。顾客不仅购买了产品本身，而且也购买了产品的各项服务、利益和保障。这包括顾客的咨询、产品说明、安装调试、送货、保修包换甚至包括产品形象等。有些学者甚至提出现代竞争的核心不在于各企业能生产什么，而在于它们能为产品增加些什么内容。

现在我们来看看葡萄酒产品的概念是什么？

第一个层次，葡萄酒是用来饮用的，这是它的基本使用价值。

第二个层次，葡萄酒有各种口味如干型酒和甜型酒等、各种包装如桶装和瓶装等、各种品牌如"通化""张裕""长城""王朝"等、各种价格如十几元或几十元不等、各种质量有高中低档不同等等。消费者靠这些来选择自己喜欢的葡萄酒。

第三个层次，顾客购买了葡萄酒以后，可以享受免费的服务，首先是如果葡萄酒有质量问题可以退换货；其次可以得到饮用的指导等相关知识；第三，若是量大也可以包括送货等。

产品自身也是一个系统，这个系统就不仅仅限于产品是一个实物。系统的核心是产品的效用，既有对社会和用户的效用，也有对企业的效用；既包括产品的"体"即实物，又包括产品的"魂"及其他有形、无形的特征和附带事物。例如吃"麦当劳"汉堡包，其"体"不过是热面包夹一些肉、蔬菜，而"魂"却是顾客以往少见的自主式、大托盘、幽雅的环境、穿梭服务于顾客间的侍者，这就像美国销售专家爱玛菲勒所言："牛排店不仅卖牛排，还卖炸牛排的嗞嗞声、热气和香味"。产品系统中核心层次（"魂"），既指使用价值（功能），又指其象征价值（意义），因而与社会风尚、时代潮流、价值观、习惯、个性等相依存；实物（"体"）作为产品系统的形式层次的主要构成，并与质量、指标、式样、型号、包装、品牌等其他构成一起才能保证产品的效用而体现商业价值。产品系统的第三个层次是它的延伸层次，即用以保证和发挥效用的附带事物，如售后服务、安装调试、操作培训、维修保养、保修包换、备品及消耗品供应等，它们起到满足不同需要的作用，增强产品效用并加强产品竞争力。

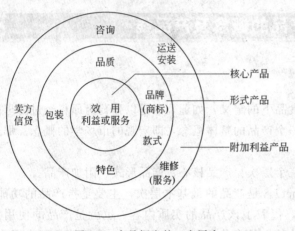

图4-1 产品概念的三个层次

图4-1 说明了产品概念（系统）的三个层次。

产品整体概念的三个层次，清楚地体现了以顾客、以消费者为导向的现代生产观念和营销观念——"顾客便是上帝"。那么我们对大件贵重商品的三个层次相对比较好理解，那么对小件、价格较低的商品呢？是否也能做到产品的三个层次尤其是第三个层次呢？答案应该是肯定的。例如顾客购买了一瓶半干型葡萄酒，发现质量问题，而商场没有可退换的产品了，只有从上千公里外的厂家去调，这时生产厂家是否能乘飞机来给这个顾客换货？答案是肯定的。由此我们想到一般情况下什么样规模的厂家才能做到乘飞机来给顾客换葡萄酒？当然是大企业了，这就是说，要做足产品的概念，做到产品的三个层次，应该要把企业做大做强。

当然小企业的产品也要做足产品的概念，只是在第三个层次上达不到大企业那样的气魄，而是由经销商负责退换葡萄酒并送与消费者了。

也有的将产品的品牌和形象独立出来为第四个层次的，称为心理产品，即产品心理，这是强调消费者购买动机的一种划分方式。因此，在开发产品时，开发人员、开发厂商都应从产品的各个层次考虑和设计产品。

二、产品组合与产品组合策略

所谓产品组合是指一个企业所经营的全部产品的组合方式。它通常是由产品线和产品项目构成。由此构成了企业的经营范围和经营结构。

产品项目是指产品目录上所列出的每一件产品。产品线是指具有相同使用功能但其型号、规格不同的一组类似产品项目，一条产品线就是一个产品类别，是由使用功能相同、能满足同类需求而规格、型号、花色等不同的若干个产品项目组成的。一条产品线往往包括一系列产品，所以产品线也称为产品系列。一个企业产品线的数目称为产品线的宽度。每条产品线中不同规格产品项目的数目称为产品线的深度。各条产品线之间，在最终用途、生产条件、销售渠道或其他方面存在着某些联系，产品线之间的关联程度称为关联性。

例如，某饮品有限公司生产有果汁饮料、葡萄酒等系列产品共23种。其产品项目就是该公司的每一种产品。产品线则包括果汁饮料和葡萄酒两条。果汁饮料产品线有纸盒包装的250mL100%原果汁、500mL原果汁、250mL 20%果汁含量、10%果汁含量的饮料、500mL 10%果汁含量、20%果汁含量的饮料等，这些就是果汁饮料的系列产品。葡萄酒产品线上有玻璃瓶装的750mL甜葡萄酒、375mL干型葡萄酒、500mL半干型葡萄酒等系列产品。

企业产品组合策略，就是根据企业的目标，对其产品线的宽度、深度和关联性进行决策。在一般情况下，扩大产品线的宽度有利于发挥企业潜力，如上述提及的饮品公司可以利用两条生产线中的部分设备再增加部分设备就可以建成果醋饮料生产线，使产品线的宽度增加到三个，并因此而获得的差异化、多元化经营，分散经营降低了企业的经营风险；加深产品线深度可以扩充每一产品线中的产品品目，迎合消费者更广泛的不同需要和爱好，高中低档产品并存、各种包装类型的产品并存，如增加易拉罐装葡萄酒、异形瓶装葡萄酒、玻璃瓶包装果汁饮料、易拉罐装果汁饮料等，占领同类产品更多的细分市场。

加强产品线的关联性，则可简化经营过程，降低费用，提高企业在相关领域的声誉和地位。如上述饮品公司若增加速冻汤圆生产线则造成产品线的关联性降低，因为速冻食品生产线所需要的设备与饮品生产所需要的设备互相借用程度相差太远，必须全部上新设备才能生产。

三、具体产品组合策略

（1）延伸产品线　这又可分为三种：向上延伸、向下延伸、双向延伸。主要是从商品档次角度着眼。向上延伸，即原以生产低档产品为主的企业，增加高档产品品目；向下延伸则是原以生产高档品为主的企业，增加低档品目的生产；双向延伸，即原以生产中档产品为主的企业，增加高档和低档产品品目。

但是无论这样延伸，一般不要延伸到该产品系列之外，如上述饮品公司若是增加纸箱生产线或服装生产线则不利于企业发展。

（2）扩充产品组合　即增加产品线，扩充产品项目。当经济景气，企业发展，企业生产、经营能力过剩时，市场需要或新技术、新产品开拓时，可以增加产品线扩大企业经营范围。

（3）缩减产品组合　即缩减产品线或减少产品项目。当经济不景气，原材料供应紧张，企业资金财力不足，或有些产品线经营不佳，没有前途时，可以缩减产品线或产品项目以保证重点线、重点项目生产。

第二节　产品生命周期

产品生命周期是指一种产品从研制成功投放市场，到被另一种产品代替最后退出市场所经历的全部时间。就产品而言，也就是要经历一个开发、引进、成长、成熟、衰退的阶段。每一个产品都有这样一个过程，例如我们熟悉的磁带从20世纪80年代开始流行，到本世纪初已经被MP3取代，基本退出市场；胶卷照相机在占领市场半个世纪后也逐步被数码相机所取代；碳酸饮料则逐渐被果汁饮料、瓶装水、茶饮料等取代，市场占有量逐步下降。

一、产品生命周期的划分

根据变化趋势不同,一般将产品的生命周期分为四个阶段,即引进期、成长期、成熟期和衰退期。每一阶段也呈现不同的市场和营销特征。

(一)第一阶段:试销期

也叫引进期、介绍期、导入期、投入期等,指产品从设计投产直到投入市场进入测试阶段。新产品投入市场,便进入了试销期。此时产品品种少,顾客对产品还不了解,经销商也持观望的态度,除少数追求新奇的顾客外,几乎无人实际购买该产品。生产者为了扩大销路,不得不投入大量的促销费用,对产品进行宣传推广。该阶段由于生产技术方面的限制,产品生产批量小,广告费用大,制造成本高,因此产品销售价格偏高,销售量极为有限,企业通常不能获利,反而可能亏损。

例如瓶装纯净水市场,在1996年前后在市场上出现,消费者很难接受把水卖钱、喝水要花钱这种习惯,而且当时1.5~2.0元一瓶水的价格确实也是高了,所以销售量较低。

(二)第二阶段:成长期

也叫竞争期,当产品进入引进期,销售取得成功之后,便进入了成长期。成长期是指产品通过试销效果良好,购买者逐渐接受该产品,经销商开始接受该产品并积极推销,产品在市场上站住脚并且打开了销路。这是需求增长阶段,需求量和销售额迅速上升。生产成本大幅度下降,利润迅速增长。与此同时,竞争者看到有利可图,将纷纷进入市场参与竞争,使同类产品供给量增加,价格随之下降,企业利润增长速度逐步减慢,最后达到生命周期利润的最高点。

瓶装纯净水在2000年前后被大家逐步认识,首先是旅游业的发展,旅游者虽然认为产品价格高但是感到了其方便的特点。其次是会议用水逐渐由泡茶水改为瓶装水,况且用瓶装水方便快捷,易于被组织者接受。价格稳定在每瓶1.5元左右。

(三)第三阶段:成熟期

也叫饱和期,指产品走入大批量生产并稳定地进入市场销售,经过成长期之后,随着购买产品的人数增多,市场需求趋于饱和。此时,产品普及并日趋标准化,成本低而产量大。销售增长速度缓慢直至转而下降,由于竞争的加剧,导致同类产品生产企之间不得不加大在产品质量、规格、包装服务等方面加大投入,在一定程度上增加了成本。

瓶装水逐步被消费者认识,销量增加,产品市场占有率高,价格逐步下降,每瓶1.0元,人们已经习惯了即时饮用,不再考虑其他因素的影响。而且人们开始关注同类其他新产品如矿泉水的上市。

(四)第四阶段:衰退期

也叫减退期,是指产品进入了淘汰阶段。随着科技的发展以及消费习惯的改变等原因,产品的销售量和利润持续下降,产品在市场上已经老化,不能适应市场需求,市场上已经有其他性能更好、价格更低的新产品,足以满足消费者的需求。此时成本较高的企业就会由于无利可图而陆续停止生产,该类产品的生命周期也就陆续结束,以致最后完全撤出市场。

随着饮料市场的发展,纯净水会慢慢退出历史舞台,被矿物质水、矿泉水等具有营养价值的水所取代。

现在市场上的任何一种食品,都是处在它的某一生命周期中。例如某品牌"乡巴佬蛋"

是将我们传统的茶蛋采用真空包装和高温杀菌获得的一种即食的传统方便蛋制品，该产品在2000年后出现在市场上，进入试销期，消费者经历了对起口味、保质期等方面的疑问逐步接受了这种食品。进而该类产品逐步进入了成长期，市场上该类产品的品种也多了起来，有脱皮的"卤蛋"，还有宣称台湾技术的"铁蛋"，也有不脱皮的"方便茶蛋"等等。

某种食品的生命周期的长短是不同的，面包是一种生命周期很长的食品，自从发明面包以来已经有几百年的历史，现在面包被大量食用，应该是在成长期或成熟期，而且这个时期很长。对于生命周期较短的食品，我们研发的速度要快，对于生命周期很长的食品，我们则要研究它的细分化品种，如我们研发面包的新品种、起酥面包、奶油面包、肉松面包等，延长面包这一大类食品的生命周期。

产品的生命周期中各个周期的具有不同的特征，企业应对以不同的策略，具体见表4-1。

整个产品的生命周期中，其状态表现为一种S型曲线。

表4-1 产品生命周期的特征及应对策略

阶	段	试销期	成长期	成熟期	衰退期
特征	经销商	试探经销	积极经销	把握市场	转移经销
	顾客	创新使用者	多数人	大多数人	少数人
	竞争者	稀少	渐多	最多	渐少
	销售额	低	快速增长	稳定增长	逐渐减少
	利润	易变动	增加	顶峰	下降
策略	策略重心	扩张市场	渗透市场	占领市场	提高生产率
	营销支出	高	总量高	下降	低
	营销重点	品牌知晓	品牌偏好	品牌忠诚度	选择性
	营销目的	提高产品知名度	追求最大市场占有率	追求最大利润和占有率	减少支出增加利润回收
	分销方式	选择性	密集性	更加密集	择优去劣
	价格	高价策略	渗透性价格	竞争性价格	降价策略
	产品	基本型为主	改进增加产品种类及服务保证	差异化、多样化产品及品牌化产品	剔除弱势产品项目
	广告	争取使用者,建立知名度	大量营销	建立品牌差异及利益	维持品牌忠诚度
	市场跟踪	产品试用及大量促销	利用消费者需求增加	鼓励改变采用公司品牌	将支出降至最低

二、特殊的产品生命周期

特殊的产品生命周期包括风格型产品生命周期、时尚型产品生命周期、热潮型产品生命周期、扇贝形产品生命周期四种特殊的类型，它们的产品生命周期曲线并非通常的S型。

（1）风格（style）型 这是一种在人类生活中具有基本功能但特点突出的产品表现方式。风格一旦产生，可能会延续数代，根据人们对它的兴趣而呈现出一种循环再循环的模式，时而流行，时而又可能并不流行。就是我们说的"十年一轮回"等，如面包的风味中老式酸面包和新式甜面包各有轮回。

(2) 时尚（fashion）型　生命周期特点是，刚上市时很少有人接纳（称之为独特阶段），但接纳人数随着时间慢慢增长（模仿阶段），终于被广泛接受（大量流行阶段），最后缓慢衰退（衰退阶段），消费者开始将注意力转向另一种更吸引他们的时尚。如方便米饭，刚上市时很少有人认可，现在正处在慢慢增长阶段，以后也许会像方便面一样有大量流行阶段。

(3) 热潮（fad）型　它是一种来势汹汹且很快就吸引大众注意的时尚，俗称时髦。热潮型产品的生命周期往往快速成长又快速衰退，主要是因为它只是满足人类一时的好奇心或需求，所吸引的只限于少数寻求刺激、标新立异的人，通常无法满足更强烈的需求。跳跳糖即是这样一种产品，它满足了儿童求新求异的心理，迅速流行，在几年间又迅速进入衰退期。

(4) 扇贝型　扇贝型产品生命周期主要指产品生命周期不断地延伸再延伸，这往往是因为产品创新或不时发现新的用途。一般传统食品属于这种周期，如酱腌菜，传统的为高盐酱菜，随着消费者方便的要求，出现了软包装和瓶装酱菜，又随着消费者低盐的要求，开发出低盐酱菜更符合健康的要求。茶蛋随着生活的变迁，现在有了真空包装的方便茶蛋，也是一种延伸。

三、食品类产品生命周期的意义

单从食品来说，无论面包、馒头、饮料还是酒，它是一个生命周期没有消退期的产品，因为人类必须食用食品，但是食品类产品又确实存在一个生命周期，否则我们的新产品就无需开发了。所以我们说食品类产品的生命周期一般指某类食品中某一个产品类型或种类的生命周期。比如饮料中的碳酸饮料、蛋白饮料、酒类中的甜白酒、甜啤酒、面包中的酸面包、夹馅面包等。

产品生命周期使我们认识到大多数食品类产品的市场生命也是有限的。因此企业开发食品新产品也必须要考虑产品的生命周期。

(1) 企业在规划食品产品组合时必须考虑产品生命周期这一重要因素，尽量选择生命周期长的食品，或通过研发延长所生产食品的生命周期。

(2) 在食品类产品生命周期的每一阶段都对企业经营提出了不同的挑战。企业必须一方面从产品完整的生命周期出发考虑产品的贡献，另一方面从产品所处的不同阶段出发制订不同的营销策略。

(3) 虽然食品等产品生命周期可以在一定程度上延长，但随着科技迅猛发展，产品生命周期一直呈缩减趋势。因此，持续地开发新产品是企业长期生存的必要条件，也成为企业兴衰存亡的关键。

第三节　产品定位与方法

一、什么是产品定位

（一）产品定位的定义

产品定位就是要把自己的产品定在目标市场的一定位置上，即要确定自己产品在目标市场上的竞争地位。也指在目标市场中为产品创造形象，这里说的目标市场是针对某一特定目标市场，而非针对整个市场，其目的是在使产品生产差异化。定位就要充分了解目标市场上现有的产品和品牌，在质量、功能、广告形式、价格水平等方面有些什么特点；了解现有品牌之间的竞争关系，以及他们对顾客需要的满足程度。一个企业能否为自己产品定出正确的市场地位，是经营能否成功的一个重要条件。市场定位正确与否是要通过市场销售来检验的。

一种食品的研发，要想让什么人都会买，那上市之后就是什么人都不会买。想让什么人都会买的产品是无法设计出来的，客观上也是做不到的。研发人员必须在目标市场为产品树立比竞争者更突出的形象，即定位准确，产品销售才有针对性。

（二）产品定位的重要性

产品定位是所有传播活动的基础，这些传播活动包括产品的品牌、产品广告、促销、产品包装、推销、商品化、企业公关报道等，因为这些活动必须按产品定位来组织才能有的放矢。美国的米勒啤酒定位于蓝领阶层，开始广告投放在晚间黄金时段，效果不理想，后来经调查得知，蓝领阶层一般在下班后就到小酒馆去喝酒，回家早早就休息了，故公司调整了广告方案，将广告安排在一下班后的一段时间内，并在各个小酒馆安装了电视，供蓝领们观看，此举效果颇佳。百事可乐将产品定位于14~24岁的年轻人，根据定位人群的特点确定营销传播的方法，所以其广告以音乐和足球为载体，以歌星和影星来代言，产品销售取得到了很好的效果。

此外，研发人员所做的每一件事，也都必须反映出一种定位，所以定位必须准确无误，否则营销活动将无法开展。

（三）产品定位考虑的因素

为了成功地将食品类产品准确定位，研发人员必须考虑以下各要点：

(1) 所销售的食品本来具有的特点；
(2) 目标市场的需求与欲望；
(3) 产品的市场竞争状态。

研发人员必要了解自己产品及竞争者产品的优点和弱点，最重要的是同竞争者的产品有何差异性？如果没有任何差异性的话，对目标市场有何意义？如果定位所显示出来的是产品无法达到的目标市场，或对目标市场不具任何重要性，则这种定位势必无法获得成功。

此外，就潜在目标市场做市场研究，可大幅度提高定位成功的机会。

无论如何为产品进行定位，目标市场必须是定位的先决条件，然后再考虑各种不同的定位方案，把注意力集中在目标市场，并把营销策略作为研究拟定定位方案的指引。

二、产品定位的种类和方法

产品定位有许多不同的方法，以下是几种可行的定位方法。

（一）产品差异定位法

这是最简单的产品定位法，就是使自己的产品和市场上同类产品产生差异。例如，某食品厂生产面包产品，而另一家食品厂则生产夹馅面包，使产品区别于普通面包。先前的工厂看到了夹馅面包，也开始生产夹馅面包，于是另一家食品厂则推出了面向中小学生的面包，产品营养搭配更合理、外形更让青少年喜欢、产品净含量适当。此时第一家食品厂已经很难模仿了。

我们说产品差异性有时是很容易被模仿的，只有具有很高技术含量的差异性才不利于被模仿，就是说只有产品内在的差异性才不容易模仿。对于食品来讲，一般就是指配方上的差异。如美国可口可乐饮料、其口味不是别人能轻易模仿的，可口可乐的配方以100年不泄密著称于世，因此可口可乐产品才在市场上永远立于不败之地。当然产品的包装新颖，并申请专利保护，也是产品间一个很重要的差异。

（二）主要属性或利益定位法

自问产品所提供的利益，目标市场认为很重要吗？例如初期的方便面产品为袋装，目标市场认为如何？通过对目标市场的消费者调查，他们需要带碗的方便面以适应各种场合食用，但是加一个碗价格就提高了，目标市场的想法就可能变了。要么降低面的质量，要么降低碗的价格，而前者是不可能的，于是降低碗的成本成为研发的主要内容。最后方便面定位为方便，营养，价格低，其在市场上成为畅销食品，成为近年来成长率最高的食品之一，成功地进入到广大农村市场。而其他的在城市中销量很大的食品却很难做到这一点。

营销人员为公司所塑造的外在定位形象等属性或利益，对公司内部人员也会产生积极的影响。在零售业中，最重要的消费者特征，莫过于品质、选择性、价格、服务及地点。牢记品质和价格这两项特征，会转变为第三种非常重要的特征：价值。

（三）产品使用者定位

找出产品的正确使用者和购买者，会使定位在目标市场显得更突出，在此目标顾客中，为他们的地点、产品、服务等特别塑造一种形象。某公司专门销售热水器给各公司冲泡即溶豆奶，以取代需要煮的豆奶，就是以使用者来定位的。

台湾的某品牌咖啡，定位为年龄在23～27岁的年轻白领女性，也是一种使用者定位，因为23岁之前大多没有工作，27岁以后大多结婚，都不是该品牌咖啡所要诉求的。

百事可乐将产品定位于14～24岁的年轻人也是一样的道理，因为可乐型饮料含有咖啡因，不适宜儿童饮用，故最低年龄定位于14岁，而24岁后则大多已经上班，饮用人群随年龄而下降。

（四）使用情景定位法

有时可用消费者如何及何时使用产品，将产品予以定位。美国Coors啤酒公司举办年轻人夏季都市活动，该公司的定位为夏季欢乐时光、团体活动时所饮用的啤酒。后来又将此定位转换为"Coors在都市庆祝夏季的来临"，并向歌手John Sebastian购得"都市之夜"这首歌的版权。另一家啤酒公司Michelob根据啤酒适用场合给自己定位，然后扩大啤酒的饮用场合。Michelob将原来是周末饮用的啤酒，定位为每天晚上饮用的啤酒——即将"周末为Michelob而设"改为"Michelob的夜晚"。

某番茄汁定位为"每天洗浴后饮用一杯"，随着广告的深入，消费者真的感觉到每天洗浴后饮用一杯该品牌番茄汁是必须的了。

（五）分类定位法

这是非常普遍的一种定位法。产品的生产并不是要和某一特定竞争者竞争，而是要和同类产品互相竞争。淡啤酒和一般高热量啤酒之竞争，就是这种定位的典型例子，此法塑造了一种全新的淡啤酒，不愧为成功的定位法。

（六）针对特定竞争者的定位法

这种定位法是针对某一特定竞争者，而不是针对某一产品类别，挑战某一特定竞争者的定位法，可以在短期内获得成功。但是长期而言，还是要结合其他定位方法来进行。市场领导者通常不会放松自己，他们会更巩固其地位，所以一家小的公司，不容易正面挑战大规模公司。

（七）关系定位法

利用形象及感性广告手法，可以成功地为这种产品定位。

（八）问题定位法

采用这种定位时，产品的差异性就显得不重要了。因为若真有竞争者的话，也是少之又少。此时为了要涵盖目标市场，需要针对某个特定问题加以定位，或在某些情况下，为产品建立市场地位。

三、产品定位的步骤

就是将产品固有的特征、独特的优点、竞争优势等和目标市场的特征、需求、欲望结合在一起的定位步骤。

1. 分析我方与竞争者的产品。

2. 打出差异性。这步是写出自己产品与竞争者的比较，包括正面及反面的差异。有时候在表面上看是反面的差异，也许会变成正面效果。

3. 列出主要目标市场并指出其特征。一般采用5W1H法完成此步骤，应注意以下问题：

（1）目标市场真正购买些什么？产品是单独使用，还是和许多种产品组合使用？目标市场使用产品的目的是什么？

（2）目标市场在哪里购买、使用产品？

（3）目标市场何时使用产品？

（4）目标市场为什么要购买及使用产品？为什么要向某一家零售店购买，而不向其他零售店购买？

（5）如何购买？单独购买或和他人一起购买？经常购买或不常购买？如何让其使用？

（6）目标市场如何变化？市场因人口及生活方式而改变吗？产品的购买，使用习惯如何改变？

4. 与目标市场的需求、欲望相配合。列出产品和竞争者的差异，及目标市场的主要需求和欲望之后，接下来就是把产品的特征和目标市场的需求和欲望结合在一起。首先制作一个表格，左边列出竞争者及竞争者之间的差异性，右边列出目标市场及其特征。反复不断评估定位表格的左右两边之后，营销人员找出符合目标市场目前需求及变化中的需求的竞争优势。

四、营销产品再定位

如果你的产品投放市场后而反应平平，如果原走俏的商品常由盛而衰，您就应该考虑是不是需要营销产品再定位。必须指出的是，产品再定位不仅找出产品初次定位失误的原因，应该在初次产品定位寻找合理因素，挖掘这些合理因素，对与产品再定位同样有很大益处。

（1）重新拓展产品基本概念。

（2）重新进行市场细分。

(3) 寻求新目标市场。
(4) 分析竞争对手。

第四节 产品商标与品牌

一、产品商标

商标是商品的生产者经营者在其生产、制造、加工、拣选或者经销的商品上或者服务的提供者在其提供的服务上采用的，用于区别商品或者服务来源的，由文字、图形、字母、数字、三维标志、颜色组合，或者上述要素的组合，具有显著特征的标志。

（一）商标的作用

(1) 商标能够保护企业的合法权益，使企业产品受到法律保护，并具有排他性、不可侵犯性。

(2) 商标是企业商品品种的、质量的标志，是区别不同生产者、经营者的标志。可以防止不同质量、不同厂家产品的混乱现象。

(3) 商标是某种商品信誉的代表，也是企业产品质量的监督者。同一商品必须保持同质、同量、同服务，否则就会失去商标信誉，失去竞争能力。

(4) 商标可以起到广告宣传、促进销售、塑造企业形象、树立名牌的作用。商标是企业理念的象征，通过不断的宣传曝光，可以起到巨大的综合效用。

(5) 商标有利于企业产品系列的扩张，比较容易将企业的新产品推入市场。

注册商标具有排他性、独占性、唯一性等特点，属于注册商标所有人所独占，受法律保护，任何企业或个人未经注册商标所有权人许可或授权，均不可自行使用，否则将承担侵权责任。

（二）企业商标的设计

商标设计将具体的事物、事件、场景和抽象的精神、理念、方向通过特殊的图形固定下来，使人们在看到商标的同时，自然地产生联想，从而对企业产生认同。

商标设计是专业性很强的问题，在推行商标战略中，商标设计便是其核心问题。商标设计要遵循以下几个原则。

(1) 商标是企业精神理念的形象表达。因此商标设计一定要根据企业理念，以及事业领域来设计。

(2) 商标设计应简洁明了、可解读性。商标本身的目的就是为了和其他企业产品进行区别，如果商标设计过于烦琐或过于抽象，都不利于人们解读和记忆。

(3) 商标设计应形象、直观、艺术性。商标设计又不宜过于平白，否则就失去了趣味性和吸引力。

(4) 商标设计要利用色彩差异性。不同色彩代表不同心理，甚至不同行业特征，如蓝色象征科学技术。

商标设计好坏直接关系到企业的形象、宣传的效果、产品的品牌的销售效果。因此最好推行企业形象战略（CIS），由专业公司的专业人员设计。

（三）商标申请

依照《中华人民共和国商标法》第四条的规定，从事生产、制造、加工、拣选、经销商品或者提供服务的自然人，需要取得商标专用权的，应当向商标局申请商标注册。

《中华人民共和国商标法》还规定了商标的使用与禁忌条件。规定了某些标志不得作为商标使用；某些标志如未经过使用而取得显著特征并便于识别的，不得作为商标注册；复制、模仿或者翻译他人未在中国注册的驰名商标也要禁止使用。若产品出口则应符合对方国家对商标的禁忌要求。

在标注商标后，应在其右上角加注 R/TM：圆圈里加 R，是"注册商标"的标记，意思是该商标已在国家商标局进行注册申请并已经商标局审查通过，成为注册商标。圆圈里的 R 是英文 register（注册）的开头字母。而 TM 通常表示该商标正在申请注册过程中，虽然还未通过审查，但同样受到法律保护。

（四）商标策略

企业商标策略就是企业如何合理地使用商标，发挥商标积极作用的方法问题。因此，在产品开发中，必须注意到商标设计和商标策略问题。可供选择的策略如下。

（1）使用还是不使用商标　采用商标对大部分产品来说可以起积极作用，但也并不是所有产品都必须使用商标，这要看产品特点如何。如电力、钢材、煤炭等就无法也不必要使用商标。商标使用是自愿的原则，但是国外发达国家商标使用率还是较我国高的。

（2）采用生产企业商标还是销售企业商标　传统上，商标是采用制造企业的商标。但商业的发达，使大型经销商、零售商也采用自己的标志来销售商品。如美国的西尔斯百货公司出售的商品，绝大部分用自己的商标、牌号。究竟使用谁的商标，这就需要根据销售地域、销售对象不同而衡量两者声誉、费用支出对比情况而定。

（3）使用统一商标还是个别商标

统一商标：即企业对其全部产品使用统一商标。采用这种策略可以节省商标设计费用，提高广告效果，树立企业形象、信誉，有利商品推展。但采用这种策略，企业必须具备以下两个条件：一是这种商品必须在市场上已获得一定信誉；二是采用统一商标的各种产品具有相同的质量水平。否则会因某一产品质量不佳影响整个企业形象。如北京汇源食品饮料集团有限公司统一采用"汇源"商标。

个别商标：即统一企业不同产品采用不同商标。这种策略可以满足不同产品、不同档次以及照顾不同国家地区的不同需要。但它会使广告费用加大、宣传不太集中。如杭州娃哈哈集团有限公司的大多数产品如纯净水、矿泉水、八宝粥、果汁饮料等都采用"娃哈哈"作为商标，但是也有一些产品采用其他商标，如瓶装水还采用"纯真年代"、"锐舞派对"作为商标，营养素饮料采用"激活"作为商标等等。

统一商标和个别商标共存：采用这种策略是兼收两者优点。

更换商标策略：这种策略顾名思义就是更换原有企业商标，采用新的商标。出现这种情况的原因有很多种：或原商标过时；或企业生产方向的变更或扩大；或者因计划推行的重新设计等等。

总之，商标的设计，商标策略的采用，也是产品开发的一项重要内容。好的商品名称，好的商标设计，等于产品开发、产品销售的开路先锋。

二、产品品牌

品牌是一个名称、名词、符号或设计，或者是它们的组合，品牌是一个笼统的总名词。它由品牌名称、品牌标志和商标组合而成。品牌名称指品牌中可用语言表达，即有可读性的部分,如"同仁堂"、"统一""康师傅"等,品牌标志指品牌中可识别、辨认但不能用语言称谓的部分,包括符号、图案、色彩或字体,如"可口可乐"8个英文字母的书写图案,"娃哈哈"由娃娃卡通图和"WA HA HA"字母组成的圆环标志等。

品牌是给拥有者带来溢价、产生增值的一种无形的资产,它的载体是用以和其他竞争者的产品或劳务相区分的名称、术语、象征、记号或者设计及其组合,增值的源泉来自于消费者心智中形成的关于其载体的印象。

商标是专门的法律术语,经政府有关部门依法注册,受到法律保护。企业为其产品选择、规划品牌名称、标志,向有关部门登记注册成为商标的全部活动称之为"品牌化"。

品牌要比商标的意义更广更大一些,它包含有被消费者承认的因素,有更多的产品文化特征和企业风格特征。企业良好的品牌信誉要靠企业长期的、优质的产品特征、广告促销宣传和顾客服务来形成。因此,企业应该力求完美地塑造好产品形象和企业形象,创出自己的品牌,以便使本企业的产品畅销。

品牌与商标可以是统一的,"农夫山泉"商标即是"农夫山泉"品牌,"宏宝莱"商标亦即"宏宝莱"品牌。当然也有的品牌与商标不一致的,如"娃哈哈"的"纯真年代"、"锐舞派对"、"激活"等商标,都为"娃哈哈"的副品牌,乐百氏"健康快车"也是乐百氏的副品牌。

品牌经过逐年的建设,蕴涵着独特的核心价值,一般用一句口号来表达。如"百事可乐"的核心价值就是"新一代的选择!";汇源品牌的核心价值是"健康",来源于"喝汇源果汁,走健康之路"。

三、产品品牌和商标的命名

好的品牌、商标名称,是产品销售成功的必要条件。因此,我们在为产品命名时,就不得不小心翼翼地考虑相关的各种重要因素,以便找出一个响当当的好名字。

(一)命名原则

品牌、商标的命名是一项很复杂、很困难的工作,因此,在命名时要遵照以下几个原则。

1. 要易念、易记、易懂

品牌名只有易读易记才能高效地发挥它的识别功能和传播功能。因此这就要求企业在为品牌命名时做到:简洁、独特、新颖、响亮等。

2. 尽量避免不好的谐音,无歧义

由于世界各国、各地区的消费者的历史文化、语言习惯、风俗习惯、民族禁忌、宗教信仰、价值观念等存在一定差异,使得他们对同一品牌的看法也会有所不同。可能一个品牌在这个国家是非常美好的意思,可是到了那个国家其含义可能会完全相反。

3. 最好能与产品及产品的利益(功能)、特点相结合,与产品定位相结合,暗示产品特点。
如五粮液恰当地表明了生产的原料,雪碧则表达了饮料的清爽特征。

4. 品牌商标的文化内涵

一个品牌的价值不仅在于物质层面,更多的是在精神层面、文化层面,在全球化的今天,企业的成功,说到底是文化的成功,确切地说是民族文化的成功。品牌代表着一种文化,是一种内涵的体现。文化内涵就是品牌的"灵魂",它代表着企业的一种精神,是企业文化的外在体现。

金威啤酒起名"金威",无论从中文、英文还是方言上都具有丰富的品牌内涵。如中文名字"金威"二字,"金"字代表了"财富与好运","威"字代表了"强大与成功",十分确切地体现了良好的企业形象;英文名字"KING WAY",中文意为"王者之路",展示了金威啤酒有限公司志存高远的雄心壮志和对未来美好的憧憬,同时这种吉祥如意的含义也是对消费者的深深祝福。正因为产品其丰富、深厚的品牌内涵所体现的文化氛围,才对消费者会产生强大的吸引力和亲近感、认同感,增强了消费者对品牌的忠诚度,激发了消费者的偏爱和消费倾向,产品才名声鹊起,享誉四方。

(二) 命名方法

(1) 地域法 如"青岛"啤酒,"蒙牛"乳制品,"宁夏红"枸杞酒等。

(2) 时空法 如"道光廿五"白酒。

(3) 目标法 如"太太"口服液,"娃哈哈"饮料,"太子奶"乳饮品。

(4) 人名法 如"王致和"臭豆腐。

(5) 数字法 如"昂立一号"保健品。

商标与商品名称既紧密相联,又有本质区别。商标只有附着在商品包装或商品上,与商品名称同时使用,才能使消费者区别该商品的来源,而商品名称是用来区别商品的不同原料、不同用途的,可以独立使用。

如果公司名称与产品利益结合的好,应尽量和公司名称一致;现代企业中品牌、商标、企业名称可以实现一体化,这样便于宣传推广。

产品若要出口,品牌应具备国际化特点,即要有外文或拼音的品牌标志或品牌,如一种鲜卤食品的品牌为"海声听力",同时有"HYSOUND",康贝喜食品品牌"康贝嘻",同时有"CONBINC",饮料"娃哈哈"与"WAHAHA",啤酒"金士百"与"ginsbier"等,这样产品在出口到其他国家时可以使用其外文品牌名称。还有国外的"Coca cola"与"可口可乐","Pepsi cola"与"百事可乐","Sprite"与"雪碧"等也是一种品牌的国际化,它们进入中国市场靠"可口可乐"、"百事可乐"、"雪碧"等国际化品牌名称很快被中国消费者接受。

海信,注册了"HiSense"的英文商标,它来自 high sense,是"高灵敏、高清晰"的意思,这非常符合其产品特性。同时,high sense 又可译为"高远的见识",体现了品牌的远大理想。

命名必须进行测试。到定位人群中进行名称的测试,主要包括记忆测试、学习测试、联想测试、偏好测试等。无异议后方可使用。

第五节 新产品概念及其分类

一、 新产品的概念

对新产品的定义可以从企业、市场和技术三个角度进行。对企业而言,第一次生产销售的产品都叫新产品;对市场来讲则不然,只有第一次出现的产品才叫新产品;从技术方面看,在产品的原理、结构、功能和形式上发生了改变的产品叫新产品。市场营销意义上的新产品包括了前面三者的成分,但更注重消费者的感受与认同,它是从产品整体性概念的角度来定义的。它包括:在生产销售方面,只要产品整体性概念中任何一部分的创新、改进,如在功能和或形态上发生改变,与原来的产品产生差异,甚至只是产品从原有市场进入新的市场,都可视为新产品;在消费者方面,则是指能进入市场给消费者带来某种新的感受、提供新的利益或新的效用而被消费者认可的、相对新的或绝对新的产品,都叫新产品。

综合上述新产品的特征,新产品就是指采用新技术原理、新的设计、新的构思、新的材料而研制、生产的全新产品,或在功能、结构、材质、工艺等某一方面比原有产品有明显改进,从而显著提高了产品性能或扩大了使用功能,技术含量达到先进水平,经连续生产性能稳定可靠,有经济效益的产品。它既包括政府有关部门认定并在有效期内的新产品,也包括企业自行研制开发,未经政府有关部门认定,从投产之日起一年之内的新产品。它往往伴随着科技突破而出现,可以用来反映科技产出及对经济增长的直接贡献。

二、新产品的分类

新产品从不同角度或按照不同的标准有多种分类方法。常见的分类方法有以下几种。

(一) 从市场角度和技术角度分类

从市场角度和技术角度,可将新产品分为市场型和技术型新产品两类。

(1) 市场型新产品 是指产品实体的主体和本质没有什么变化,只改变了色泽、形状、设计装潢等的产品,不需要使用新的技术。其中也包括因营销手段和要求的变化而引起消费者"新"的感觉的流行产品。如某种白酒的包装瓶由圆型改为方型或其他异型,它们刚出现也被认为是市场型的新产品。

(2) 技术型新产品 是指由于科学技术的进步和工程技术的突破而产生的新产品。不论是功能还是质量,它与原有的类似功能的产品相比都有了较大的变化。如不断翻新而增加功能的手机或电视机,加入了功能性成分而不断丰富其营养成分的葡萄酒等都属于技术型的新产品。

(二) 按新产品新颖程度分类

按新产品新颖程度,可分为全新新产品、换代新产品、改进新产品、仿制新产品、形成系列新产品、降低成本新产品和新牌子产品等。

(1) 全新新产品 指采用新原理、新材料及新技术制造出来的前所未有的产品。全新新产品是应用科学技术新成果的产物,它往往代表科学技术发展史上的一个新突破。它的出现,从研制到大批量生产,往往需要耗费大量的人力、物力和财力,这不是一般企业所能胜任的。因此它是企业在竞争中取胜的有力武器。

例如冻干蔬菜、微胶囊化香精、人参超微粉、超高压泡菜、常温保鲜的新鲜米线、保质期较长的蛋黄派类蛋糕等的问世就属于全新产品。它占新产品的比例为10%左右。

(2) 换代新产品 指在原有产品的基础上采用新材料、新工艺制造出的适应新用途、满足新需求的产品。它的开发难度较全新新产品小,是企业进行新产品开发的重要形式。

如应用降酸新技术生产的山葡萄酒、采用魔芋生产的豆腐等,都是换代型新产品。

(3) 改进新产品 指在材料、构造、性能和包装等某一个方面或几个方面,对市场上现有产品进行改进,以提高质量或实现多样化,满足不同消费者需求的产品。它的开发难度不大,也是企业产品发展经常采用的形式。

如异型瓶包装的葡萄酒、荞麦面的水饺、面条等产品。改进和换代型新产品占新产品的26%左右。

（4）仿制新产品　指对市场上已有的新产品在局部进行改进和创新，但保持基本原理和结构不变而仿制出来的产品。落后国家对先进国家已经投入市场的产品的仿制，有利于填补其国内生产空白，提高企业的技术水平。

如借鉴国外的速冻调理食品我国生产的速冻培根菜卷、速冻春卷等。在生产仿制新产品时，一定要注意知识产权的保护问题。此类产品约占新产品的20％左右。

（5）形成系列型新产品　指在原有的产品大类中开发出新的品种、花色、规格等，从而与企业原有产品形成系列，扩大产品的目标市场。

如工厂化生产的糖葫芦，开发出夹馅糖葫芦、加外包装的糖葫芦、还有不用山楂而用大枣、海棠等制成的糖葫芦、不用竹签串起来的糖葫芦等等。该类型产品占新产品的26％左右。

（6）降低成本型新产品　是指以较低的成本提供同样性能的新产品，主要是指企业利用新科技，改进生产工艺或提高生产效率，削减原产品的成本，但保持原有功能不变的新产品。

如罐头为玻璃罐和马口铁易拉罐包装，但是采用复合塑料薄膜生产的软罐头则降低了生产成本而性能变化不大。这种新产品的比例为11％左右。

（7）新牌子产品　即重新定位型新产品，指在对老产品实体微调的基础上改换产品的品牌和包装进入新的市场，带给消费者新的消费利益，使消费者得到新的满足的产品。一般多是主品牌的副品牌，是主产品的补充，如华龙"东三福""今麦郎"方便面满足了消费者追求新颖、营养等的心理。这类新产品约占全部新产品的7％左右。

（三）按新产品的区域特征分类

按新产品的区域特征分类可分为国际新产品、国内新产品、地区新产品和企业新产品。

（1）国际新产品　指在世界范围内首次生产和销售的产品。如玉米面水饺，采用了新技术使玉米面的筋性增加而发明。

（2）国内新产品　指在国外已经不是新产品，但在国内还是第一次生产和销售的产品。它一般为引进国外先进技术，填补国内空白的产品。如西式奶酪的生产、沙拉酱的生产等。

（3）地区新产品和企业新产品　指国内已有，但本地区或本企业第一次生产和销售的产品。它是企业经常采用的一种产品发展形式。如东北地区某企业生产的凉茶饮料、龟苓膏，南方某地区企业生产的具有包装的夹馅糖葫芦等。

除上述常见分类外，也有的按产品技术开发方式将新产品分为独立研制的新产品、联合开发的新产品和引进的新产品；按新产品先进程度将新产品分为创新型的新产品、消化吸收型的新产品和改进型新产品；按产品用途归属将新产品分为生产资料类的新产品和消费资料类的新产品等。

第六节　新产品开发、创新的原则和方式

一、新产品开发的原则

1. 目标市场清晰

产品的定位要清晰，很多厂家都希望自己的产品可以卖给市场所有的消费者，这是个很美好的愿望，但往往是很难实现。即使是百事可乐这样的品牌，它的定位也只是有一定消费

能力的年轻人。

2. 市场容量足够大

目标市场的容量要能给这个产品至少 3~5 年的发展空间。比如，有些无糖食品的目标市场定位在患有糖尿病的特定人群，在产品开发与推广上投入了大量的费用，但是由于目标人群量的限制，最终销量不大。这类产品一般作为补充型产品来运作，如果作为重点产品操作，最终失败的可能性较大。

3. 产品生命周期较长

每个产品都有其特定的生命周期，从产品的市场进入期到衰退期，长者上百年如可口可乐、传统饼干等，短则一年半载如蛋黄饼、儿童用的异型瓶装水等。影响产品生命周期的因素有很多，所以要考虑行业的生命周期，某个品类的生命周期，产品的质量，产品的推广手段、竞争状态、可替代性等。

4. 盈利空间较大

产品上市之初的定价一定要留下较大的利润空间，为以后保证渠道的利润、产品的促销、应对对手的竞争、延长产品的生命周期等留下足够的可操作空间。例如真空包装的即食山野菜，其价格比普通袋装酱菜高一倍，随着其他厂家产品的上市该产品降价应对，稳定占领了市场。最忌讳新品上市就以低价打市场，希望以此扩大市场占有率，从而达到控制市场的目的，但最终的结局往往是产品进入无利润区而退出市场。

5. 具有差异性

分析与竞争品牌是否存在差异性，差异性可以是产品功能的差异、价格的差异、渠道的差异、定位的差异等，只有你的产品存在差异性，才有可能具有一定的竞争优势。速冻水饺是传统食品产业化，市场前景较好，某厂生产山野菜馅的速冻水饺就与市场上已有的产品产生了差异，所以销售较快。

6. 能够构建壁垒

你的产品是否能通过申请专利或者其他有效地方式构建相关品类进入壁垒，这种壁垒可以是技术壁垒、资金壁垒、成本壁垒、包装或产品形式的专利壁垒等等，构建壁垒有助企业拥有足够长的盈利期。

7. 品牌关联度

推出的新品一定要与品牌的核心价值有紧密的关联度，否则也将导致失败。如旺旺曾经推出系列的瓶装酱菜，但最终的结果却不尽如人意，失败的原因是旺旺在消费者的心目中就是休闲食品，消费者无法将旺旺酱菜当作一个休闲食品来食用。同样其推出的旺仔牛奶却能获得成功，一个基本原因就在于牛奶与雪饼同属休闲食品范畴。

二、产品创新的几个原则

新产品开发离不开创新，对一个企业而言，没有创新的产品就没有发展，没有发展就意味着无法生存。产品创新要有专门的研发部门，要培养起一批本土化的专业技术人员，还要遵循以下几个原则。

1. 主流性

食品的产品创新，应该走主流化道路，只有把握主流消费的趋势，才能取得产品创新的成功。从中国饮料产业发展过程的回顾中可以看出，现有饮料市场强势品牌几乎都是伴随着某一主流趋势的兴起而成长的。

改革开放之初,饮料的基本功能是"解渴",于是"两乐"凭借其美国文化和"解渴"功能,掀起中国饮料发展的第一波碳酸饮料狂潮;第二波是 20 世纪 90 年代以娃哈哈、乐百氏、农夫山泉为代表的瓶装饮用水浪潮,一度成了中国 90 年代中后期的主流饮料。随后生活水平提高则催生出了与西方咖啡齐名的真正的民族饮料——茶饮料,康师傅、娃哈哈、统一等不约而同地进行了产品创新。到了本世纪初,果汁饮料以"维生素"和"美容"的面目出现,大量的以营养为诉求的产品出现并获得消费者青睐。

2. 适度性

产品创新要适度,即"适度领先,超前半步"的原则。崂山香草可乐,是跟在可口可乐香草味产品之后的一个跟随性产品,因为有了香草可口可乐之前两年的销量佐证,崂山香草可乐就不用过分担心市场规模的风险。但是,崂山薄荷可乐,就不容乐观了。它添加中草药配方,并添加薄荷口味,创新过度,因为在可乐中加入中草药和薄荷,已经改变了可乐的口味,把可乐产品本身革新掉了,消费者是难以接受的。

3. 差异性

产品创新的直接目的就是创造产品的差异性,增强企业产品的差异化优势,加大产品在细分市场的领导力。突破新市场的方法有二,第一,要么进入一个没有对手的领域,创造新品种;第二,在产品卖点上做严格的差异化。达利园率先推出的"优先乳"产品,提出了"我是女生我优先"的诉求口号,从创新的品类和产品名等表象来看,似乎就是一个不错的创新型产品,但它只是在概念上的一次创意而已,并没有提出自己与强大对手产品的差异。

4. 时代性

对于企业个体而言,产品创新不是时刻存在的,它是以时代机遇为基础。好的产品创新并不能一定保证产品获得成功,它必须与时代大环境相适应。相对于时代环境而言,产品创新如果出现的太晚,那就可能已经过时或者被人领先;反之,如果出现的太早,就可能会使消费者无法理解和接受。如当年的"旭日升"茶饮料过早地切入市场,被后来的知名企业茶饮料产品所淹没。

三、产品创新方法

原则是成功的前提,而方法则是成功的保证。产品创新是一项理性的创造,那么,它一定有客观规律可循。我们一般将产品创新分为四大类,即产品技术创新、产品功能创新、产品外观创新以及产品价值创新。

1. 产品技术创新

在技术创新产生的效果具有更节能、操作更加便利、成本更低等特性的产品时,我们就认为这种技术创新产生了完全创新型的产品,而完全创新型产品是引领消费新潮流,颠覆市场旧格局,获取市场新利润(及暴利)的最佳方式。

历史上每一次技术上的更新就会为企业带来新的发展机会,甚至产生行业竞争格局的变化。如:新式软月饼取代老式白糖硬月饼,自热方便米饭取代传统盒饭,夹心糖葫芦取代传统无馅糖葫芦,保鲜蛋黄派蛋糕取代老式蛋糕等。

技术创新对于企业来说是高投入、高效益、高风险的行为,成则昌,败则亡。所以,企业一定要根据行业的发展情况与自身的实力来进行技术发展战略的决策,切记不能盲目追求技术上的创新。

2. 产品功能创新

相对于完全的技术创新来说，在原有技术基础上进行局部革新可能是更多企业的现实选择，不仅容易实现，而且风险比较小。在原有产品形态基础上进行，消费者需求不变，不需进行市场教育，不仅节省费用、而且失败的风险较低。一般分为增加使用的方便性、增加使用的功能性和增加使用的稳定性三种。如果这些增加的产品特性能增加消费者对产品的喜好，或者付出额外代价，就是成功的创新。

华龙食品有限公司在推出"今麦郎"之初，进行了多方面的产品创新，在增加使用的方便性方面也是做足了文章，"今麦郎"碗装方便面一改传统方便面冲泡后密封不严的缺憾，设计了扣盖式包装，推出市场后，大受欢迎，迅速成功上位，一举抢占方便面行业第二的地位，并直接威胁康师傅的龙头地位。

3. 产品外观创新

一个好的产品不仅要追求好的品质、完善的功能，更要追求具有美感的外观。毕竟，对一件产品而言，人们对它的第一印象来源于它的外观。除了产品软件方面的创新外，产品外观的变化也能够使企业的产品线更加丰富，满足消费者选择的多样性需求，特别是在食品行业，产品成败与否，外观设计占了很大的比重。

对于外观上的创新来说，主要有以下几个方面：外观颜色、外观材质、外观形状、包装形象提升等。天津利民是一家老牌国有企业，以生产传统调味品为主，多年来一直以低端形象主打流通渠道，随着近几年商超渠道的盛行和流通渠道的萎缩，企业着手规划进入商超渠道。通过对原有产品在材质、形态、设计理念等外观表现上的颠覆性创新，一改利民产品低端流通形象，迅速提高产品档次，在糖酒会上大放异彩，很快在全国市场打开了局面。

4. 产品价值创新

产品价值创新是产品创新中最容易赢得市场的创新方式，它是针对消费者和细分市场进行的最直接的改变，能迅速获得消费者的认同感，并占领市场，在较短的时间内实现飞速发展，成为细分市场的领先产品。"香飘飘"奶茶是产品价值创新比较成功的例子。香飘飘奶茶是为消费者，尤其是女孩子精心设计的一款独特的产品，和一般的奶茶高糖分、高热量不同的是，改变了奶茶的原来的形态，采用高纤维的椰肉替代了高热量的淀粉做的珍珠，不仅减少了爱喝奶茶消费者怕喝胖的担忧，而且椰肉嚼起来富有弹性，犹如一边喝奶茶，一边像咀嚼口香糖，又给奶茶增加了一种特别的口感，并且采用优质的茶粉替代了一般的茶粉和替代品，产品价值的巨大提升，使得"香飘飘"奶茶一经问世就引起了行业震动。

"乳果爱"是某乳品企业乳酸菌系列的升级换代产品，在产品上添加复合益生菌，由果味升级为添加浓缩果汁，并添加 VE、VD 和乳酸钙等营养成分，这种在日益同质化的灭菌型酸酸乳市场，从普通乳酸菌向发酵型乳酸菌产品的产品价值创新，极大地创造出了差异化的卖点。

虽然产品创新是一种理性创造，但事实上没有严格的标准来检验，因此，很多时候产品创新只能是"听天由命"，等待市场检验，自然不可避免的出现创新失败。每个企业的具体情况不一样，但是产品创新的思路和方法是不会变的，在大的原则指导下，运用合适的创新手段，结合企业实际而推出的创新型产品，从诞生之日起就具备了先天优势，如果市场运作得当，前景将非常光明。

四、新产品的开发方式

新产品的开发方式包括独立研制开发、技术引进、研制与技术引进相结合、协作研究、合同式新产品开发和购买专利等等。

1. 独立研制开发

指企业依靠自己的科研力量开发新产品。它包括三种具体的形式。

（1）从基础理论研究开始，经过应用研究和开发研究，最终开发出新产品。一般是技术力量和资金雄厚的企业采用这种方式。

（2）利用已有的基础理论，进行应用研究和开发研究，开发出新产品。

（3）利用现有的基础理论和应用理论的成果进行开发研究，开发出新产品。

2. 技术引进

指企业通过购买别人的先进技术和研究成果，开发自己的新产品，即可以从国外引进技术，也可以从国内其他地区引进技术。这种方式不仅能节约研制费用，避免研制风险，而且还节约了研制的时间，保证了新产品在技术上的先进性。因此，这种方式被许多开发力量不强的企业所采用。但难以在市场上形成绝对的优势，也难以拥有较高的市场占有率。

3. 研制与技术引进相结合

指企业在开发新产品时既利用自己的科研力量研制又引进先进的技术，并通过对引进技术的消化吸收与企业的技术相结合，创造出本企业的新产品。这种方式使研制促进引进技术的消化吸收，使引进技术为研制提供条件，从而可以加快新产品的开发。

4. 协作研究

指企业与企业、企业与科研单位，企业与高等院校之间协作开发新产品。这种方式有利于充分使用社会的科研力量，发挥各方面的长处，有利于把科技成果迅速转化为生产力。

5. 合同式新产品开发

指企业雇用社会上的独立研究的人员或新产品开发机构，为企业开发新产品。

6. 购买专利

指企业通过向有关研究部门、开发企业或社会上其他机构购买某种新产品的专利权来开发新产品。这种方式可以大大节约新产品开发的时间。

第七节　新产品开发的文化塑造

食品文化体现在食品开发的各个环节中，主要环节有产品的商标、品牌命名、产品的包装设计、产品的营销广告语等。而商标品牌的命名则是企业文化最基本的体现，是进行包装设计和广告设计的基础。

在现代市场活动中，人们生活水平不断提高，消费者已不再满足于对食品物的消费，开始追求"感性的生活"，其消费实践往往意味着一种文化选择，折射出其对高层次精神追求的需要。他们购买符合自己文化需要的风格化、感性化商品，在物质需求满足的同时，更要享受精神与情感上的愉悦与满足，从而获得某种身份的确证与认同。因此，食品品牌要打破现有市场的品牌壁垒，必须有针对性地传递文化，努力开掘企业内外的一切文化资源，将丰富的文化意蕴融注于食品品牌创意之中，提高品牌的文化内涵和文化附加值。即把单纯的商品信息变成品牌文化信息，以对人的理解和尊重和对人精神需求的迎合和满足为核心，在人文文化的特定语义中寻找和倡导一种品牌观念、品牌情感，表现品牌生活形态下的丰富体验，以文化的独特魅力产生巨大的品牌增值效应，打动消费者。食品新产品品牌文化塑造主要从以下几方面考虑。

（1）可以将环保、生态、营养、安全、健康、运动、活力、方便、时尚等具有现代感的流行文化作为创意基点。

如农夫山泉迎合现代消费需求，以"天然健康"为核心将产品实体利益与环保、健康等结合演绎产品的存在价值，引起消费者共鸣。喜力啤酒坚持以流行文化的叙述方法进行传播，举办摇滚音乐节，赞助自由式滑雪的世界杯赛，表现其年轻、时尚、富有情趣的时尚魅力，使其迅速成为流行文化运动的一部分，唤起广大青年的追崇和向往之情。

（2）食品品牌不仅要表现时尚，更要关注消费者新的精神品质、思想观念、社会时尚、生活主张与方式趣味的变化，积极地引领前沿文化，塑造独特的品牌个性。

如"劲王野战饮料"抓住酷文化中个性、自由、理想的价值内涵，以"走自己的路，让别人去说吧"作为广告语，配以迷彩背景、中间悬挂一白色五角星军用挂件的包装。其张扬叛逆的口号，火红的底子，雪白的字迹和前卫、独特、充满激情的广告表现，一下子切中了青少年成长期渴求独立的焦灼心态，激起了目标消费群心中的驿动，成功地实现了与消费者进行价值共振的愿望。星巴克针对特定知识分子群体，以精致纯正的咖啡文化作为叙述载体，使商品的高尚定位与文化价值理念得到完美的体现，咖啡的品饮被"消费梦想、影像与快感"所充斥，给消费者带来尊贵和品位生活的超值享受。

（3）以特定区域的风物、习俗、人物、历史、建筑、服饰等人文景观为背景，表现地区文化的差异美，不断强化消费者对品牌的认同度和忠诚度。

如"上海老酒"选取石库门这一极具浓郁地方特征的象征性符号，彰显中西合璧的上海弄堂文化和海派文化，在特定的地域和情味中勾起人们的怀旧情结，赋予广告丰富的文化内涵。云南红葡萄酒巧妙而充分地与自己特有的地域和民族文化特色结合起来，其产品包装和广告以清纯的傣族少女、翩翩起舞的蝴蝶、带着晨露的葡萄、椰树、大象等等构成一个美妙奇异的世界，渲染出云南浓郁的少数民族风情，从而在众多品牌的壁垒中异军突起。而姚生记瓜子之"花样年华篇"，以1931年的上海为背景，在江南特有的小桥流水，迷蒙烟雨等象征符号诠释下，表现了姚生记瓜子独特的江南韵味，一种地域情结和江南文化流动其中，感人至深，实现了强势地域文化逐渐向产品或者品牌转移甚至增值的效应。绍兴的咸亨酒店、孔乙己茴香豆更是巧妙地借用了鲁迅作品中的人物而身价倍增。

（4）品牌文化创意时可具体从"家文化"、"福文化"、"礼文化"、"和文化"、"名文化"、"财富文化"、"爱心文化"、"健康文化""情义文化"等方面进行诉求，创造产品的附加值。

如"非常可乐"坚持"中国人，当然要喝自己的可乐"，激发起消费者的爱国激情和民族自豪感。喜之郎将美味果冻布丁的产品功能扩展为"传达亲情"的产品理念，借青少年、情侣和家庭相聚为表现形式深刻地表达了喜之郎"亲情无价"的品牌理念和主张，传达出人们对亲情的期盼。"和"酒则表达了"冤家宜解不宜结"的文化内涵；金六福酒则始终以"福文化"进行品牌核心诉求，从个体的福，走向民族的福，最后定位于世界人民共同的福，让消费者不断感受"好日子离不开金六福酒"、"喝金六福酒，运气就这么好"、"喝了金六福，年年都有福"、"金六福，中国人的福酒"、"奥运福·金六福"等美好的品牌体验与回忆，达到情感与理智的认同。

这些广告都与中国人的民族情感有机地结合在一起，深刻体现了传统文化的丰富内涵，激发了消费者的购买欲,有着极强的情感感召力。

思考题

1. 以一种食品为例说明它的产品概念的内涵
2. 以一种食品为例分析它的产品生命周期
3. 什么是产品的定位？如何进行产品定位？
4. 对你来讲,产品的品牌意味着什么？
5. 你认为什么样的产品才算是新产品？

第五章　食品新产品开发过程

第一节　新产品开发过程

一、产品开发程序

产品开发的目的既是满足社会需要也是为了满足企业盈利,而开发新产品是一项十分复杂而风险又很大的工作。为了减少新产品的开发成本,取得良好的经济效益,必须按照科学的程序来进行新产品开发。

开发新产品的程序因企业的性质、产品的复杂程度、技术要求及企业的研究与开发能力的差别而有所不同。因此必须采取科学的态度和方法,在充分调查基础上,为产品开发设计必要的程序,并对产品开发进行有效的管理。一般产品开发大致经过如下阶段:

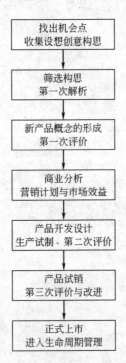

二、产品开发步骤

一般将开发过程分成几个步骤,其基本过程如下。

（一）新产品构思

新产品构思,是指新产品的设想或新产品的创意。企业要开发新产品,就必须重视寻找创造性的构思。

从市场营销的观念出发，消费者需求是新产品构思的起点，企业应当有计划、有目的地通过对消费者的调查分析来了解消费者的基本要求。对竞争企业的密切注意，有利于新产品构思。对竞争企业产品的详细分析，也能帮助企业改进自己的产品。

企业新产品开发机构的工作人员是产生新产品构思的中坚力量，上述各种人员的新构思，只有被这些工作人员所接受、理解，才能成为有效的新产品构思。这些人员一般都经过专业训练，具有相当的经验，在新产品构思方面具有一定的敏感性。但是，正是这种情况的存在，专业工作人员也往往会产生"盲点现象"，固执地排斥任何与他们的设想不合的新构思，导致许多有价值的构思夭折。

（二）构思筛选

将前一阶段收集的大量构思进行评估，研究其可行性，尽可能地发现和放弃错误的或不切实际的构思，以较早避免资金的浪费。一般分两步对构思进行筛选。第一步是初步筛选，首先根据企业目标和资源条件评价市场机会的大小，从而淘汰那些市场机会小或企业无力实现的构思；第二步是仔细筛选，即对剩下的构思利用加权平均评分等方法进行评价，筛选后得到企业所能接受的产品构思。

在筛选阶段，应当注意避免两类错误：删减了有价值的新产品构思，保留了过多的无价值构思。

（三）新产品概念的形成

产品概念是指企业从消费者角度对产品构思所做的详尽描述。企业必须根据消费者对产品的要求，将形成的产品构思开发成产品概念。通常，一种产品构思可以转化为许多种产品概念。新产品开发人员需要逐一研究这些新产品概念，进行选择、改良，对每一个产品概念，都需要进行市场定位，分析它可能与现有的哪些产品产生竞争，以便从中挑选出最好的产品概念。

新产品概念是消费者对产品的期望。从逻辑学角度来看，产品构思与新产品概念的关系还是一个种概念与属概念的关系，产品构思的抽象程度较高，从产品构思向新产品概念的转化是抽象概念向具体概念的转化过程。

（四）商业分析

它是指对新产品的销售额、成本和利润进行分析，如果能满足企业目标，那么该产品就可以进入产品的开发阶段。商业分析实际上在新产品开发过程中要多次进行。商业分析实质上是确认新产品的商业价值。

当新产品概念已经形成，产品定位工作也已完成，新产品开发部门所掌握的材料进一步完善、具体，在此基础上，新产品开发部门应对新产品的销货量进行测算。此外，还需估算成本值，确定预期的损益平衡点、投资报酬以及未来的营销成本等。

（五）新产品设计与试制

新产品构思经过一系列可行性论证后，就可以把产品概念交给企业的研发部门进行研制，开发成实际的产品实体。实体样品的生产必须经过设计、试验、再设计、再试验的反复过程，定型的产品样品还须经过功能测试和消费者测试，了解新产品的性能、消费者的接受程度等等。最后，决定新产品的品牌、包装装潢、营销方案。

这一过程是把产品构思转化为在技术上和商业上可行的产品，需要投入大量的资金。

（六）试销

新产品开发出来后，一般要选择一定的目标市场进行试销，注意收集产品本身、消费者及中间商的有关信息，如新产品的目标市场情况、营销方案的合理性、产品设计、包装方面的缺陷、新产品销售趋势等。以便以了解消费者对新产品的反应态度，并进一步估计市场，有针对性地改进产品，调整市场营销组合，并及早判断新产品的成效，使企业避免遭受更大的损失。

值得注意的是，并不是所有新产品都必须经过试销，通常是选择性大的新产品需要进行试销，选择性小的新产品不一定试销。

（七）商业化

如果新产品的试销成功，企业就可以将新产品大批量投产，推向市场。通过试销，最高管理层已掌握了足够的信息，产品也已进一步完善。

企业最后决定产品的商业化问题，即确定产品的生产规模，决定产品的投放时间、投放区域、投放的目标市场、投放的方式（营销组合方案）。这是新产品开发的最后一个阶段。如在这一阶段，新产品遭到失败，不仅前六个阶段的努力付诸东流，且使企业蒙受重大损失。因此，普及、推广新产品开发程序知识是极其必要的。

第二节　食品新产品开发的创意来源

一、来自企业内部的创意

（一）来自企业职工的创意

企业职工最了解产品的基本性能，也最容易发现产品的不足之处，他们的改进建议往往是企业新产品构思的有效来源。

毛主席曾提出"全民皆兵"，我们把它动一个字，即为"全员皆兵"。构思产品的创意，不仅仅是企业内部担任开发产品责任人的事情，也必须是整个企业的全体员工的责任。本企业广大员工，既是食品生产者也是食品消费者。他们具有一般消费者的基本需求，又作为生产者熟知企业产品生产工序和细节的每一部分。对于改进产品，提出创意最具有说服力。

发挥"全员皆兵"作用的关键，就在于如何调动企业职工创意的积极性和创意的持久性。让他们带着问题意识去操作、生产、发掘问题，并提出解决问题的方法，在这方面最有效果的就是日本的"提案制度"。我国也有所谓的"合理化建议制度"，但在很多企业却执行不力，效果不显著。

1. 确立整个企业的提案制度

企业提案制度的确立和合理运用，是激发整个企业职工士气，开发创意来源，创造畅销商品的有力措施，并会对整个企业经营环境起到良好作用。

所谓企业提案制度，简单地说就是组织和发动职工，对企业的经营管理、技术改造、产品开发等各方面提出合理化建议。企业设立有关的提案收集机构和提案评审机构，以借助企业内部力量进行开发创意，激励士气。

2. 保持提案创意的积极性和持久性

从职工的角度来说，没有一个职工不希望自己所提出的创意构想被企业所采纳的，没有一个职工不想及早知道自己的提案创意的结果。如果职工提案每每石沉大海，那就肯定激发不了职工提案的积极性和持久性。要获得职工提案的积极性、持久性，必须做到如下三点：及时表明是否采用提案的内容；根据提案的质量、件数、采用与否、采用效果大小、潜在可行性，给予物质精神上的表彰和奖励；对企业职工进行提案培训、组织和开展竞赛运动。

日立公司是以设立"提案认定委员会"为提案制度核心。这是一种从该公司每年400万以上的职工提案中，抽出20000个特别提案，由特别部门和各事业部的人员担任代表，将优良提案分为金、银、铜三个等级加以审查，认定后给予奖励的制度。这一制度的实施，不仅提高了职工提案的意愿，也使提案的构思更加多样，并使该公司的每一位职工都成为商品开发的担当者，从而建立起整个公司的商品创意系统。

（二）来自营销人员的产品创意

在过去，营销人员的主要任务是推销商品，能推销大量商品，便是优秀的营销人员。可是现在时代变了，营销人员不单是推销人员而且也是企划人员，不单要推销产品而且也要发现需求并提供产品的信任和建议。

食品营销人员是最常接触商品的实际使用者和消费者的人，每天都在企划创意的暗示区内奔跑，所以最容易收集到消费者和使用者的意见和需求。他们最容易听到消费者的抱怨、希望和心声，是食品新产品企划创意最直接的宝贵来源。如某啤酒营销人员了解到顾客不喜欢苦味较重的啤酒的要求，遂反馈给公司开发出了低麦芽糖度的淡味啤酒。

因此，企业应充分运用营销人员的信息灵通性和身心感知性，让营销人员不仅推销产品，而且反馈市场信息，提出产品开发的创意。让营销人员带着问题意识，带着创意提案的压力去销售，去倾听，去发掘。在这方面最成功的是日本的"营销卡制度"。

"营销卡制度"的实质就是以责任定额制激发营销人员的脑力去寻找和开发题目。"营销卡制度"从两方面着手：规定营销卡（MC）是营销部门所有人员应做的提案；制定责任配额制度。营销卡加重了营销人员的压力，但也迫使营销人员改变过去守株待兔的方式，而以积极的态度，事先了解需求，提炼成开发项目，估算出市场规模，推动新技术应用，新产品开发，并在其后充满热情推销自己发掘的新产品并认真倾听顾客的反映，同时还可紧密营销部门和开发部门的关系。

当然，推行"营销卡制度"同样要设法保持营销人员的积极性和持久性，也需要及时表明提案处理结果并给予奖励。同时设立"提案资料库"，把未采纳产品化的提案加以保存、整理，以备后用。

营销卡具体形式有多种，其内容不一。在此仅提供一则范例，见表5-1。

（三）来自开发部门的创意

企业的新产品开发部门是企业产品开发的专门机构。他们既肩负着提出产品企划创意的任务，又肩负着把来自企业内外部的产品创意进行具体实施。因此要求这些机构的人员应具备既专门、又广博的知识结构，而且，要求他们既具有理论知识，还要具备很强的动手能力。如食品工业的研发部门便聚集了食品工艺、食品机械、食品包装、食品化学、食品检验、食品营养、食品营销、市场学、食品管理学等许多学科领域的专业人员。此外食品企业的科技人员的研究成果往往也是新产品构思的一项重要来源。

产品开发组织也由过去纵向组织向横向合作联合开发，或者成立专门的开发小组，集结企业内部的各类优秀人员，进行集中、紧急地突击开发。如日本夏普公司的"紧急开发小组"制度。

表 5-1　食品营销卡

营销卡 (食品新产品题目的提案)	收件号码：
	原提案号码：
提案者：　　部　　科,姓名：	提案日期　年　月　日
1. 企求何种食品(产品名称、开发的目的等)？	
2. 其概要如何？ 　(1)关于原料　(2)关于口味 　(3)关于感官　(4)关于价格	图样绘制栏
3. 新颖度或竞争性如何？ 　(1)其他公司又无此类产品？(如有,列出该公司名称) 　(2)竞争状况：①认为本公司最抢先。 　　　　　　②虽其他公司已推出,但认为能够参与。 　　　　　　③竞争虽激烈,但认为应该参与。	
4. 有关需要预估： 　(1)全国需要(每个月的金额或份数) 　(2)特别针对的行业(生产原料) 　(3)预测的需要阶层(消费对象)	
5. 在将来 3 年左右可期待成长多少？ 　(1)推测成长率 5%、10%、15%、20%或更高 　(2)其根据是	
6. 提案的所在营业部门的销售预估： 　(1)准顾客与公司名称 　(2)希望开始销售的时期约　　年　　月 　(3)预定销售金额：　　每月：	

二、来自企业外部的创意

(一) 来自专家、智囊、专业组织的创意

专家、智囊、专业组织都是某一食品行业的行家里手,对本行业甚至其他行业都有精深的研究和预见。他们不仅能把理论和实践结合起来,而且能把过去、现在、未来结合起来。他们不仅熟知本行业的国家政策,而且也熟知本行业的技术、产品,且和其他同业公司或不同行业公司、组织有广泛联系。可以说集政策性、知识性、技术性、信息性、理论性、实践性、创造性、智慧性、预见性于一身。因此企业要很好地利用来自专家、智囊、专业组织的产品开发启示,经常请各方面的专家、智囊来企业作指导培训,帮助企业解决问题或作专业顾问,并和有关的专业公司保持密切联系。

现在差不多各行业都有专业学会或协会,如食品学会、食品营养学会、饮料及酿酒协会、企业家协会等等,它们是本行业专家人员的集中地、信息交流集中地,甚至是有关政策的发源地。企业食品新产品的鉴定、评级都需要这些专家、专业组织。例如某矿泉水生产公司根据专家提出的建议开发了泡茶专用矿泉水、做饭专用矿泉水、蜂蜜矿泉水、五味子矿泉水等系列产品。

(二) 来自中间商、零售商的创意

一个企业要扩大产品销路,单靠自己不行,必须建立起广泛而稳定的销售渠道、销售网络。而这些渠道与网络中最主要的就是代理商、批发商、零售商。中间商、零售商他们介于生产者与消费者之间又熟悉两方面的情况,直接与顾客打交道,最了解顾客的需求。他们对

产品的功能、性能、结构，特别是外观、包装、品牌，都有较深的了解，又事关他们自己的切身利益，所以会提出中肯的意见。如某酱菜生产企业根据零售商提出的建议开发出了甜辣型风味的即食酱菜。

收集中间商、零售商的意见是构思形成的有效途径。同时他们还可以根据不同产品、同类产品不同牌号产品的销售大小，判断出消费者需求趋势。因此企业应保持和这些中间商、零售商的友好合作关系，结成利益共同体，利用来自他们的创意，对商品作出改进或开发新产品。

（三）来自产品试用者、消费者的创意

不少企业在产品开发试制过程中，都招募产品使用员。产品试制出来后免费或收费分发给选定的消费者让其食用，然后让他们对食用效果进行评定，以利产品改进、完善。有些企业为了保持试用员产生新鲜的创意而定期更换。如日本"味之素"及"日本水产"两家公司，分别招募了1000人、5000人的女性试用意见员。

生产产品是为了满足消费者的需求，产品开发本身就是为消费者使用的，了解消费者对现有产品的意见和建议，掌握消费者对新产品有何期望，便于产生构思的灵感。消费者的创意是广泛无边的，生产者所设计的最终效果还要看消费者的使用情况而最终鉴定。因此顾客的需求是新产品构思的重要来源。

常常有这种情况：本来为消费者设计的某一功能、某一用途的产品，消费者却移作他用，而且比原设计者预定功能更有价值，或扩大了该产品的功能范围。因此，善加利用消费者的创意，是企业产品开发的重要源泉。

（四）来自其他行业、企业、其他国家、地区的创意

"他山之石，可以攻玉"，企业可以根据其他行业企业产品发展状况与趋势、技术运用状况而提出创意，企业也可以根据其他国家和地区的政治、军事动态、生活及风俗习惯、科技发展、产品开发趋势而提出创意。

可作为新产品构思来源的其他渠道还比较多，如大学、科研单位、专利机构、市场研究公司、广告公司、咨询公司、新闻媒体等。

值得一提的是竞争对手，分析竞争对手的产品特点，可以知道哪些方面是成功的，哪些方面是不成功的，从而对其进行改进。如某厂生产的四种水果又加钙的果汁饮料就是来源于竞争对手的三种果汁由加钙的产品创意。

三、来自产品本身的创意

挖掘创意来源的本身就是为了产品开发。那么我们再从产品本身寻求创意的来源，会收到意想不到的效果。

（一）来自产品功能、质量、性能的创意

为了寻求创造产品功能、性能、质量的点子，可以设立专项创意提案，收集企业内外有关方面的创意构思，并加以分类、整理。这样可使提案针对性强，提案的质量也有所提高，便于问题的解决，可以便于专项内容的技术突破、功能开发和质量提高。

如通过广泛建议我们获得了彩色豆腐的创意，最终研制出菠菜豆腐、胡萝卜豆腐、红辣椒豆腐等彩色豆腐。还有在干豆腐中加入蔬菜、在干豆腐上印上产品的品牌商标图案或生产厂家的名称等，得到与众不同的豆腐产品。

（二）来自产品结构、造型、包装、品牌的创意

企业也可以设立专门有关的结构、包装、款式，特性方面的专项提案，收集有关这些方面的创意与提案，同时企业最好能有针对性地提出这些方面存在的问题，就便利于这方面内容的创意开发。不过这种产品形态方面的创意，最好更多地征集企业外部人士的意见，因为所谓"当局者迷，旁观者清"，每个企业都会认为自己开发的款式、包装、造型最优秀最流行，而在这些产品流通、使用过程中，中间商、零售商、消费者最清楚它们的不足之处和应该改进的地方。

（三）来自产品服务的创意

服务现在越来越成为企业竞争的制高点，那么到底顾客需要哪些方面的服务，企业能为消费者提供哪些服务，这些需要根据产品本身的特点，顾客的需求和其他行业、企业提供服务的借鉴来寻求创意。开发生产产品本身的目的就是服务，服务于消费者欲望与需要，而消费者购买产品如不会或不能正确使用，那么就得不到其使用价值。

服务不全，消费者购买不便，会使企业失去顾客，失去销售机会，失去销售利益。如北方某企业生产的速冻豆角产品，其食用方法虽然印刷在了包装上，但是消费者一般很少去仔细研读，而速冻蔬菜的一个基本食用要求是"快速解冻"，一般直接下锅就可以，但消费者多喜欢洗一洗或解冻后烹调，造成口感的劣变而影响销售。因此，企业也可专门设立服务提案制度，更多地征集消费者的意见，为他们解决一切不便。若企业高高在上，或针对性不强，那么企业肯定摸不清消费者的真正需要。企业的目的性不强，压力不大，更会很少从别的行业、企业中寻求借鉴。

（四）来自新技术、新材料的创意

科技发展日新月异，新材料、新工艺不断增多，那么如何把这些新技术、新材料、新工艺运用到本企业的产品开发上，这更是产品开发创意的关键。成功地运用会使产品取得突破性进展，甚至开辟出新行业、新领域。例如利用冻干技术生产的"速溶土豆泥"使土豆泥产品走进千家万户。

第三节　食品新产品市场调查方法

一、市场调查的主要内容

（一）经营环境调查

1. 政策、法律环境调查

调查本公司所经营的业务、开展的服务项目有关政策法律信息，了解国家是鼓励还是限制，有什么管理措施和手段。对于食品来讲主要是保健食品生产中所用原料是否为药食两用资源的政策信息，食品中合成或天然食品添加剂的使用标准、对服务行业消费高档白酒增收个人消费税、提高白酒行业税收等政策信息。

2. 行业环境调查

调查公司所经营的业务，开展的服务项目所属行业的发展状况、发展趋势、行业规则及行业管理措施。如可参照酿酒工业协会、饮料工业协会等的有关规定开发新的饮料酒类产品。

3. 宏观经济状况调查

宏观经济状况是否景气，直接影响老百姓的购买力。因此，了解客观经济形势，掌握经济状况信息，是经营环境调查的一项重要内容。如国家对酿酒行业提出的"四个转变"使果酒行业复苏，国家设立"黄金周"提倡旅游可促进旅游休闲食品的开发等。

4. 人口状况和社会时尚的变化调查

食品是销售给特定人群的，应对目标人群所在地区的人口及其组成、风尚及其流行、目标人群的人口量、当地的社会时尚变化、目标人群的时尚特点等进行调查。如某改良的传统食品"饸饹"条（读音 héle，也叫河漏），上市前对所在地目标人群人口及消费量进行了调查，以此确定产量和销售场所。

（二）市场需求调查

通过市场调查，对产品进行市场定位。比如公司要生产袋装酸菜产品，居民对这种产品的了解多少？需求量有多大？能接受什么样的价格？有无其他公司提供相同的产品服务？市场占有率是多少？市场需求调查的另一重要内容是市场需求趋势调查。如上例公司应了解市场对袋装酸菜产品的长期需求态势，了解该产品是逐渐被人们认同和接受，需求前景广阔，还是逐渐被人们淘汰，需求萎缩。同时还要了解袋装酸菜生产在技术方面是否有保证？在经营两方面的发展趋势如何等等。

（三）顾客情况调查

这些顾客可以是公司原有的客户，也可能是潜在的顾客。顾客情况调查包括两个方面的内容：一是顾客需求调查，例如购买原味"烤馒头片"的顾客大都是些什么人？他们希望从中得到那方面的满足和需求？二是顾客的分类调查。重点了解顾客的数量、特点及分布，明确公司的目标顾客，目标顾客的大致年龄范围、性别、消费特点等，对烤馒头片产品的需求程度、购买动机、购买心理。

（四）竞争对手调查

"知己知彼，方能百战不殆"，了解竞争对手的情况，包括竞争对手的数量与规模，分布与构成，竞争对手所生产产品的优缺点及营销策略，才能有的放矢地采取一些竞争策略，使公司产品做到"人无我有，人有我优，人优我特"。

（五）市场销售策略调查

重点调查了解本公司所产食品及待开发新产品在市场上的销售渠道、销售环节，最短进货距离和最小批发环节，广告宣传方式和重点，价格策略，有哪些促销手段？有奖销售还是折扣销售，销售方式有哪些？批发还是零售，代销还是专卖还是特许经营等，这些经营策略有哪些缺点和不足？

二、常见的市场调查方法

（一）按调查范围来分

按调查范围不同，市场调查可分为：市场普查、抽样调查和典型调查三种。市场普查，即对市场进行一次性全面调查，这种调查量大、面广、费用高、周期长、难度大，但调查结果全面、真实、可靠。

抽样调查，据此推断整个总体的状况。比如公司生产经销一种小学生食品，完全可选择一两个学校的一两个班级小学生进行调查，从而推断小学生群体对该种食品的市场需求情况。

典型调查，即从调查对象的总体中挑选一些典型个体进行调查分析，据此推算出总体的一般情况。如对竞争对手的调查，你可以从众多的竞争对手中选出一两个典型代表，深入研究了解，剖析它的内在运行机制和经营管理优越点，价格水平和经营方式，而不必对所有的竞争对手都进行调查。

（二）按调查方式来分

按调查方式不同，市场调查可分为：访问法、观察法、实验法和试销或试营法。

1. 访问法

即事先拟定某新型产品的调查项目，通过面谈、信访、电话等方式向被调查者提出询问，以获取所需要的调查资料。这种调查简单易行，有时也不一定很正规，在与人聊天闲谈时，就可以把你的调查内容穿插进去，在不知不觉中进行着市场调查。

目前，网络调查也是一种很有效的访问调查方法，是指利用国际互联网作为技术载体和交换平台进行调查的一种方法。网上调查的业务流程：项目设计→问卷上网→问卷检查→数据处理、分析→调查报告。

2. 观察法

即调查人员亲临顾客购物现场，如商店或饭店、冷饮食品摊点，直接观察和记录顾客的类别，购买动机和特点，消费方式和习惯，商家的价格与服务水平，经营策略和手段等，这样取得的一手资料更真实可靠。

3. 实验法

是指市场调研者有目的、有意识地改变一个或几个影响因素，来观察市场现象在这些因素影响下的变动情况，以认识市场现象的本质特征和发展规律。如开展一些小规模的包装实验、价格实验、广告实验、新产品销售实验等，可分为实验室实验和现场实验。

例如，某食品厂为了提高糖果的销售量，认为应改变原有的陈旧包装，并为此设计了新的包装图案。为了检验新包装的效果，以决定是否在未来推广新包装，厂家取 A、B、C、D、E 五种糖果作为实验对象，对这五种糖果在改变包装的前一个月和后一个月的销售量进行了检测，得到的实验结果见表 5-2。

表 5-2　单一实验组前后对比表　　　　　　　　　　　单位：kg

糖果品种	实验前售量 Y_0	实验后销量 Y_n	实验结果 $Y_n - Y_0$
A	300	340	40
B	280	300	20
C	380	410	30
D	440	490	50
E	340	380	40
合计	1740	1920	180

结果证明，改变包装比不改变包装销售量大，说明顾客不仅注意糖果的质量，也对其包装有所要求。因此断定，改变糖果包装，以促进其销售量增加的研究假设是合理的，厂家可以推广新包装。但应注意，市场现象可能受许多因素的影响，销售的增加量，不一定只是改变包装引起的。

4. 试销或试营法

即对不确定的业务，可以通过试营业或产品试销，来了解顾客的反映和市场需求情况。

三、市场调查的程序

（一）拟订调查计划

（1）调查目的　说明"为什么要进行这项调查"、"想要知道什么"、"知道以后怎么办"等问题。

（2）调查项目　如调查某牛奶类产品的原料来源、产品体积、包装式样、产品口味、价格特点、季节性要求、重复购买频率、产品品牌商标记忆度、产品竞争情况等等。

（3）调查方法　如抽样还是典型？访问还是观察？

（4）经费估计　根据调查人员、时间、所需用品、交通等估算出费用。

（5）调查日程安排　按调查阶段、任务和具体日期，确定出详细的调查日程。要考虑到被调查者的时间状况，社会公共假日等情况。

（二）确定调查样本

1. 样本数的确定

根据调查内容的要求、调查项目在样本间差异的大小、企业可投入调查的人力财力情况等因素来确定调查样本数。

2. 选定抽样方法

主要是随机抽样，具体方法有：单纯随机抽样法、系统抽样法、分层随机抽样法、分群随机抽样法。非随机抽样有便利抽样法、判断抽样法、配额抽样法。

3. 抽样

首先以地区为单位进行分群抽样，确定调查样本所在区域。然后，在所确定区域内按一定标准进行分层或排序，运用分层抽样或等距抽样的方法，在各层中（或等距抽样的第一段中）进行单纯随机抽样，以确定调查样本。

（三）收集市场资料

市场资料分为现有资料和原始资料两种。现有资料又称为第二手资料，是经过他人收集、记录和整理所积累起来的各种数据和文字资料。原始资料又称为第一手资料，是调查人员通过实地调查所取得的资料。

四、调查问卷设计

问卷调查是市场调查的访问法中经常采用的方式之一，原意是指一种为了统计或调查用的问题表格。从现在所使用的意义来讲，是指按照一定的理论假设设计出来的，有一系列变量、指标所组成的一种收集资料的工具。它通过精心设计的一系列问题来征求被调查者的答案，并从中筛选出你想了解的问题及答案。

问卷具有结构性强的特点，即问卷上的大多数问题都是按某些标准规定了选择答案的项目，被访者只有在这些固定的答案项目中选择作答。与这些特点相伴随，问卷还具有规范化和标准化等特点。

问卷中的问题设计、提问方式、问卷形式以及遣词造句等，都直接关系到能否达到市场调查的目标。

（一）问卷设计步骤

（1）确定主题是确定调查的目的、对象、时间、方式（面谈、电话、信函）等。

（2）设计问卷。首先将调查目标分解成问题，也就是要设计出全部问题。当对方回答完，就能得到你想了解的全部答案；其次是要技巧性地排列上述问题；最后是尽量使提出的问题具有趣味性。

（3）试验阶段。问卷设计出来以后，为了是问卷所列项目更切合调查目标，而且能使被调查者接受，还要将试卷进行小范围的检验，就是选择一个拟调查的对象试答问卷，看看所设计的问卷是否好回答，用户是否愿意答，回答所需要的时间是否适宜等。最后还要分析一下问卷的项目是否易于整理、分类和统计。

（4）修改问卷，制表打印。

（二）问卷的设计技术

1. 问题的类型和筛选

（1）从回答问题的基本方式分为限定回答式问题和非限定回答式问题。

所谓限定回答式问题，就是对同一个问题给出几种固定的供被访者选择回答的项目。所谓非限定式问题，就是给出一个问题让被访者自由回答。当某个问题可以用一些具体指标衡量时，宜采用限定回答式，例如文化程度、性别、家庭模式等，都属于这种情况；当对某个问题还不甚清楚，也没有具体衡量指标时，宜采用非限定回答式。

（2）从问题的功能的角度划分，可分为接触性问题、功能心理问题、过滤性问题、控制性问题等。

① 接触性问题　即问卷中最先提出的问题，这种问题要求回答十分简单，而且能引起被访者回答问题的兴趣。例如，调查对象的职业、年龄、性别等。

② 功能心理问题　也叫调节性问题，指那些能消除被访者紧张心理状态的问题。例如，在问过被访者的经济收入后，接着问他是否爱好音乐等。

③ 过滤性问题　是用来放在某一问题之前，测定和划分被访者是否属于回答某一问题的对象。比如，您和牛奶吗？a. 是 b. 否，若喝，你每天喝多少？如果没有着种过滤性问题，而径直问某人是否喝牛奶，则可能得到信口开河的答案。

④ 控制性问题　也叫验证性问题，指用来检验被访者的回答是否真实准确地回答。例如，在问卷的一个地方可以问："您每月大概喝多少牛奶？"而在另一个地方则可以问："您每个月喝牛奶的实际开支是多少？"通过这两个答案的对比可以检验回答的真实性和准确性。

（3）按问题的性质划分，分为事实问题、行为问题和态度问题。

事实问题询问的是客观存在的情况，即动态的资料，这列问题一般是询问被调查对象的基本情况。如年龄、性别、学历、职业、婚姻状况、经济收入等等。行为问题时询问人们干过什么或正在干什么的问题；行为问题询问的是学习方式、工作方式、交友方式等动态性的资料。例如："您每天喝葡萄酒吗？"。态度问题是反映人们主观意见包括态度、想法、观念等的问题。例如，对增加烟酒消费税的态度，对猪肉及其制品物价上涨的态度等。

（4）问题的筛选　问题本身的必要性；问题细分的必要性；被调查者是否了解所询问信息；被调查者是否愿提供所询问信息。

（5）问题设计的原则　被调查者易理解；被调查者愿回答；问题应有明确的界限；问题不能暗含假设。

2. 答案的设计

（1）开放式（自由填答式）答案

（2）封闭式答案　包括是非两分型（如，吃过某食品么？是、否）；单选型（您的职业：工人、农民、职员、工程师）和态度量表。

在问卷设计中注意以下几个问题：首先，注意写好卷首的说明。其次，注意选择问题的类型及顺序。问卷中可以采用二项选择、多项选择等封闭式问题；也可以采用自由回答的开放式问题，根据调查内容进行选用。通常将趣味性强的简单问题放在前面，核心问题放在中间，涉及个人资料的敏感性问题放在后面。再次，注意问题的语言及问卷长短。最后，注意问卷的规范性。

（三）食品问卷实例

A. 葡萄酒消费习惯调查问卷

1. 你每月在葡萄酒上的开销是：
30元以内　30～100元　100～200元　200～300元　300元以上
2. 你经常在哪里喝葡萄酒：
在家　在餐厅　在酒吧
3. 你多久会打开一瓶葡萄酒？
每天　每周几次　每周一次　一个月一次　一两个月一次
4. 跟自己并不熟悉的朋友吃饭，对你而言最安全的选择是：
白葡萄酒 Chardonnay　白葡萄酒 Riesling　红葡萄酒　法国波尔多左岸风格的 Cabernet Sauvignon　红葡萄酒　澳大利亚的 Shiraz　起泡酒　意大利的 Moscato d' ASTI　法国的香槟　甜酒　其他
5. 总的来说，你更喜欢：
白葡萄酒　红葡萄酒　起泡酒　雪利或者波特酒
6. 通常跟你分享一瓶葡萄酒的人会是：
自己　同学　朋友　家人　生意伙伴
7. 你通常从哪里购买葡萄酒？
葡萄酒专卖店　超市　经销商　国外　餐厅
8. 影响你对从未喝过的一瓶葡萄酒的选择的会是：
酒标的设计　从杂志或网上看到的酒评家的评分　侍酒师的建议　酒庄网站上信息　朋友的建议　其他
9. 在你购买葡萄酒的时候，你会考虑哪些因素？
价格　品种　产区　酒庄　饮用场合　要搭配的菜肴
10. 以你的经验来看，深入了解葡萄的捷径是：
定期参加品酒会　浏览网上葡萄酒论坛　看葡萄酒书籍　葡萄酒专业网站　组织一个自己的品酒俱乐部，经常喝
11. 你认为评价一款葡萄酒的好坏，最重要的因素是哪一个：
颜色　香气　口感　回味　其他
12. 在下列新世界葡萄酒产区中你认为性价比最高的是：
新西兰　智利　美国　阿根廷　南非　中国
13. 请列举你认为拥有最佳葡萄酒酒单的餐厅：
14. 请列举你认为最好的购酒去处：

B. 荔枝罐头消费情况的调查问卷
1. 您的性别：
男　女
2. 您的年龄：
15岁以下　16～25岁　26～35岁　36～45岁　45岁以上
3. 您有没有吃过水果罐头？
有　没有
提示：如果您选择没有，请转第11题。
4. 过去六个月您吃过几个水果罐头？
3个以下　4～6个　7～9个　10个以上
5. 您最喜欢吃哪一种水果罐头？
荔枝　菠萝　龙眼　雪梨　桃子　山楂　其他
6. 什么情况下您会想到买水果罐头？
自己喜欢吃　送人　产品在促销　新鲜水果购买不到或价格过高　旅游时　其他
7. 您选择水果罐头时考虑的因素？
水果的口感　营养价值　个人爱好　包装品牌　便利　其他
8. 您认为一瓶水果罐头重多少比较合适？　［最多选择3项］
300g　500g　700g　900g
9. 您认为一瓶500g水果罐头定价多少最合适？
5.0～7.0元　7.1～9.0元　9.1～11.0元　11.0元以上
10. 购买水果罐头时，罐头的品牌在您选择中所起的作用：
不太留意　会考虑　很重要
11. 您一般从哪些途径了解水果罐头？［多选题］
促销活动　广告宣传　网站　亲戚　朋友　其他
12. 您吃水果罐头是最主要的顾虑：
担心产品是否新鲜　担心水果罐头产品质量问题　担心产品是否卫生　担心水果罐头里是否有防腐剂
13. 您认为现有的水果罐头有哪些不足之处？［可多选］
包装太单一　质量差　开盖难　不新鲜　价格高　其他

第四节　食品新产品设计研发

一、人体工学与食品新产品开发

（一）人体工程学的概念

人体工程学是20世纪40年代后期发展起来的一门新兴边缘学科。它是综合运用生理学、心理学、物理学和其他学科及方法的一门学科。内容包括了人体测量、人的生理功能、人的心理活动、人与机器协同工作的关系，机器故障和人操作失误的关系，人机系统遵守物理学原理等方面。

（二）人体工程学在食品新产品开发中的应用

人体工程学与食品产品设计有着密切的关系，食品产品需人食用、受人操作加工。因此食品新产品设计就必须考虑人体工程原理：一是在产品设计时，必须考虑人的生理因素和心理因素；二是设计产品时，要使人食用方法简便、省力又不易出差错；三是要使人的食用方法安全。

例如果冻产品由于其本身具有较大的黏弹性，少儿食用易引起吞噎堵住气管而造成窒息死亡，我国已经发生多起此类事故，其原因是果冻的体积尤其是直径过小被幼儿直接吸食所致。为了从源头杜绝儿童因吸食小果冻被噎，导致死亡事件的发生，果冻类食品新的国家标准规定：杯形凝胶果冻的直径尺寸必须大于等于 3.5cm；长杯形凝胶果冻和条形凝胶果冻的长度不能小于 6cm。这样幼儿无法将整个果冻吞下而防止了此类事件的发生。

还有的饮料的包装瓶过于粗大，无法用手把握；饮料的瓶口大于人的口型，直接饮用时易造成饮料外溢；罐头产品的瓶盖过大，用手无法把握和拧开；复合薄膜袋包装的边缘没有锯齿形切口无法撕开或正常用力无法撕开；果肉饮料黏度过大无法直接饮用等等，这些都是产品不符合人体工程学原理的表现。

（三）人体工程学与食品产品设计的主要关系

1. 人体测量与食品包装设计和食品结构设计

人体测量项目主要包括：人的身高、体重、体积，以及人体各个部分的长度、重量、体积等。食品包装设计则包括：包装形状设计，如饮料的瓶形、果冻的杯形、瓶盖的外形、塑料袋的边形等等。包装材料设计，如塑料、玻璃、马口铁等。食品的结构设计则包括水果罐头的果块大小、果肉饮料的黏度、果冻的形状等。这些食品包装与结构设计都必须考虑到人体测量的内容。

2. 人类视觉、听觉、反应感觉与食品包装和食品结构的设计

食品包装和食品结构的设计应体现鲜艳、明快、外形适度、美观的心理感觉；

干脆面、碳酸饮料、需要脆度的酱菜等还要求食用时有声音上的享受感觉；面包、蛋糕、龙须酥等要给人松软的反应感觉。

3. 人体系统设计与食品产品的要素设计

食品要人来是食用，在食品生产中，人和食品形成不可分割的整体，在食品的食用过程中，人和食品也成了一个不可分割的整体，这个整体叫人与食品系统。现代人与食品系统包含人的要素、食品要素、食用方法要素三个部分。人体系统设计包括：总体系统设计、工序设计、包装选型、食用方法系统设计等等。

二、食品产品的标准制订

食品是相对比较特殊的一种商品，直接影响人们的身体健康；食品安全历来是人们特别关注的社会焦点之一。食品质量的高低或者说食品质量是否合格，取决于食品是否符合其所执行的标准，因而食品标准的质量水平对食品质量的好坏起到决定性的作用，看食品质量还从标准开始。

我国现行食品质量标准分为：国家标准、行业标准、地方标准和企业标准。每级产品标准对产品的质量、规格和检验方法都分别有明确规定。

1. 国家标准

国家标准是全国食品工业共同遵守的统一标准,由国务院标准化行政主管部门制定,其代号为"GB"头,分别为"国标"二字汉语拼音的第一个字母,包括强制性的国家标准和推荐性国家标准。如 GB 1534—1986《花生油》,GB 13103—1991《色拉油卫生标准》,GB 1354—1986《大米》是大米的国家标准。对于有些食品,尤其是出口产品,国家还鼓励积极采用国际标准。国家推荐标准代号为"GB/T"头,如 GB/T 15037—94《葡萄酒》为已经废止的国家推荐标准,GB/T 4789.3—2003《食品卫生微生物学检验大肠菌群测定》。

2. 行业标准

行业标准是针对没有国家标准而又需要在全国某个食品行业范围内统一的技术要求而制定的。行业标准由国务院有关行政主管部门制定,并报国务院标准化行政主管部门备案。在公布国家标准之后,该项行业标准即行废止。行业标准基本都是推荐标准。如 SB/T 10068—1992《挂面》;SB/T 10013—1999《冰淇淋》;QB/T 1252—1991《面包》等。

3. 地方标准

地方标准是指对没有国家标准和行业标准而又需要在省、自治区、直辖市范围内统一的食品工业产品的安全、卫生要求而制定的。地方标准由省、自治区、直辖市标准化行政主管部门制定,并报国务院标准化行政主管部门和国务院有关行政主管部门备案。在公布国家标准或者行业标准之后,该项地方标准即行废止。如 DB44/116—2000《瓶装饮用天然净水》是饮用天然净水的广东省强制性地方标准。

4. 企业标准

企业标准是食品工业企业生产的食品没有国家标准和行业标准时所制定的,作为组织生产的依据。企业的产品标准须报当地政府标准化行政主管部门和有关行政主管部门备案。已有国家标准或行业标准的,国家鼓励企业制定严于或高于国家标准或行业标准的企业标准,在企业内部使用。企业标准代号为"Q",即"企"字汉语拼音的第一个字母。如 Q/QY001—2007《无蔗糖月饼》是清远市趣园食品有限公司的无蔗糖月饼产品的企业标准,Q/HQY01—2002《五味子饮料》为吉林省含情饮品公司生产的五味子果汁饮料的企业标准。

保健(功能)食品由于其特殊性,国家制订了其通用标准 GB 16740—1997。

另外按约束力不同,可将国家标准、行业标准分为强制性标准、推荐性标准和指导性技术文件三种。对于企业来说,强制性的各级标准必须执行,推荐性的各级标准可在质量技术监督部门的指导下执行。也可以在符合强制性标准的基础上,制定不低于推荐性标准技术要求的企业标准,或者在没有适用的国家标准、行业标准、地方标准前提下制定企业标准,并依法经备案手续后执行。

食品产品的质量标准若是执行企业标准,则应由食品加工专家来撰写,经审查合格后报当地技术监督部门批准备案。一般撰写标准的食品加工专家就是企业所依托的技术专家,这样便于企业将新产品开发做得更完善。

三、食品研发选题设计

选题在一定程度上决定着产品开发的成败。题目选得好,可以起到事半功倍的作用。有人认为,完成了选题,就等于完成了研发工作的一半。特别是对于初涉研发工作的青年人来说，掌握产品研发选题的方法是非常必要的。

（一）选题步骤

产品的研发方向确定之后，要查找与所确定的研究方向有关的文献资料，经过加工筛选，寻找出在这些研究中还有哪些空白点和遗留问题有待解决。然后进行论证看其是否符合企业产品开发的基本方向，对创造性和可行性等进行论证，以确保选题的正确性。

（二）选题技巧

1. 替换研发要素的方法

在研究及开发实践中，有意识地替换原产品中的某一要素，就有可能找出具有理论意义和应用价值的新问题，这种选题方法称研究要素替换法，又称旧题发挥法。

例如，某企业生产蓝莓饮料系列产品，"蓝莓"、"饮料"等都是研究要素。只要替换其中一个或几个要素，都可能产生一个新的研发题目。

（1）替换要素"蓝莓"，则产生新题目：小米饮料研发；红小豆饮料研发、绿豆饮料研发等等。

（2）替换要素"饮料"，则产生新题目：蓝莓酒研发；蓝莓醋研发；蓝莓奶研发等等。

2. 从不同学科方向的交叉处选题

从不同学科、不同学科方向的交叉处选题，应敢于突破传统科学观念和思维方式的束缚，充分运用综合思维，发散思维，横向移植等多种创新思维方法，去激发灵感。例如，菠萝啤酒的开发，就需要将饮料生产中的水处理、调色、调香、调味、增泡、碳酸化等技术，和啤酒生产中的糖化、发酵、罐装等技术相结合。又如，与啤酒生产技术和保健食品生产技术结合，可生产出芦荟保健啤酒等新产品。

3. 用知识移植的方法选题

它山之石，可以攻玉。所谓移植，是指把一个已知对象中的概念、原理、方法、内容或部件等运用或迁移到另一个待研究的对象中去，从而使得研究对象产生新的突破。

例如，把化工等学科中的纳米技术、微胶囊、超临界流体萃取、膜过滤技术、超微粉碎应用于食品加工中，就构成了食品高新技术的主要内容。

其中的纳米技术可以赋予食品许多特殊的性能，与宏观状态下食品性质与功能相比，可提高某些成分吸收率，减少生物活性和风味的丧失，并可以将食品输送到特定部位，提供给人类有效、准确、适宜的营养。通过微乳液将蜂胶制成纳米超微粉食品，其理化性质和作用发生惊人的变化。纳米化蜂胶可以促进蜂胶在水中的溶解性，增强其抗菌活性，而且口感好，可大大提高蜂胶的保健功效。

4. 从生产实践中遇到的机遇或问题中选题

日常科研工作中务必注意观察以往没有观察到的现象，发现以往没有发现的问题，外观现象的差异往往是事物内部矛盾的表现。及时抓住这些偶然出现的现象和问题，经过不断细心分析比较，就可能产生重要的原始意念。有了原始意念，就有可能提出科学问题，进而发展成为科研选题。

如通过钢印压在纸上形成的字迹，想到在干豆腐上印字或者图案，研究开发印有生产企业名称或品牌图案的干豆腐。

5. 从已有产品延伸中选题

延伸性选题是根据已完成课题的范围和层次，从其广度和深度等方面再次挖掘产生新课题，开发出更有价值的新产品。

如，某厂生产沙棘酒，沙棘籽则没有利用，于是在饮料产品上延伸，设想提取沙棘籽油，并将其添加于沙棘酒中，研究开发具有保健功能的沙棘酒。

（三）选题原则

1. 科学性原则

研发课题必须符合已为人们所认识到的科学理论和全面技术事实。科学性原则是衡量科研工作的首要标准。可以说科学性原则是科研选题和设计的生命。

如，若将酸性食品的巴氏杀菌方法（低于100℃）移植到中性食品中，这个选题就违背了科学性原则，肯定会因孢子的繁殖而导致食品败坏。常温保存的中性食品，为了杀死细菌孢子，需要120℃以上的高温杀菌。科研实践证明，违背科学性原则的科研选题是不可能成功的。

2. 实用性原则

研发选题要从社会发展、人民生活和科学技术等的需要出发，在食品的科研中，选择能改善食品的营养功能、感官功能、保健功能、方便功能的题目，选择易于产生经济效益和社会效益的题目。

例如用菠菜，胡萝卜，红薯等开发饮料，因原料价廉易得，感官功能差，这些饮料对人们的吸引力很低，很难产生经济效益，缺乏实用性原则。又如近年来出现的多种方便食品，则迎合了人们快节奏的生活方式，深受人们欢迎，具有较高的实用价值。

3. 创新性原则

创新性是科研的灵魂。选题应该是前人尚未涉及或已经涉及但尚未完全解决的问题，通过研究，得到前人没有提供过或在别人成果的基础上有所发展的成果。

创新性原则对于应用技术研究的课题，则是要求能发明新技术、新产品、新工艺，其创新性可以从下面几个角度来体现：内容新；角度新；原料新；方法新；结果新；时效新；其他要素新。

例如，市场上有了以小麦为原料的方便面，那么玉米方便面即属于内容新颖。市场上有八宝粥，那么用玉米、黑米、红小豆等为原料生产麦片状的即冲型八宝粥就是角度创新产品。采用喷雾干燥法生产胡萝卜粉对于气流式超微粉碎法来说就是方法创新。

4. 可行性原则

可行性原则是指研究者从自己所具有的主客观条件出发，全面考虑是否可能取得预期的成果，去恰当地选择研究题目。可行性主要包括三个方面的条件。

（1）客观条件 是指研究所需要的资料、设备、经费、时间、技术、人力等，缺乏任何一个条件都有可能影响课题的完成。食品纳米技术的研究，需要电子显微镜等检测设备，如果本单位无该设备，或经费不足以支持外协检测，尽管该项目很有意义，也不能选择此类研究题目。

（2）主观条件 即指研究人员本身所具有的知识、能力、经验、专长的基础，所掌握的有关该课题的材料等。研究者要具备所选的课题的相关知识，具备邻近学科的相关知识，了解前人对该课题的研究成果。

（3）时机 这是指在选择科研课题时，要注意考虑当前本领域的重点、难点和热点，整体发展趋势和方向。方便面、火腿肠的开发成功，就是把握了好的时机。它出现在人们生活水平提高的年代，符合了人们对生活方便性的要求，所以出现了很好的市场需求。这些食品若在20世纪70年代开发，那时人们尚未解决温饱问题，方便面、火腿肠就不会有今天的发展。

四、食品新产品配方设计

凡食品，均由色泽、香气、口味、形态、营养、安全等诸多因素所组成，组成食品的主要原料、辅料等在食品中的最终含量或相对含量称为食品的配方。配方设计包括了以下几方面内容。

（一）主体指标设计

它包括主体风味指标设计和主体状态指标设计。

风味指标即食品的酸甜咸等指标，如大多数饮料、水果罐头等要求酸甜适口或微甜适口，干型果酒类要求微酸爽口，面包蛋糕等要求微甜或甜味，肉罐头、香肠类熟食制品、酱菜等要求咸味适度，酸辣白菜要酸辣适中、辣酱要辣味和咸味协调等。这些都是产品的主体风味，不能偏离了人们的饮食习惯。

状态指标即食品的组织状态，如澄清型饮料应该澄清透明；浑浊型饮料应该均匀一致不分层；白酒应该是无色透明；面包、蛋糕应该是柔软疏松的；果冻儿应该具有一定的弹性等等。这些状态指标也要符合人们的心理习惯。

（二）主要配方成分设计

配方成分包括主体配方成分、辅助配方成分和特殊配方成分。

1. 主体配方成分

主要是主体风味指标的成分，如甜味、酸味、咸味、辣味等。这些风味成分多数都是人为加入到食品中赋予产品风味的。

2. 辅助配方成分

主要是有关食品的色、香、味的成分，这些成分有的是食品中本身具有的，无须添加，有的是发生损失而补加，有的是这些风味淡薄需要人为加入的。这些成分大都是我们常说的食品添加剂，即色素、香精、味精等。当然味道的调配也包括主体成分指标的风味补充，例如补加甜味剂、酸味剂等，以降低生产成本。

3. 特殊配方成分

主要指品质改良所需的成分，食品保藏所需要的成分，功能食品的功能性成分，特殊人群食品所需要的特殊强化成分等。

如三聚磷酸钠盐系列作为品质改良剂可以使碳酸饮料的泡沫丰富持久；碳酸氢钠作为发泡剂可使发酵面制品松软可口；增稠稳定剂可使浑浊饮料口感稠厚、使冰淇淋状态稳定等。苯甲酸钠和山梨酸钾等可以增加食品的保藏性。具有铁强化功能的食品要有铁成分的填充。婴儿配方奶粉尽可能模仿母乳的构成，调整蛋白质的构成及其他营养素含量，增加婴儿需要的牛磺酸和肉碱等。

4. 配方的表示

配方一般以各配料成分在最终食品总重量中的百分比来表示，如饮料类、酒类等液体状态的产品，因为这些产品可以最后进行定容。但是也有一些产品配方是以各配料成分占食品主要原料总重量的百分比，如香肠、酱牛肉、面包、蛋糕、芝麻糊等等，因为产品不能定容，一般以辅料占主料的百分比来表示了。

若用实际重量来表示食品的配方,则必须有制造的食品的总量,即此配方是多少食品所需。如"每1000kg饮料用"、"配制1000kg饮料需"等。汤料产品的配方则应表明可冲饮的汤的量,固体饮料也要标明冲饮的倍数。

(三) 配方实验

这是配方设计的关键,即通过实验来确定配方的成分。一般中小型食品企业多是由聘请的食品加工技术人员来完成,大型企业可以由研发部来组织技术部门来完成。常用实验方法如下。

1. 单因素试验方法

例如,茶饮料加工中茶叶提取选择浸提时间分别为5min、10min、15min、20min、25min,浸提温度分别为60℃、70℃、80℃、90℃、100℃,茶叶与水的比例分别设定为1:250、1:200、1:150、1:100、1:50,经过对不同组合实验得到的茶汁进行感官评定来确定茶叶浸提的最适浸提温度、最适浸提时间和最佳料水比。

2. 正交试验方法

例如,沙棘果汁饮料加工中,以原汁含量、糖度、酸度、蜂蜜加量作为四个试验因素,其中原汁含量设8%、12%、16%三个水平,糖含量设10%、12%、14%三个水平,酸含量设0.28%、0.31%、0.34%三个水平,蜂蜜添加量设1%、2%、3%三个水平。采用$L_9(3^4)$正交试验设计,以所获得的饮料的感官评分作为评价标准,来确定最佳饮料配方。

五、食品工艺研发设计

食品工艺的设计使食品具有较好的保藏性,各类食品的保藏性要求不同,其工艺也不同,采用的保鲜包装方法也不同。做好食品新产品开发中的工艺设计首先要了解食品的保藏原理,这样才能在其理论指导下开发出新型的食品。

(一) 食品败坏的原因

主要为微生物的因素、化学的因素、物理的因素三类。

(1) 微生物的生长和繁殖,主要是细菌、霉菌、酵母菌引起的败坏。

(2) 食品自身存在的酶及营养成分的变化,由酶或非酶物质引起的各种氧化、还原、分解、合成等化学变化。

(3) 不适当的储存温度,过冷或过热,光、空气、机械压力、时间、水分含量等引起的食品质量变异。

(4) 虫、寄生虫和老鼠的侵袭。

(二) 食品的保藏原理与方法

1. 促生原理

又称生机原理,即保持被保藏食品的生命过程,利用生活着的动物的天然免疫性和植物的抗病性来对抗微生物活动的方法。这是一种维持食品最低生命活动的保藏方法,例如水果、蔬菜类原料的贮藏。

2. 假死原理

又称回生原理,即利用某些物理化学因素抑制所保藏的鲜食品的生命过程及其危害者——微生物的活动,使产品得到保藏的措施。假死原理保存的食品,一旦抑制条件失去,微生物将重新开始活动而危害食品。具体包括以下几种。

(1) 冷冻回生 即将食品中的水分冷冻，微生物不能获得水分而不能活动，酶的作用也被抑制，产品得到保藏。速冻食品是根据这一原理发明的。

(2) 渗透回生 即采用高浓度的糖或盐使食品的渗透压提高，食品中的微生物因为发生反渗透而失去自身的水分被抑制，产品得到保藏。如腌制的咸菜、糖制的果脯等利用的就是渗透回生原理，散装产品就可以放置较长时间。

(3) 干燥回生 即将是食品中的水分排除，微生物不能利用，其活动受到抑制而无法危害食品。如我们晒制的萝卜干、土豆干、豆角干等应用了这一原理。产品可以在常温下放置较长的时间。

3. 有效假死原理

又称不完整生机原理、发酵的原理。即用有益微生物代谢获得的产物来抑制食品中有害微生物的方法，所以也是运用发酵原理进行食品保藏的一种方法。

如酸奶是利用乳酸菌生长中产生的乳酸来抑制其他有害菌的生长。酸泡菜也是利用乳酸菌发酵产生的乳酸赋予产品酸味并抑制其他微生物的制品。各种发酵酒是利用酵母菌代谢产生的酒精来抑制有害微生物制得的各种酒类。正常情况常温下该类食品可保藏6~12个月以上。

应用防腐剂保藏食品的方法，也是利用化学防腐剂杀死或防止食品中微生物的生长和繁殖，使食品得到保藏。但是大量使用化学防腐剂对人体有伤害，化学防腐剂不能单独用来保藏食品，只能和各种保藏原理组合在一起起辅助作用，而且应严格按照国家食品添加剂使用标准来使用，不能超标。

4. 制生原理

又称无生机原理，也叫无菌的原理，它是通过热处理、微波、辐射、过滤等工艺处理食品，使食品中的腐败菌数量减少或消灭到使食品长期保存所允许的最低限度，即停止所保藏食品中的任何生命活动，保证食品安全性的方法。

采用这一原理的如罐藏食品，就是我们常说的罐头，包括硬罐头和软罐头。是将食品经排气、密封、杀菌保存在不受外界微生物污染的容器中的方法，一般可达到长期保存（1~3年）的目的。

例如，水果罐头、蔬菜罐头、肉罐头、鱼罐头、罐装果汁、袋装榨菜等。

六、 食品标签设计要求

广大消费者关注食品质量，可从食品标签上找到食品质量有关的详细信息。食品的标识标志必须符合强制性的国家标准 GB 7718—2004《预包装食品标签通则》的要求，应当在食品包装标签上清晰标注产品名称、执行标准、配料表、净含量、生产日期、保质期、生产厂名和厂址等相关内容。除了这些，部分种类食品还应标注其主要特征指标，例如：饮料的原果汁含量及含糖量、酱油的氨基酸态氮含量、豆奶的蛋白质含量等等。

除单一原料的食品外，其他食品应标有配料或配料表，配料应按其加入的数量大小从多到少依次排列，复合配料已有国家标准的，且加入量低于食量总数25%时，不必将复合配料中的原始配料列出，但其中的食品添加剂必须列出，并使用标准规定名称。

产品的净重是指每一单位包装内所含食品的总重，一般用"克"表示。这里要注意的是有些产品的标注重与生活中我们常说的重是不同的，如我们平时去饭店买水饺时说的一千克水饺，是指一千克面粉包出的水饺，若我们将水饺开发为速冻水饺，每袋一千克，是指袋内水饺的总重是一千克，包含了面粉、馅料以及和面加入的水。同理，还有饭店里的100g面条、100g馒头等都不是实际产品的重，都是所用面粉的重，做出的面条、馒头的实际重都要比这个数值大，因为实际重是含有了和面加入的水分的。

另外，列入食品"QS"管理目录的食品还要标注"QS"标志及其证书编号。有些发酵类食品如酱油、果酒等有酿造和配制类产品的应标明是"酿造"的还是"配制"的。

还有商品的条形码，是指由一组规则排列的条、空及其对应字符组成的标识，用以表示一定的商品信息的符号。条形码供人们直接识读或通过键盘向计算机输入数据，进行结算使用。条形码除了用于结账，还能实现产品的源头追溯。

所有的食品都要有营养标签。就是以营养表格的形式将本产品每100g或每单位包装所含的营养素列出，如能量、碳水化合物、蛋白质、脂肪、维生素C、铁、钙、锌等矿物质，此营养标签供消费者购买时参考。表5-3是某品牌黑加仑果汁饮料的营养标签。

表5-3　黑加仑果汁饮料的营养标签（100g）

项目	含量	项目	含量
碳水化合物	14g	维生素C	78mg
蛋白质	0g	钙	65mg
脂肪	0g	花色苷	42mg

保质期，是指产品在正常条件下的质量保证期限。产品的保质期由生产者提供，标注在限时使用的产品上。在国外有的标注的是最终使用日期，我国标注是生产日期和保质期限。在保质期内，企业对该产品质量符合有关标准或明示担保的质量条件负责，销售者可以放心销售这些产品，消费者可以安全使用。

国家食品主管部门对一些食品的保质期作出了以下规定：

酒类：瓶装普通熟啤酒保质期为2个月，特制啤酒4个月；瓶装葡萄果露酒为半年。

饮料类：果汁汽水、果味汽水、可乐汽水，玻璃瓶装保质期为3个月，罐装6个月；果汁玻璃瓶装6个月。

罐头类：鱼肉禽类罐装、玻璃瓶装保质期2年；果蔬菜类罐装、玻璃瓶装为15个月；油炸干果、番茄酱、铁罐装、玻璃瓶装保质期为1年；马口铁罐装奶粉为1年，玻璃瓶装9个月，500g塑料袋装4个月。

食糖类：饼干马口铁桶装3个月，塑料袋装为2个月，散装为1个月；巧克力、夹心巧克力保质期为3个月，纯巧克力6个月，散装的1个月；调味品类酱油和食用醋为6个月。

在消费购物时，消费者多注意观察食品标签的信息，可以对食品的质量有更多更详细的了解，理智消费，避免不必要的被欺骗和浪费。

七、食品建厂与设备选型

（一）厂址选择的要求

（1）地势要高，平坦且宽阔，便于排污和保持清洁卫生。

（2）应在原料产地的中心。

（3）交通要方便，最好有直通公路、铁路。

（4）要有较好的水源和水质。

（5）能源供应充足，主要是电能及燃料的供应，要有供电干线。

（6）附近无化工、畜禽饲养等污染性工厂，环境条件好。

此外还应考虑地质条件、防洪条件，小型厂还应考虑居民密度等。如在现有停产的厂房内进行果品加工也应按上述要求进行选择，庭院加工也应考虑上述条件选点。

（二）厂区的规划

厂区规划即总平面设计，应合理安排各建筑物及建筑物与其他工程设施的相互位置，主要有生产车间、化验室、办公室、原料及成品库、锅炉房、管线、道路、绿化区、原料处理场地、厕所及垃圾点等。如利用现有厂房或庭院建厂也应按上述设置进行规划。

（三）工艺及厂房设计

工厂规划后先确定产品方案，如水果加工制品的品种、产量，进而确定生产季节和生产班次，大型加工厂常设计成单一的产品，如果汁厂、果酒厂、罐头厂等，中小型厂则可考虑复合式产品方案，即对设备稍加更换即可生产另一种产品。方案确定后进行工艺设计和厂房设计。

一般大型食品加工厂由轻工设计部门承担工艺设计和厂房土建设计，再一并交由建筑部门施工。但中小型食品加工厂及庭院加工常自行设计，一般是由食品加工专业人员会同建筑工程人员共同设计，由食品加工专家提出该产品切实可行的工艺流程、设备选型及所需水、电、气和相应的连接管阀和管线要求，建筑工程人员按要求再进行厂房设计，提出土建要求，设计出图纸后再进行建筑施工。

（四）工厂卫生要求

食品加工厂生产的是食品，产品的卫生指标要达到国家标准的要求，而工厂的卫生状况直接关系到产品的卫生状况，因而工厂的卫生要求贯穿于选址、规划及工艺、厂房设计之中，主要表现在以下几方面。

（1）选址时要避开污染源。如周围不能有屠宰加工厂，果酒厂附近不能有醋加工厂等。

（2）厂区规划时若有锅炉房应建在下风向，垃圾箱及厕所远离生产车间（至少在30米外），建筑物本身应便于清洗消毒，排水明暗沟保持通畅，道路整洁并合理绿化空地。

（3）厂房设计时应保证车间光线充足，通风良好，地面光滑，上下水道畅通，墙壁应贴瓷砖，设有防尘、防蝇和防鼠设备。工艺设计上也应尽量简明，根据工艺特点合理设计，保证卫生要求。

（4）所有加工设备、器具应使用不锈钢、搪瓷或塑料制品。

（5）生产车间应定期消毒，可由食品加工专业人员根据工艺要求确定消毒药品及消毒方式，对车间、设备及所有使用器具进行消毒处理。

（6）生产人员身体要健康、卫生，应有防疫部门颁发的健康证。

第五节　食品新产品的包装和定价

俗话说："人靠衣装马靠鞍"。包装在市场营销中，实为强而有力的武器。广义的包装设计，是包括产品形象的建立。设计除了力求方便、变化及有趣等机能外，在视觉表现上，亦可传达强而有力的产品概念、内容、风俗及质感。

而一种新产品，顾客决定买与不买，主要还是考虑商品价值与商品价格的关系，得到的好处与付出金额的关系。当顾客认为商品的价值等于商品的价格时就会犹豫、彷徨。企业经营的基本原则就是：商品价值＞商品价格＞商品的成本。

一、食品新产品的包装

杰出的包装设计，能够在陈列架上散发不同凡响的美丽，让消费者"动心"。因此，各企业为了包装产品，投入大量财力、人力；包装学在国外已成为专门的学科、行业，国内现在也开始注重包装的作用、地位，不少专业包装公司也已创立。

（一）食品包装的作用

对生产厂商来说，包装起到保护产品，协助传达产品的属性与形象的作用。对零售业与服务业，包装是指建筑设施及产品，服务分销的内外环境，协助传达企业的属性与形象。

对于产品本身来说，包装的作用主要有：保护产品，便于储存和运输；创造产品的知名度；传达产品属性定位与企业形象；美观直观；与其他商品产生差异；创造性地解决营销问题。

（二）包装设计与制作

包装设计已成为一种专业，并已有专门机构承担。但许多企业仍自行设计包装。

包装设计中要采取先进的包装技术和适当的包装艺术，但技术和艺术都必须服务于商品的特点和经济原则。包装的大小形态设计要考虑顾客方便与购买习惯，使用与携带条件，储存与摆设，运输的便利及美观、注目等。

营销人员应考虑产品包装的原则是：应能吸引顾客注意力；具有实际应用价值；视觉表现力强。

包装艺术设计包括四大因素：品牌标签设计、形状设计、颜色设计、插图设计。

包装的设计要突出新鲜感、高贵感、艺术感、直观感、信任感、亲切感。

设计本身是一种创作过程，进行包装设计的过程如下。

1. 包装的市场研究

（1）消费者方面　研究消费者的购买动机、每次的使用量及使用次数，同时也要了解用场合及使用方式。此外，也要研究消费者对此类型包装的基本概念。消费者往往会习惯地认为同一类型的产品包装，内容物应该相似，价格也应该移植。例如，某利乐包果汁饮料以10元左右的价格为主，如果我们推出15元左右的高级饮料，消费者会因包装的关系，而觉得不值15元，甚至不能接受。

（2）贩卖场所及其陈列效果　引人注目的包装设计有POP（卖场广告）及促进销售的功能。不过贩卖场所货架的高低及陈列方式，会影响其展售效果。同时，货架的色彩及灯光亦是影响包装设计的重要因素。

（3）竞争对手的包装系列规则　包装设计造型（例如可口可乐瓶装型）、色彩及表现质材，均会影响消费者的购买欲。方便面包装在大众的印象中，颜色不外乎几种：红、黄、绿、橙。除了看品牌的知名度，在包装上几乎没有什么可比性。五谷道场系列方便面的上市颠覆了这一类型产品的用色习惯，大胆的使用黑、白相配，成功地吸引了消费者的目光。

2. 包装结构及制作方式

除了市场性的研究之外，有必要进一步研究使用的包装材料、结构及印刷。

（1）包装机能性及结构性　为了保护产品及方便消费者使用，应从消费者角度思考包装使用的材料及机能的设计。例如，同样的果冻，使用包装材料却有很多种，有不同的塑胶材料、铝罐、铝箔与塑胶材料的合成罐，又有透明的及不透明的材料。

（2）充填/包装的方式　目前充填/包装方式可采用自动化的设备及设计。不过此方式需要相当的投资，同时不易变更。若考虑采用纸盒包装，则要设法使包装不占空间，同时容易折叠且不费力，才能合乎生产效率及成本。以前大部分肠类产品都是香肠本身外加一层塑封，或者几个一组加一个塑料方形外包装，缺乏自己的个性，很难在众多产品中跳出来。而龙大食品集团福吉源火腿推出了像面包包装一样的扎口塑封，因此从同类产品中脱颖而出，它赢在包装形式上。

（3）印刷条件及效果　印刷条件及效果已经涉及到商品概念的延伸问题，基本上应能满足市场上基本的需求及竞争条件。假使这个过程有"创新"的构思，更有把握取得市场的竞争优势。色彩在食品包装设计中有着相对固定的应用规则；如表现草莓口味，颜色用玫瑰红色系；表现巧克力口味，就用褐色系等等。如果不遵循这一规则，就很难达到人们心理上的认可和共鸣。

（4）包装材料的选择　在包装材质本身的形象方面，消费者常以包装的材料来判定产品的价值。例如，同样的饮料，分别放在玻璃瓶、铝罐及利乐包之中，其价值感却大有不同。

3. 商品形象的规划及塑造

（1）商品概念的表现及延伸　一方面在包装设计上得到销售对象的认同；另一方面需要考虑到未来商品概念的延伸问题。商品概念直接影响品牌产品在消费者心目中的价值观。

（2）若自己产品本身十分具有特色时，不妨在包装上直接表现产品的特色。例如每逢佳节送礼物时，消费者为了表示其诚意与真心，礼盒的形象往往超脱产品的形象，而形成另外的风格。

（3）设计理念也就是设计创作方针，或称之为包装表现的基本概念。其中包括：诉求对象及其对产品的动机、使用场合；商品特色、市场的发展阶段、竞争状况等；整体设计所掌握的风格、味道，即所谓的调子。

4. 包装设计创作

（1）掌握设计理念，找寻不同的素材及构想　用"头脑风暴法"收集来自不同角度的看法和构想。

（2）尝试在表现中给予命名或主题　例如，以"田园热情的水果"、"水果的变奏曲"等命名或主题，表现一个鲜明的"意象"，给产品活跃的生命力。

（3）以关键语来掌握表现素材　一方面可以用关键语做设计思考的延伸，另一方面，也用关键语锁定表现的方向。有些产品，如饮料、酱料等，无法直接体现产品，它们则运用体现原料或与此产品可搭配的食物的形象来表现。如奶油，画面中出现的是面包和奶油的共同形象。

5. 喜好程度的研究

（1）公司内部与创作者本身内部的评审　创作（设计）人员可能在三个方向上，利用不同的素材及表现方式，创造出3～5种非常鲜明的主题，以供选择。此时，营销人员再把市场的状况，以及当初设定的方向做一次考核。

（2）卖场及消费者喜好程度调查　通过卖场直接做商品包装陈列的比较，并从消费者购买过程研究包装设计的特色。例如，是否引起消费者注意？是否看了就喜欢？是否将产品或品牌的特色清楚地传达出来？

有些调查方式则是摆在消费者使用的场合，测试其保存方式、使用次数，以及是否方便等，此方式比较偏向机能性设计的调查，当然，也可使用消费者座谈会，请消费者提供使用的习惯、选择的标准及对包装设计的喜好。

包装设计是商品一生的广告，自然也成生活文化的一部分，从商品包装、名人包装、商店包装、市镇包装到国家包装（例如，世界博览会国家馆的包装），都必须表现出自己的特色及风格，而且广受大众瞩目及欢迎，才称得上是成功的包装设计。

（三）包装策略

包装策略是包装设计的指导思想和评价原则。企业可以根据商品、商场与销储运等特点，选择一种或几种包装设计。

（1）创新包装策略　指包装方面采用新技术、新思想、新设计，是指体现时代变化，引起新鲜。

（2）类似包装策略　企业产品采用大同小异的同类包装，适合于质量相近的产品群。

（3）配套包装策略　就是人们在生活中有关联的商品配套组合在统一包装物中，便于消费者使用方便。

（4）等级性包装策略　即按照商品价值等级进行包装，分出高、中、低档，精、平、简装，以适应不同的消费档次需要。

（5）容量不同的包装策略　即根据消费者的使用习惯，按产品重量、份量、数量，设计不同的包装。

（6）性别倾向性包装策略　女性使用的产品包装应具有女性的特点，一般设计得要清秀、美丽、淡雅，如含情公主饮料；男性使用的商品包装则应根据产品特点表现出粗犷、强劲、庄重、有力，如含情王子饮料。

（7）年龄差别包装策略　如儿童用品要活泼生动、色彩浓烈；少年用品突出知识性、趣味性；青年用品富于变化、多姿多彩；成年用品素洁淡雅、端庄大方；老年用品质朴沉稳等等。

（8）附赠品包装策略　指在包装中附赠玩具、图片等实物或奖券、祝福卡之类，以吸引顾客。

二、食品新产品的定价

企业开发新产品，必须强调技术经济统一的观念，既要防止搞技术的人单纯追求新产品在技术上的先进，而忽视新产品的成本，也要防止搞经济工作的人，片面强调降低新产品的成本，而轻视新产品对先进技术的采用。在食品的销售中，80％的顾客是临时决定购买某品牌商品的，而价格又是主要的选购因素。

（一）影响价格的因素

1. 生产成本是影响价格的主要因素，对生产者来说，由以下组成：

（1）生产产品的原材料费用，包括食品的包装费用；

（2）生产费用，包括工资、水电等；

（3）流通费用及营销费用；

（4）企业管理费用；

2. 零售商的产品成本，取决于下列因素：

（1）产品购进价格；

(2) 固定资本费用分摊；

(3) 销售费用；

(4) 某些情况下的订货及送货费用。

（二）新产品的定价原则

作为快速消费品，食品新产品的市场定价遵循着如下的规律。

1. 市场终端零售价逆推原则

一般快速消费品新产品上市时都会比照竞争性品牌，或者替代性竞争品牌首先确定产品的终端零售价格，然后根据市场终端零售价格进行市场逆推。

2. 专卖渠道的新产品上市定价

由于专卖渠道的新产品遵循系统定价原则，因此，一般会选择撇脂定价原则，如江西汪氏蜜蜂园产品采取专卖渠道进行市场定价，所以这种渠道的新产品由于具有相对封闭的价格系统，其新产品定价选择高撇脂策略。

3. 瞄准"目标"消费者定价

要使该商品的样式、颜色、使用方法等，符合目标群体的性别、年龄、阶层、居住方式、职业特点等，根据目标人群特点定价。

4. 利用价格价值关系定价

新产品定价不能只用成本加利税等于价格的方法，干了再算，而是要根据价格小于价值的关系，定下框框后来开发，要算了再干。在新产品开发中还要随时计算突破框框没有，如果突破了，要考虑如何在保证质量、性能的前提下，缩短工艺过程，节约工时，减少材料消耗，以廉价的原材料替代昂贵的原材料，力求降低成本，使新产品以合理的价格投放市场。价格合理投入市场才能迎合消费者。

5. 以同类产品作参考或调查顾客心理定价

便宜不等于畅销，贵于同类商品的也不一定就不畅销，关键还是看价值和价格的关系。如质量优越、投放市场，仍旧畅销。

（三）常见的新产品定价策略

1. 高价策略

这种策略又称为撇脂价格策略。这是厂商对其效能高、质量优的新产品所采取的一种策略。有的企业把一部分收入高的阶层消费者作为它的目标顾客群，利用高收入阶层愿意比别人支付更高价格，购买对其有很大现实价值的产品这一情况，制定一个比较高的价格，以获得高额利润，待满足了高收入阶层的需求之后，再逐步降低销价。如某锅巴开始上市时每300g价格为2.0元，后逐步降为1.6元。

2. 低价渗透策略

低价渗透策略，也就是把商品价格定在相对较低的水平上，以便新产品迅速进入市场，取得在市场上的主动权，以获取长期水平上利润最大化。

3. 中间路线策略

中间路线策略又称为满意价格策略，是指企业将产品价格定在高价和低价之间，兼顾生产者和消费者利益，使两者都能得到满意的价格策略。实行这一策略的宗旨是在长期稳定的增长中，获取平均利润。因此这一策略为广大企业所重视。

（四）定价的方法及注意的问题

(1) 在制定定价计划之前，回顾定价的问题与机会及整体营销策略。

(2) 密切注意竞争者的动向，和竞争者的价格常做比较。

(3) 定价务必要有弹性，视竞争压力及营销环境的变化，适当调整定价，并把价格当做完成营销策略的一种工具。

(4) 利用定价完成产品的定位。

(5) 产品定价要为消费者提供主要价值。

(6) 决定产品售价时，必须深入了解成本。

(7) 确保定价政策符合法律规定。

定价中应注意的问题：①定价不能一成不变；②在尚未确定定价对销售、利润的影响及公司补偿变动及固定成本的能力之前，不宜制定价格；③别害怕使用"价格"工具达成其他营销目标，如用低价政策吸引消费者使用产品等；④采用弹性定价时，确保潜在购买者不致因价格经常改变而感到无所适从；⑤面对竞争，不宜过度反应；⑥已经有竞争力的价格不宜再降低，应将重点放在提高产品质量上或提供附加值上。

思考题

1. 你认为新产品开发过程中，哪个环节最重要？
2. 市场调查中的访问法如何操作？
3. 人体工学在食品新产品开发中有何意义？
4. 食品新产品开发应如何选题？
5. 食品新产品的配方与定价是否有关系？为什么？
6. 食品的包装与工艺、设备和定价是否有关系？为什么？

第六章 食品新产品开发的创造技法

在瞬息万变的当今世界上，各国的技术竞争十分的激烈。曾一度称霸世界的美国汽车行业，由于没有及时适应社会的需求改型换代生产小型汽车，而被日本汽车产业击败。欧洲各国对微电子技术的迅速发展不够适应，市场几乎被美、日等国所垄断。我国由于受长期的小生产的生产方式和封建保守观念的影响，以及社会主义市场经济不发达，许多企业生产的产品几十年一贯制，消费者看到的总是一个面孔，久而久之，也形成了一种适应不变产品的使用习惯，这给沉闷的销售网增添了更大的保守倾向。

对外开放政策的实施，使国内一潭死水式的落后状态受到了冲击，外来技术和产品极大地改变了人们的视觉习惯和消费习惯。随着改革的深入，社会主义市场经济的必然发展，也将带来更激烈的企业之间的竞争。竞争集中体现在新产品、新的生产方法、新的销售途径、新的供应源、新的生产组织形式的竞争。其中，产品的更新换代是最为主要的。企业如何改革自己的产品呢？改进一个产品从何入手呢？

创造是技术开发的灵魂。在众多的技术开发项目中，为什么有的成功，取得了可观的经济效益，促进了社会发展，而有的却失败了，形成不了生产力。其中很重要的一个原因就是，是否正确运用了创新的方法。掌握了发明方法学，就可以提高创造发明者的创造能力。

无数创造发明的事实表明："工欲善其事，必先利其器"，只有思维对路，创造发明技法得当，才会收到事半功倍的效果，反之欲速则不达。创造技法是创造学家根据创造性思维发展规律和大量成功的创造与创新的实例总结出来的一些原理、技巧和方法，它的应用既可直接产生创造、创新成果，同时也可启发人的创新思维，可以提高人们的创造力、创新能力和创造、创新成果的实现。

第一节 创造技法应用的原理和原则

一、创造技法应用的原理

1. 激励原理

激励的核心是求新、求奇、求异。目的一是让创新者克服心理惯性，使其跳出熟悉的事物领域，摆脱习惯性思路的束缚。二是充分发挥想象力，使其思路大幅度辗转跳跃，从而在更广阔的空间搜寻设想方案。寻觅有效的、独特性的激励方式是创新技法的前提性内涵。人的创新潜能，往往需要唤醒，需要"触媒"，需要"煽动"，才能活跃起来，才能有可能挤入创新过程，显化其能量。激励手段高明与否，一个重要标志是引导兴趣。就是对某种创新目标的兴趣。

2. 希望原理

希望是一种引燃创意的火种，创新是它引起的潜能爆发。由于希望需要创新者从美好的意愿出发提出各种设想,所以它必须大胆而新颖地构思,很少或完全不受已有物品的束缚,为此,人们就要有更大的创新性。

市场上许多新产品都是根据人们的"希望"研制出来的,人们希望伞可以放进提包,有人就发明了折叠伞;人们希望夜间开门能找出钥匙来,有人就发明了带电珠的钥匙圈;人们希望能省力地将重物搬上楼,有人就发明了能爬楼梯的小车等。从广义上来说,古今中外的许多重大发明创造,也都是根据人们的"希望",经过努力而变为现实的。

3. 组合原理

组合是指两种以上事物或产品的要素的组合,包括功能组合、功能引申、功能渗透、工序组合等等。组合与综合不同,组合是事物整体或部分的叠加。组合很容易导致创造发明,组合也能导致重大的创造发明。浙江永康县创造的生态住宅,地下沼气池,底层副业用房,二层生活用房,三层文化用房,房顶菜园,使生活和农副业、能源、环境保护、农村建房用地高效利用。和谐地融合于一体。

4. 比较原理

从比较中萌生的构思、创见,基质往往比较雄厚,立论往往比较扎实,验证往往比较现实,效果往往比较醒目。

比较与替换是一个原理的两方面。替换一是寻找替代物。通过比较能寻找到更好、更省的替代品,则本身即是一种创新,像代用材料、代用零件、代用方法等均属此类。

替换的另一种含义,是指人们在创新过程中,通过比较往往要用一事物代替另一事物,通过对代替事物的研究来解决被代事物的问题,从而使要解决的矛盾集中化、明朗化,便于人们思路的发挥。例如,许多科学领域(地质,建筑工程等)中常用的模拟实验,实际上就是一种替换。

5. 联想原理

联想就是扩大人脑固有的思维,以此来收集更多的创造性设想。一个人对联想原理理解的程度,将决定他联想能力的大小,以及他使用联想技法的作用。

联想包括相似联想、结构联想、自由联想、强制联想和接近联想。食品研发上应用较多的是自由联想,例如从碗装方便面想到碗装的皮蛋瘦肉粥,从粥想到冻干的方便粥,想到冻干牛肉,冻干米饭,水果能做酒,酒可以做醋等。

联想,不是胡思乱想,而是抓住事物的联系所进行的认真思考,在联想上一定要有打破砂锅问到底的精神,联想的范围越大,深度越深,对创新能力的开掘越有益。

6. 还原原理

任何创新过程都具其创新的原点和起点。创新的原点是唯一的,而创新的起点则可以很多。创新的原点可以作为创新的起点,并深入追索到它的创新原点,再从创新的原点出发寻找各种门路,用新的思想、新的技术重新创新该事物,从原点去解决问题,或者说是回到根本上去抓其关键,这就是创新的还原原理。

比如,要想发明洗衣机,最初人们一定会想到手搓、洗衣板、棒槌等;要想发明打火机,也会受火柴盒形状、大小、结构等"先入为主"(或叫做固定框框)的影响。按照还原原理,就要从中首先抽象出问题的关键所在(即所谓追索到创新的"原点"上,或者叫回到根本上去抓关键),所以有人也将其称为抽象原理。比如仍以火柴为例,火柴盒有大有小,也可有各种不同的形状,火柴棒可长可短,但是,无论火柴盒与火柴棒如何变化,火柴的功能就是通过摩擦而发火,这就是火柴的本质所在。于是,把"发火"抽象出来作为原点,就可以从摩擦发火进一步引申（发散）为各种可燃性气体发火、电火花打火及不同的液体燃烧发火等，这样比较容易突破现有火柴的桎梏、开阔创新者的思想，以致发明各种类型的打火机。

7. 迂回原理

迂回是一种非直线性思维方式，是宇观思维的基点，大至宇宙小至原子，其运动性状皆基于弯曲。创新发明活动在很多情况下会遇到棘手的难题，这时一方面要鼓励人们开动脑筋、苦苦探索，但另一方面又主张在必要时不妨暂且停止在这个问题上的僵持，或转入下一步行动，不在这个问题本身上去钻牛角尖，当解决了其他问题后，这个难题或许就迎刃而解了。

海王星的发现即为一例。过去人们根据种种迹象判断，在天王星之外一定还有一颗行星，但经过世界上天文学家们的长期观察、探寻，却一直没有发现。后来科学家们暂时避开直接搜索，转入到进行计算该未知行星的轨道，求得了它的轨道参数。根据这些参数，反过来人们很快便发现了这颗新星。在数学上设 X 为未知数解方程，通过一系列"迂回"运算，最终解出 X 值，也是这一原理的应用。

8. 综合原理

综合，包括信息综合和创意综合（即可以引发认识飞跃或重大创新的综合），也包括上述两种综合的综合，即再综合。可见，所谓综合，不是创新对象各个构成要素的简单相加，而是综合其各个构成要素中的可取部分，使得综合后的整体具有创新的特征。

综合是在科学分析的基础上进行的。大量事实足以说明，综合就是创造。综合依据不同的科学原理，可以创造出新原理，如综合万有引力理论与侠义相对论，就形成广义相对论。综合已有的事实材料，可以发现新规律，如元素周期律的发现。综合已有的不同科学方法，可以创造出新方法。很显然，综合可以使人的认识实现从个别到一般的转化，获得更具有普遍意义的新成果。

9. 移植原理

移植是将某个领域的原理、技术、方法、材料和结构引向另一个领域的思考方式。移植原理就是把一个研究对象的概念、原理和方法等运用于其他研究对象之中。最明显的成功的例子，如利用伞的开启原理制成可以开启、便于收藏的桌罩、婴儿蚊帐，等等。移植大多要以类比为前提，类比的特征越接近于事物的本质，则移植成功的可能性就越大。

移植原理又可分为直接移植与间接移植。直接移植是将一个对象的概念、原理或方法直接运用于另一个对象之中。间接移植则是经过适当的加工、改造后，再搬入到另一个领域中。在 20 世纪 60 年代后期兴起的"仿生学"中，其许多做法，就是根据间接移植原理形成的。

10. 稽核原理

稽核是围绕既有事物和定型产品提出各种问题以及改进的方案，是更新事物和获得新产品的技巧，其表现形式是设问。它包括：杂交和分离、颠倒和逆向、转换和重新调整、简化和强化、放大和缩小、增添和减轻、加厚和变薄。食品上比较常用的是强化，如铁强化酱油、强化钙的乳粉等各种强化食品。

11. 环境原理

环境包含着以精神状态为标志的内在环境，又包含着个体赖以生存的外在环境。内外环境的创造性的统一，也使得创造者置身于精神和谐、行为自如、主体活跃、意识状态宽松的环境中时，各种刺激源就有希望化为激发创意和新思维的"情报"，便有望"获得扩大创造方向"。

二、创造技法应用的原则

通过各种创新技法的实施，人们的头脑中最终就会形成一个新颖的构思，这时就应该有意识地进行酝酿、判断和改进，为通向最终的创新成果作出努力。为此，下面的一些原则在创新过程中必须加以考虑。

1. 不违背科学技术原理原则

任何违背科学技术原理的创新都不会成功，这方面的例子以永动机的"发明"最典型。在遵循科学技术原理方面应该注意：

（1）要对自己的设想进行科学技术上的核查与分析；

（2）除了要检查设想是否违反科学技术原理之外，还应认真考虑它能否达到预期的性能；

（3）还应考虑创新物在制造过程中是否存在特殊困难；

（4）要慎重考虑创新物品是否有实用价值。

2. 市场评价原则

只要符合科学技术原理，一项创新制品通常是可以制造出来的，但仅此也并不意味着成功。创新必须有突出的实用性，因此还必须经受住市场的严峻考验。

对创新进行评价的另一类方式是鉴定会、展览会和评奖活动。但由于扩大市场的需求和消费者的偏好，有时很难有少数人做出准确判断，因此获奖的发明却无销路的现象也是屡见不鲜。

一般说，要求该创新成果的使用价值超过其出售价格。对于一般工程技术人员来说，估计一种新产品的成本及出售价格并不十分困难，但估计一项新成果的使用价值常常是十分困难得事。使用价值一般从如下几方面进行估价：①该成果解决的问题是否迫切；②该成果是否容易使用；③是否耐用可靠；④该成果是否令人喜欢。

3. 相对优化原则

如前所述，有时要直接估计一项成果的使用价值是十分困难的，因此人们常常采用比较法进行估计。

4. 机理简单原则

机理简单与否是判断一项创新成果能不能获得成功的另一项原则。一般来说，要达到同样的功能，设计一种机理简单的装置要比设计复杂装置困难得多。人们常说，科学的美在于它的公式的精炼。

5. 构思独特原则

成功的发明家往往出奇制胜，他们常常以不同于一般的方式提出一些奇特的设想，使其成果具有突出的实际效果。出色的成果往往具有独特的构思，但独特的构思却不一定能构成出色的成果。

6. 不轻易否认和不简单比较原则

在判断各种创造性设想方案时，应该注意避免轻易否定的倾向。我们知道，在飞机发明以前，科学界曾从理论上进行了否定的论证；过去也许有人断言，无线电波不可能沿地面传播，因而不能成为通讯手段。显然，不恰当的否定，是由于人们运用了错误的理论，或是错误地使用了理论,或是超越了理论使用范围所致,但更多的是人们武断地规定了某项发明的技术细节却又证明这种技术不可能达到。

实际上,只有当任何技术细节和实现方式都不可能影响论证的结果时,理论的否定性论证才是有效的。

为了避免轻易否定倾向,还应注意不能简单比较的原则。该原则的意思是不同的技术在原则上是不能简单比较其优劣的。不同技术不能简单比较的特点,带来一些相关技术在市场上共存的局面,这说明技术具有不排他的性质。

总之,我们在尽量避免盲目过高地估计自己设想的同时,也要注意珍惜它们,因此判断和否定是很容易的,最难得的却是闪耀着智慧火花的新思想。

三、 正确运用创造技法

学习创造技法是开发创造力的重要方面。过去,人们在还未有意识地掌握创造技法之前,往往是不自觉地或不知不觉地应用了若干创造方法。相比之下,有目的地、自觉地、熟练而准确地应用各种创造技法,无疑会加大创造发明的可能、提高创造发明的效率。

创造技法具有驾驭知识的作用、促进才能发挥的作用。而每一种创造技法只提供了一个大概的框架结构或模型,因而在具体应用中几乎不存在一个万宝全书式的典范,关键是要具体问题具体对待。各类创造技法往往各有其适用的条件,因此应注意根据创造对象选择技法,根据不同的对象选用不同的技法。创造技法不能靠死记硬背、生搬硬套。

创造技法的运用,在某种程度上要靠悟性。悟性是一种高智能的理解力,又是一种智慧型的穿透力。我们在创造技法的运用中,应当培养独立思考的能力,要有自己的情感体验,要从"知"上升到"悟",才能视人之未觉,想人之未思,创人之未有,发人之未明。用同样的方法解决同一个问题,不同的人,结果可能大相径庭。

创造技法的核心,就是要冲破传统方法的束缚,冲破形式逻辑的思维边界,调动直觉,驰骋想象,捕捉灵感,在自由自在中创造。因此要明确"创造有法无定法","万法自在我心中"。特别不能把创造技法当作一成不变、包能创造的"信条",这种"信条"对于创造是没有任何积极作用的。一种技法不够,可用两种技法;两种还不够,还可将多种技法穿插、搭配使用。

自然界在不断地进化着,社会在不停地向前发展着,人类的认识也在逐步深化着。新的现象、新的规律、新的事物也就在这进化、发展、深化的过程中不断涌现出来。因此,已有的创造技法可能无法适应新形势的需要,这就需要创新。另一方面,根据创造学的基本原理,多次运用同一种方法,会使人们形成思维惯性,从而成为创造的障碍。因此,这也需要对创造技法进行创新。

对创造技法的创新包括两种方式。一种是将已有的创造技法运用于新的专业领域和新的创造问题;另一种是根据创造问题的需要,创造新的创造技法。

创造技法很多,本书只能重点介绍一些常用的技法,供读者学习和借鉴。

第二节 智力激励法

智力激励法,又称为"头脑风暴法",是创造技法的母法。

在创造思维工程中,创新动因和联想是产生新设想的两个主要方面,动因必须达到一定强度才能产生创造，联想需要良好的知识基础和丰富的信息刺激才能宽广和灵活。智力激励法是基于这种思想的一种强化动因和创造联想条件，从而产生大量设想的创造技法。在世界范围内广泛运用的数百种创造技法中，智力激励法被认为是一种最基本、最重要的创造技法。它不仅作为一种独立的创造技法广为运用，而且还经常作为许多其他技法的组成部分，而这一方法的基本特点、实施程序及原则、要求并不复杂。

这一方法是美国人奥斯本在1938年首创的，它是以专题讨论会的形式，通过发散思维进行信息催化，激发大量创造性设想，形成综合创造力的一种集体创造方法。将其称为"智力激励法"的原意是指精神病人的胡思乱想。奥斯本借用来转其意为思维自由奔驰，打破常规，创造性的思考问题，创新设想"一个接一个"地涌出，所以称为"头脑风暴法"。

奥斯本创建此法最初是用在广告的创造性设计活动中，取得了很大成功。后经本人不断改进，终于成为在世界范围内应用最广泛、最普及的创造技法。在技术革新、管理革新、社会问题的处理、预测、规划等许多领域获得应用。

一、奥斯本智力激励法的程序

该技法程序分为：准备、"预热"、明确问题、联想畅谈、评价筛选、对设想的加工整理六个阶段。

（一）准备阶段

此阶段应在会前进行，主要有三项工作。

1. 确定会议主持人

主持人应熟悉此技法，具有一定的组织能力，熟悉创新思维的有关知识和创造技法。

2. 对问题详加以研究和分析

如果主持人不是问题的提出者，则他首先必须与问题的提出者一道对所要创新解决的问题进行详细的分析，以弄清问题的实质和关键，并确定此问题属于何种类型、是否适宜采用智力激励法来解决。如果经过分析，该问题不适宜采用智力激励法，则向问题提出者说明原委，以另寻他途。

此外，该法的另一个特点，是它适宜解决比较单一、明确的问题。因此，如果问题比较复杂，即涉及面很广或本身包含的因素过多，就必须根据简单化的原则，把比较复杂和笼统的问题分解成若干单一、具体的子问题，通过几次会议逐一解决。

奥斯本还主张，主持人在会前准备好几条解决问题的设想。当然，这并不是要他在会议一开始就提出自己的设想，而只是一旦在会议上人们再提不出什么设想时才提出来以启发的大家。

3. 根据问题的性质挑选参加会议的合适人选

（1）小组的规模　参加会的人数不宜过多，一般以不超过10人为宜。人过多，一个人在会上充分发表自己意见的机会就少，在这种情况下，会场特别容易为那些善于辞令的人所垄断，而那些不善言谈的人们只好保持缄默，但参加人数也决不要少于5人，如果人数过少，势必造成知识面的狭窄，不利于问题的解决，这就失去了借助集体力量的初衷。同时，虽然普遍发言的机会增加了，然而为了不致出现冷场的现象，势必就要像走马灯式地轮番发言，而没有足够的思考和联想的时间，这样是很难产生出高质量的独创性构想。

但是，也有人认为参加的人多些也无妨。只要主持人有能力驾驭它就行，而且实践中也不乏有些超大规模的"小组"应用智力激励法取得成功的例子。然而一般来说，还是以人数较少的所谓"面对面小组"为好。

（2）人员构成　毫无疑问，应该保证大多数与会者都是精通该问题或问题某一方面的专家、内行。但这并不排除吸收个别"门外汉"参加，因为这样的人往往没有任何条条框框的束缚，有时反而容易提出些意想不到的绝妙构想。当然，这里所说的门外汉显然是有条件的，是指那些对所要解决的问题可能知之不多，但在其他专业或知识领域内却知之甚多堪称行家的思想敏锐的人，而绝不是指那种孤陋寡闻、一无所长的人。而且说到底，究竟能否选择"门外汉"参加会议，还取决于能否深入浅出地向他们解释清楚问题（尤其是技术方面的问题）的实质并能为他们所理解。

（3）人员的知识多样性和等级的同一性问题　前者的意思是说，凡是问题有可能涉及到的专业和知识领域，都要有对之擅长的人参加，这是为解决问题所必须的基本条件。所谓等级的同一性，则是说与会者的知识水准、职务、级别等应尽可能大致相同，否则，不仅会上的气氛难以做到融洽和谐，而且也保证不了人人都能毫无保留地畅所欲言。

知识水平、职务和资历等较高者往往容易有意无意地强行别人尊重和顺从自己的意见，不屑于倾听和吸取别人设想中的合理内核和创造性因素；知识水平、职务和资历等较低者，或容易在心理上产生自卑感，不敢"自由地"提出设想，唯恐自己说什么愚蠢而荒诞的主意而遭到前者的耻笑和奚落，或者因自己不能受到平等的对待而感到很压抑而愤愤不平，进而索性采取消极敷衍的态度。这些显然都会阻碍创造性的发挥。当然，这一条件也不是绝对的，只是说在可能的情况下应给予适当的考虑。而且，上述各种消极现象也并非必然发生。如果辅之以适当的规定，再加上主持者领导有方，这些现象是完全可以避免的。

（4）还应该注意尽量选择有实践经验的人参加　如果选的与会人员都不知道"智力激励法"为何物，或者大多数人以前从未参加过创造技法讨论的会议，就需要事先从方法上对他们进行认真的培训。若只是个别人未参加过，则只要向他们简要地说明一下会议如何开法就可以了，他们一般都能在会议进行过程中逐渐适应并掌握这种方法的技巧。

奥斯本还主张，一旦与会人员确定后，应提前数天向被邀请者发出请柬，请柬上须注明会议的日期和地点、要解决的问题，并附有上几个解决这一问题的设想实例，目的是让与会者预先做些准备。

（二）"热身"阶段

"热身"一词是体育竞技上的术语，为使正式比赛时能充分发挥自己的技术、战术水平，在此之前常常要通过一系列的热身赛来演练和检验自己所做的准备，并逐渐使自己能够处于最佳的竞技状态。人的大脑这部机器不是一下子就可发动起来并立即高度紧张运转的，每个与会者思想自由驰骋、任意遐想、畅所欲言的状态也不是一下子就可形成的。这都需要一个"升温"的过程，逐渐强化的过程。何况，按约定时间来参加畅谈的人，有的可能刚刚放下手头的工作，可能脑子里还在想着各自的工作。因此，安排这一阶段的用意之一，就是为了使他们暂时忘记个人的工作或私事，集中全部精力，一心一意开好畅谈会。用意之二，便是促进与会者的大脑开动起来，并初步形成一种紧张、热烈而又轻松愉快的气氛，以使得畅谈阶段开始时，与会者能迅即"进入角色"，大脑能处在极度兴奋、活跃的高潮状态。

"热身"的时间不需要很长，只要几分钟就可以。具体做法是：会议主持人宣布和说明会议规则之后，随便提出一两个与所需解决的问题毫无关联的小问题，促使与会者积极思考并展开热烈的讨论。例如，"请说出回形针都能派什么用场？"等。问题即使离奇荒诞一些也没有关系，如"一夜酣睡之后，如果发现你周围的人都只有原来的一半高了该怎么办？"等。

（三）明确和重新表述问题

主持人在介绍所要解决的问题时，务必掌握这样一个原则，即只向与会者提供有关问题的最低数量的信息，切忌将背景材料介绍过多，尤其不能把自己预先考虑的初步设想也和盘托出。"最低数量"这一点极为重要，因为对于内行来说，介绍的材料过多特别是说出主持人预先想好的设想，不仅无助于启发他们的思维，反而容易形成种种条条框框，容易将与会的思想引导到主持人暗示的特定轨道上来，从而不可避免地就要影响与会者思路的多样性和广泛性。

有鉴于此，所以有的创造工程学者对于事先告知与会者要解决的问题尤其是在请柬上附有几条设想的做法，大不以为然，这是有一定道理的。在明确问题之后，可让与会者简单讨论一下，目的在于看一看对问题的理解是否一致和正确。在问题提出者确认全体与会者对问题没有误解后，即可转入下一阶段。

所谓重新表述问题，即是改变对问题的表达方式。这一阶段既是对问题实质加深理解的过程，也是朝着解决问题迈出的关键一步。它首先要求把问题掰开揉碎地进行仔细地分析，看看问题到底有多少个不同的方面，然后对每一个方面都用"怎样……"的句式来表述它。这样做的目的是开阔思路，以避免问题的某一方面被遗漏。例如，假如会议要解决的是如何增加某白酒生产企业的营业额问题，经过一番认真考虑之后，对此问题则可重新表述如下：

1. 怎样降低销售成本？
2. 怎样赢得更多的顾客？
3. 怎样战胜竞争者？
4. 怎样劝说顾客多买些产品？
5. 怎样使那些犹豫不定的顾客下定购物的决心？
6. 橱窗、货架和柜台内的商品怎样陈列才更能招来顾客和方便顾客挑选？
7. 怎样鼓动顾客多买些高档白酒？
8. 怎样才能使顾客愿意经常光顾该厂产品，等等？

所有这些重新表述形式，都应由主持人或书记员写下来，顺次编上序号，并置于醒目的地方，要让全体与会者都能清楚地看到，以利于他们随时针对这些问题进行周密的思考。

在此阶段中，作为会议的主持人，一要提醒与会者不急于提出解决问题的具体构想；二要鼓励大家全面考虑，尽可能多地提出重新表述形式。如果主持人能在会前预先考虑出若干有独到见地的重新表述形式，在此阶段中适时地提出来，则能起到启发和引导的积极作用。

为了保证与会者在精力最充沛、思维最活跃、想象最丰富、创造力发挥处于最高峰，使其能够考虑那些对问题的解决最为关键的方面，需要对众多的重新表述形式加以分析、比较，从中选出最富启发、最有可能导致问题的创新解决的重新表述形式，先拿来进行畅谈。

（四）畅谈

畅谈是智力激励法的核心步骤，也是此法的实质性阶段，是与会者克服种种心理障碍，让思想自由驰骋，借助与会者之间的知识互补，信息刺激和情绪鼓励，通过联想和想象提出大量创造性设想的阶段。畅谈阶段除了必须遵守"四项基本规则"之外，还要遵守下述规定。

（1）不允许私下交谈，始终保持会议只有一个中心。否则会使精力分散，并产生无形的评价判断作用。

（2）不得以权威或集体意见的方式妨碍他人提设想。
（3）设想表述力求简单，但每次只谈一个设想，以使获得充分的扩散激励机会。
（4）所提设想不分好坏，一律记录下来。
（5）与会者不分职位高低，一律平等相待。

此阶段结束后，由主持人宣布散会。同时，要求与会者会后继续考虑，以便在第二天补充所想到的设想。

（五）评价筛选

会议提出的设想大都未经仔细考虑，也未作出任何评价，需要专门安排时间进行筛选和发展完善。评价筛选阶段的任务和做法如下。

1. 设想的增加

最好在畅谈会的第二天，由支持人或秘书用电话或拜访的形式收集与会者会后产生的设想。这是不可忽视的一步，因为通过会后的休息，思路往往会有新的转换或发展，又提出一些有价值的设想，第二天人们又增补了多条设想，其中有的设想，比头一天提出的所有设想都更有实用价值。

2. 评价筛选

首先提出评价标准，诸如新颖性要求，实施条件要求，经济条件限制，市场需求等。然后可把设想粗略分成三类：一类是明显可行的，暂时保留；一类是明显不可行的，舍弃；一类是经过讨论分析才可决定取舍的。最后依标准择出 3~5 个较好的方案。

将对筛选出来的少数方案逐一进行推敲斟酌，发展完善，分析比较，力求做到优中择优。也可以一个方案为主，吸收采纳其他方案的长处。还可将两个或多个方案的优点组合出最佳方案。

（六）对设想的加工整理

若对得到的设想不满意，可以再以智力激励法，对提出的每一个设想，进行挑剔责难，专找其中的矛盾，逐个进行评价、选择，从其中筛选出最佳方案，具体做法如下。

1. 评分评价法

其具体操作步骤为：首先，选定评价项目，如对开发新产品的方案可选择的评价项目有产品的新颖性；竞争者模仿难度；利用现有的技术力量的情况；利用企业现有的设备的情况；发挥企业本身技术特长的程序；利用企业的熟悉工艺状况；资金筹集的可能性；与现有市场的联系如何；对现有用户的影响如何；企业提供技术服务的能力怎样等等。

其次，制定评价标准。可以采用 5 分制，也可以采用 100 分制。

第三，整理评价结果。对每个设想在某项指标上的判分，可以列表示出，然后将各个项目取得分数相加，最后按总分的多少来评价各项设想的优劣。

2. 连乘评分法

为了拉开个方案所得分数的距离，可以采用连乘评分法。它是在评分评价法的基础上，将各个评价项目所得分数连乘，然后根据连乘积大小来评价方案的优劣。

3. 加权评分法

由于各评价指标对于不同的企业具有不同的重要性，可以采用加权的方法，用加权的大小来反应其重要程度。如该企业特别重视新产品对现有用户的影响，给权重为 25，而对产品的新颖性，竞争者仿造的难度，利用企业的现有设备，利用企业的熟悉工艺，提供技术服务的能力并不很注重，给权重各为5。

将权重数与评分数分别相乘，再累加得加权评分数，最后根据得分多少评定方案的优劣。

4. 市场吸引力与企业实力矩阵评价法

这是根据市场的需求和企业开发新产品的实际力量即开发新产品的可能性两个坐标来评价各个方案的，其操作步骤如下。

（1）从市场吸引力与企业实力分别提出各自的评价项目　市场吸引力方面有：市场占有率、投资回收的可能性、产品的适用性、产品系列化的可能性、盈利程度、竞争能力等，根据评价标准采用评分评价法各方案可各得一总分。

（2）企业实力　如企业的生产技术实力、研究开发实力、财政经费实力、销售实力等，根据评价标准采用评分评价法各方案又可各得一总分。

（3）建立矩阵图式　按两种坐标值，建立矩阵图式，决定理想区、过渡区和淘汰区。

将各方案经评价所得的两总分，分别用点标在矩阵图上。右上角区表示市场吸引力和企业实力都很强，为理想区，左下角为淘汰区，对于对角线上的三个子区，或作备用的新产品设想方案，视具体情况取舍。

经过上述评价筛选和和对设想的加工整理，最终发展形成最佳方案。

以上是应用智力激励法的一般程序，具体运用时，可依情况不同而变化。总之，程序不是固定模式，可以灵活运用，特别是在现场运用时，程序的变化更大。

最后阐明一点，智力激励法的程序不是一成不变的，可根据问题性质和实际条件适当加以变换，也可参照一些派生的智力激励法形式，确定相应的实施步骤。

二、智力激励法的规则、要求、技巧和注意事项

（一）会议规则

在智力激励法的提出设想阶段，与会者必须遵守一些基本规则。奥斯本为这一阶段规定了著名的四项基本原则，即：自由思考原则、禁止评判原则、追求数量原则和结合改善原则。这些规则是使按该法组织的活动有别于一般会议的重要标志。

（1）提倡自由奔放地思考，设想越是新奇甚至越是离奇越有价值。其目的，一是让与会者克服心理惯性，尽量跳出熟悉的事物领域，摆脱习惯性思路的束缚。二是充分发挥联想和想象力，让思路大幅度回转跳跃，通过侧向思维、逆向思维、异中求同等形式，从广阔的空间搜寻新的创新方案。

（2）排除评论性判断。又叫保留评判原则，过早的进行评判，就会使许多有价值的设想被扼杀。即在整个畅谈过程中绝不准批评、指责和赞赏、表扬别人提出的设想，任何人——包括主持人在内，都不准作判断性结论。

奥斯本曾建议主持人应这样向与会者解释这一规则：如果你想同时从一只水龙头里获得冷水和热水的话，那么你得到的便是温水。假如你既想批评又想创新的话，结果是你既不能很冷静地进行批评，也不可能很积极地去提出一些构想。因此，你在整个畅谈期间，应该尽力提出一些构想，而放弃对之提出批评。这一规则十分重要，可称之为畅谈会的"主要动力"。

（3）提出设想的数量越多越好，哪怕自己的想法与问题只有一点点联系也毫无顾忌地提出来。这是又一条极重要的规则，即奥斯本所说的"质量递进效应"或"数量保证质量"。

这样，就要求人们尽可能地提出大量的设想，设想越多，越得到高质量的方案。国外调查统计结果表明，一个在同一期限内能比别人多提出两倍设想的人，最后产生的有实用价值的设想可以比别人高10倍。此外，在追求数量的活跃、积极气氛中，与会者为了尽可能多地提出新设想，也就不会有时间去评价或自我评价了。

（4）提出联合和改进构想，即除了与会者提出各自的想法外，更鼓励他们提出改进他人构想的建议，或者综合几个构想而提出一个新想法。奥斯本使用"头脑风暴"一词，本意就是让与会者通过互相启发、互相激励，产生思想火花的撞击、共鸣和共振，从而像点爆竹那样引起连锁反应，刮起阵阵思想的风暴。

在上述四条规则中，最易违反的是第二条。一则是由于传统的讨论问题方式的影响，再则是由于人自身上存在着一种积习，即总是喜欢对别人的想法品头论足。所以初次参加畅谈的人不是很容易适应这一规则的，常常自觉不自觉地忘掉它而屡屡出现挑剔、贬低和嘲讽他人提出的一些构想的现象。这就需要主持人在畅谈过程中不时地予以强调。如果某个与会者违反了这一规则，主持人应果断地予以制止，并重申这一规则。如果不这样做，那么畅所欲言的气氛就将被破坏，与会者就会变得顾虑重重、谨小慎微。倘若主持人不是小组中资历最深者，这一点就显得尤为突出，他必须有足够的勇气及时提醒资深者，使他们感到必须遵守这一规则。

美国人C.克拉克和J.W.爱德华根据自己的研究和实践经验，对奥斯本的这一规则作了进一步的发展，使之更加具体完善。他们指出，要想使畅谈阶段更富有成效，就要竭力防止出现"抑杀句"和"自我抑杀句"。所谓抑杀句，是指挫伤别人发表意见的积极性的一些话。如"这根本行不通！""你这是什么年月的陈芝麻烂谷子？""说说倒容易，能办得到吗？"等等。这样的话虽不是正面提出理由批驳别人的意见，但往往更生硬武断，甚至带有讽刺和挖苦的味道，令人难于接受，更易挫伤别人和积极性，从而阻碍创造性的发挥，这种抑杀又叫"棒杀"。所谓自我抑杀句，则是指发言者的自谦之词或担心自己的意见不合时宜而遭到别人的耻笑、为自己好下台所说的一些话，如"我的主意不一定可行，还望得到各位的指教"，"我的设想可能没什么新意，权且姑妄言之、姑妄听之吧"等等。这类话虽没有直接批评他人之虞，却与会上应有的活泼、热烈和畅所欲言的气氛不协调，也必须竭力避免。如出现这种情况，主持人应该委婉地加以劝止或是设法转移大家的注意力，以抵消它的消极作用。

德国创造学学者施利克祖佩则认为，批评固然不利于开好畅谈会，过甚的溢美之词同样也是不利因素。例如，"有你这个主意，问题就全解决了"，"你这个主意简直绝了！"等等。类似这样的恭维话，会使其他人产生一种冷落感从而妨碍创造性的继续发挥，这种赞美也称为"捧杀"。对于被赞誉的人来说，也有一种鹤立鸡群的感觉，甚至会造成与其他人之间的对立情绪，从而极大地妨碍彼此的联合，而且，一旦出现了这样的话，也容易给人造成这样的错觉，似乎终于找到了理想的圆满答案，而不值得继续探索下去了。

（二）会议要求

1. 对会议支持人的要求

主持人应该平等对待每一个与会者，不可制造紧张气氛，与会者提出的方案不论好坏一律记下，且按序编号；善于启发引导，掌握进程，能在冷场时，提出自己的独特设想，从中受到启发；最后，必须坚决制止违背基本原则的现象。

2. 对与会者的要求

与会者不许私下交谈和代表他人发言，始终保持会议只有一个中心；注意倾听别人的发言；设想的表达要简单，且每次只谈一个设想；发言要有幽默感。

3. 对会议时间的要求

整个会议以 20～60min 为宜。经验证明：独创性较高的设想基本上都要在 15～20min 以后出现，在 30min 左右可出现一个峰值。另外，会议持续时间只需主持者掌握，切莫在会议开始时向与会者宣布。

（三）组织技巧

（1）讨论题的确定很重要，出题不当则智力激励法难以成功。这里要特别注意以下几点。

① 讨论题要具体、明确，不要过大，如有大问题可分解成小问题逐一讨论。如：讨论改善机械装置设计问题时，可划分为：如何增加效率？如何操作方便？如何节省耗料？如何延长使用寿命等。

② 讨论题也不宜过小或限制性太强。例如可以"目的是……怎么办才好？"为讨论题，而不要说："达成目的有 A 与 B，请讨论哪个好？"因为也许还有更好的 C 与 D 没想到。

③ 不要同时将两个或两个以上问题混淆讨论。

④ 主持人要注意使那些首次参加头脑风暴会议的尽快熟悉这一会议的特点，因此，在会议开始的时候，主持人可以先提出一些极为简单的问题作演习，如怎样改进上衣和裤子？

⑤ 会议的基本目的在于收集大量不同的设想，以便使问题的解决找到许多可行的"答案"。头脑风暴会议不适于解决那些需要判断的问题，如：某项改革好不好？

（2）"行-停"是智力激励法一个常用的技巧，即 3min 提出设想，5min 进行考虑，接着用 3min 提出设想……这样三、五分钟反复交替，形成有行有停的节奏。

（3）"一个接一个"是智力激励法常用的另一技巧，即与会者按照座位顺序轮流发表构想。如果轮到的人当时没有新构想，可以跳到下一个人。在如此巡回下，新想法便一一出现，直到会议完全结束为止。根据研究表明，运用"一个接一个"的技巧，可以较一般的头脑风暴会议多出 87% 左右的构想。

（4）在会上，不允许私下交谈，以免干扰别人的思维活动。同时，每个人发表的意见必须让参加会议的人都知道。

（5）参加会议的人应定时轮换，应有不同部门、不同领域的人参加。因为长期在一起工作的人可能会形成一种固定的思维，以致使每个成员几乎可以估计到另一些成员对问题的反应和看法。

（6）经验表明，会议参加者有男有女会促使讨论。女士企图胜过男士，而男士则想超过女士。这种因素在组内引起的一种额外争强好胜心，会刺激人们提出大量设想。

（7）实践表明，领导或权威在场，常常会造成一般与会者不敢"自由"地提出设想。当然，在充分民主的气氛下，并不一定要排除领导或权威的参加，因为上述问题已不复存在。

（8）为使气氛自由愉快、轻松自如，可先热身活动一番。比如让大家说说笑话、吃点东西、猜个谜语、听段音乐等。

（9）主持人应按每条设想提出的顺序编出序号。这样可以随时掌握提出设想的数量，并且可以启发与会人员说："再提 10 条设想"。或者，"我们争取提出 100 条设想。""在会议结束之前，我们的大家力争每个人再提出一个设想。"这种鼓励常常能使人们发现一些新设想。

(10) 会后要把各种设想归纳分类，用打字或复印方式制成多份，再组织一个小组进行评价和筛选（这个小组成员一般由未参加头脑风暴会的人组成），从中选出一到几个最优设想。

以上介绍了开好"头脑风暴"会的 10 条经验，具体应当根据我国实际、本领域实际、参加讨论人的实际、要解决问题的实际，灵活创造性地运用"智力激励法"，以形成自己的特点和优势。

（四）实施中容易出现的问题

(1) 在这样的"畅谈会"上，几乎毫无例外地会出现两种截然相反的极端情况：要么很难使自己的思维自由驰骋，总是囿于旧框框的束缚，提不出独创性的新奇设想；要么为了新奇而新奇，所提的设想完全不着边际，无异于痴人说梦。无论是哪种情况，与会者的积极性和热情都不会持久，而"畅谈会"也就不得不草草收场，不了了之。

(2) 纯粹从表面形式上去适宜畅谈的四条基本规则。我们仍以不准提及反面意见为例来看一下，尽管有的主持人有可能通过种种强制手段把会议组织得没有人提及反面批评意见，但暗底下却充满了看不见的紧张关系。有的人曾对此进行过调查，询问了某些与会者对这种"畅谈会"的印象，得到的回答是，他们对许多设想的怪诞不经简直感到"令人毛骨悚然"，但为了不表示出对这些设想所感到的毫无意义的抗议，都不得不保持缄默，只是为了"演戏"之故，他们才在那里虚与周旋地应付，今后则对这种会议敬而远之了。

(3) 对智力激励法看得过分容易。不少人往往把它看作是众多的创新技法中最易掌握和实施的一种方法。有人甚至武断地认为，应用这种技法，事先根本用不着什么培训。基于这样的认识，他们常常根据片言只语的介绍就自以为掌握了这种方法的真谛，就草率地去组织畅谈会。其结果十之八九使方法的实施都走了样，以致常常把凡是气氛比较轻松的任何小组会都称为智力激励法。

这种看法实则大谬不然，不经过一段时间的方法培训和应用练习是很难正确应用它的。智力激励法也可以理解为就是我们俗语常说的"三个臭皮匠，顶个诸葛亮"，只是我们没有把这种方法的实施上升到理论高度，都是民间的自由发表意见，因此其效率不是很高。智力激励法则将这种做法上升到理论高度去认识。

国外的实践已反复证明，在这样匆忙组织起的"畅谈会"上，首先十分明显地出现一再违反不准提反面批评意见这条规则的情况，一般人太习惯于就其不足之处对别人的想法吹毛求疵了，放弃这一癖好并非一件易事。尤其是那些领导者，当他们以普通一员的身份参加畅谈会时，往往难以适应这种气氛，因为他们往往习惯于以判断作为解决问题的基础。

三、智力激励法的特点、作用和应用实例

（一）智力激励法的特点

智力激励法有两个突出的特点。一个特点是通过遵守若干规则和实施一定的运行程序，促成激发创造力的情境。其具体表现如下。

1. 克服心理惰性

在普通会议上，受各种因素的影响，有些人通常会不同程度地表现出心理惰性。如，由于受胆怯、倦怠、从众心理、过分自我批评等因素的影响，不踊跃发言或提问题谨小慎微；由于害怕被人嗤笑或怯于涉及陌生领域而囿于通常的解法；由于不熟悉创造性思维的技巧和

方法，而提不出新奇的设想等等。采用智力激励法，可以有效克服这些心理惰性，使想象力活跃起来。

2. 增强心理安全感

通过规定禁止批评的规则和种种措施，与会者会充分体验思想自由和心理安全感，不必担心提出的设想荒诞离奇或不切实际而受到指责，也不必拘泥行为举止和修于边幅而分散精力。在求新求异的气氛中，集中精力去挖掘和搜索创新方案，提高大胆设想在总的思想潮流中的浓度。

3. 促进心理相容

心理相容指和睦友好的心理交往状态。与会者互相尊重，互相配合，互相协助，同心同德，坦诚相见。

4. 加强群体意识

由于会议设法让每个人都积极参与，因而会充分调动提供设想的兴趣，增加目标认同感。在与会者心中，产生共同的目标，共同的愿望，不解决问题誓不罢休。

智力激励法的另一个突出特点是激励机制的形成。科学技术发展的趋势表明，现代技术创新更加依赖于多学科、多专业的联合攻关和协同作战。与此相适应，集体创新方式已在很大程度上取代个人的孤军奋战表现出明显的优势。头脑风暴的机制正是在于通过互相启发、互相激励去实现知识的互补，靠信息刺激和思维共鸣去弥补个人思维的知识缺漏和思路狭窄，最大限度地调动集体的智慧、知识和经验，让各种各样的创造性思想火花在集体思维洪流中并涌出来，结晶出有价值的创新成果。

（二）智力激励法的作用

运用智力激励法，不仅可以促进创新方案的形成，而且还可以提高人们的想象力。创造性思维能力的提高不能仅凭书本知识，必须躬行于实践，其中，实施智力激励法就是很好的实践方式。在技术创造中，经常开展互激设想活动，具有许多好处：

其一，可以集中不同职业、不同专业、不同技术的人，紧绕一个共同的议题，用各种不同的观点和方法展开研究；

其二，研究中既充分发挥了个人的职能优势，又可相互弥补智能的空缺，形成多种互激，实现知识、经验和专长的创造性交流和转移，达到智能的取长补短；

其三，互激中每个人产生的设想，与平时个人独立思考时相比，设想的数量要多，设想的效率要高，设想的创造性和新颖性要强。

据国外资料统计，智力激励法创意数目要比个人提案多70%。因为设想多，其中有创造性、新颖性和可行性的设想也就相对多。因此，许多有成就的发明家、科学家、革新家、优秀的工程师、设计师以及各行各业各部门的管理者，历来都很注重团体的智能，善于采用各种互激设想的方式或方法，集合和利用集体的智慧。

据美国新泽西州鲁特杰斯大学爱迪生研究会的詹金斯教授研究，一般人总认为爱迪生的科技成就是他独自闭门苦思和试验的结果。事实并非如此，爱迪生非常重视集体的智慧和能力，他在1881年个人投资组建了世界上最早的科研机构——爱迪生研究所。该所除有各种专业的科学家、工程师、技术员和技术工人外，还设有图书馆和器材部，助手有时多达100人。现存的3000多册实验室笔记和记录，大半是助手们填写和记录的。可见爱迪生不但自己有卓越的创造才能，而且还具有组织领导集体研究活动和利用集体的智慧的非凡本领。不少给他当过助手的高级科学家，都十分敬佩他这一点。爱迪生研究所是现代科学技术研究单位的雏形，开创了科学技术组织形式的新时代。

（三）智力激励法的应用实例

关于在企业中应用头脑风暴法的实例，在国外已有多年的实践经验，许多公司，许多发明创造小组都乐于采用这种方法。

美国北方一些地带，冬季严寒，大雪过后电缆上积满了冰雪，电线经常被积雪压断，造成事故。许多人试图解决这个问题，都未能如愿。后来，他们组织有关人员召开智力激励会，大家从不同的专业技术角度，提出了各种设想。诸如，技术专家提出设计一种专用的电线清扫机，研究电化雪技术，加温除雪技术和振荡除雪技术等。这些设想虽然可行，但是研究费用大，周期长，一时难以见效。这时有人提出，"带上几把大扫把，乘坐直升机扫电线上的雪"。可正是这个滑稽而逗人发笑的设想，但是在后来的评价筛选中，这个方法激发专家们放弃了所有的设想，形成了一个简单可行，而且高效率的清雪方法：大雪过后，出动直升机沿积雪严重的电线附近飞行，依靠高速旋转的螺旋桨，将电线上的积雪迅速扇落。一个久悬难决的问题，终于在互激思考中获得了解决的妙法。

在国内，近些年也出现许许多多成功应用的实例。例如，某厂生产速冻虾仁，开始时虾仁在速冻后的冻藏期间易发生干耗而失水，想了很多办法都不奏效，故应用智力激励法来解决。在智力激励会上，大家畅所欲言，忽然一人说，"该给它穿件什么衣服就好了"，此话点燃了大家的创新思维，围绕给虾仁穿衣服，终于想出了办法，就是镀冰衣，将虾仁放低温下，淋水后在表面结成一层薄薄的冰，在冻藏期间则不会发生失水带来的质量变异了。

（四）改进的智力激励法

这方面应用最多的还是默写式智力激励法。奥斯本的智力激励法传入联邦德国后，联邦德国的创造学家荷立肯根据德意志民族善于沉思的性格进行改革，创造了一种默写式智力激励法。

默写式智力激励法规定：每次会议有六个人参加，每人在五分钟内提三个设想，所以他又称"635"法。在举行"635"会议时，由会议主持人宣布议题，即创造发明的目标，并对到会者提出的疑问进行解释。之后，每人发若干设想卡片，在每张设想卡片上标上1、2、3……编号，在两个设想之间要有一定的间隙，可让其他人填写新的设想，填写的字迹必须清晰。在每一个五分钟内，每人针对议题在卡片上填写三个设想，然后将设想卡片传给右邻的到会者。在第二个五分钟内，每个人从别人的设想中得到新的启示，再在卡片上填写三个新的设想，然后再将设想卡片传给右邻的到会者，这样，半个小时可以传六次，一共可以产生108个设想。

应当指出，智力激励法尽管可用于解决技术、管理、经营等各种类型的问题，但其对象不应过于复杂，对于涉及因素多，技术难度大的问题最好采用其他方法。

第三节 列 举 法

列举法是最基本的思维活动之一，就是以列举的方法把问题展开，即用一览表的方法帮助思维，寻找创造发明的思路。列举法作为一种技巧，正适合作为改进产品的入手方法，特别是缺点列举法，是列举法中最基本的一种，在它的基础上又发展了希望点列举法、特征列举法等。缺点列举法使用的是缺点一览表，随着对事物缺点的分析，潜藏的替代可能性就暴露出来了，逐渐明了改进目标，有力的促进新产品的开发。

一、缺点列举法

简单地说，就是挑毛病，列举缺点，实际上就是发现问题。而创造发明正是解决现存的问题，力求发现产品有什么缺点，一旦发现缺点，往往就找到了一个发明革新的课题。总之，缺点列举法就是抓住事物的缺点，以确定发明目标的方法。在日本松下电器公司，为了改进洗衣机，公司请来家庭妇女，就想了解洗衣机有什么不足，并对提出问题者给以较高报酬。这就是在应用缺点列举法改进洗衣机。

（一）缺点列举法的使用程序

使用缺点列举法没有十分严格的程序，但也可按下列程序进行：

（1）尽量列举出某一食品的缺点　需要时应事先广泛调查研究，如到用户中征求对某种食品的意见。

（2）将缺点归类整理　如可分为：功能性缺陷、原理性缺陷、结构性缺陷、造型性缺陷、材料性缺陷、制造工艺性缺陷、使用维修性缺陷等。

（3）针对缺点加以分析　如对一种食品用新原料去代替，或改进新方法、新工艺，也可以用缺点逆用法，设法对缺点加以利用。

如对于我们前文提到的启事，以前是启事只是一张纸，上面写有内容和电话，它最大的缺点是不方便记电话号码，根据此缺点再写启事的时候就把电话分列在裁开的小条上，谁想记就撕一个小条，这样就方便多了。

按照缺点列举法，我们对老式白糖馅月饼加以改进，先对其缺点加以列举：

（1）糖度太高，属于"三高"食品，多数人不喜欢吃；

（2）月饼水分含量低，造成质地较硬；

（3）无论高糖低糖，糖尿病患者都不能食用；

（4）馅料较单一，只有白糖、五仁、芝麻等；

（5）包装过于简易，档次低；

（6）馅少，皮厚，馅料的风味体现不出来。

（7）单个月饼过大，一次吃不完，无法分割或留存。

针对这些缺点可以提出许多方案。如：采用葡萄糖浆做甜味剂，月饼不脆不硬，口感较软；降低蔗糖的含量，生产低糖月饼；采用木糖醇做甜味剂，通过加入胶类添加剂保持其感官，生产出无糖月饼；选用莲蓉、蛋黄、果酱、卤肉等作为馅料，增加花色品种；提高面皮筋性，新月饼皮薄馅大；生产小块月饼，并在包装上采用单个月饼单盒包装。

通过上述缺点列举和改进，我们得到了新型的月饼，当然新产品的开发要考虑到产品的保藏性和口感，即产品的保质期和产品的感官指标不变，这样产品在市场上才能受欢迎。

（二）使用缺点列举法的几种具体方法

企业在改进产品中使用缺点列举法可以与征求用户意见结合起来。

例如美国某大型机械公司的工程师发明轻便式洗碗机，考虑到公司已拥有数十万元的轧钢设备适合于轧制圆筒体，于是把洗碗机制成用钢材少，价格低的圆筒形，但产品试销不受欢迎。于是公司征求家庭主妇的意见，她们认为圆型机器的缺点是放在墙边有个空隙，东西容易掉到机器后面，同时，与其他设施也不协调。针对这些缺点，工程师们设计了方形洗碗机，结果十分畅销。

使用缺点列举法也可对名牌产品和竞争对手的产品吹毛求疵，然后设法改进。这种办法起点高，前进的步子大，一旦成功了，可以一举超过名牌产品。某方便面企业根据消费者反映某方便面碗面很好吃，但在泡面时碗盖的铝膜受热后会上翘，必须用东西压住，很不方便，于是推出自己碗面新品，专门设计扣盖式的碗盖以及相应的面饼防尘防潮密封包膜，解决了这一缺点。

缺点列举法有它独到的优点，它的特点是直接从社会需要的功能、审美、经济等角度出发，研究对象的缺陷，提出改进方案，因此，这种方法更简便易行。缺点列举法大都是围绕原事物的缺陷加以改进，一般不触动原事物的本质和总体，属于被动型的方法。缺点列举法经常用在老产品的改造上，缺点列举法也可用在还不够成熟的新设计和新发明上，以便发现缺点，逐步改进，使新发明更加完善。

二、希望点列举法

即使是同一样产品，不同的人对它也有不同的要求，因为他们使用这件产品的场合是不尽相同的。比如一双雨鞋，城里的姑娘希望美观漂亮、款式新颖；农民则希望能防滑且保暖性好；旅行者则希望它轻便、容易折叠携带；血吸虫疫区的渔民则希望有高筒雨靴能预防血吸虫接触人体……

另外一种情况是人们希望一件产品具有多种功能，希望一件产品有本来不属于他的功能。如一支圆珠笔的用途本来是写字，但人们希望它既能写字又能作教鞭、螺丝刀……

前一种情况所提出的希望其实来自产品的缺点。对于农民，他认为雨靴有不防滑的缺点，因此提出了生产防滑雨鞋的希望；他们在冰冷的水中工作时，又会发现雨鞋不保温的缺点，提出生产保暖性好的雨鞋的希望，可见在提出希望之前，人们头脑中已经历了一个缺点列举的过程，与缺点列举法相似。后一种情况则往往是一种对产品的更高要求，迎合人们求新和求方便的心理，因为圆珠笔不能作教鞭不是圆珠笔的缺点，而是希望点。因此这一类希望往往会导致组合型产品，产品出现全新的功能。

当你对自己提出："这种方便面有改进的可能吗？人们对它会有什么新希望呢？"，此时，你的头脑便会刮起寻找希望的风暴，这就是希望列举法的另一种应用方式。

（一）当袋装方便面出现时，你可能会对袋装方便面提出以下希望及发明设想：
(1) 能否有带碗的方便面，在野外或旅途食用起来更方便？
(2) 能否有适合各地区的各种味道的方便面？
(3) 希望方便面中放一个卤鸡蛋增加营养。
(4) 能否采用非油炸方法生产含油量较低的方便食品？
(5) 能否生产可以稍微煮一煮食用的方便面？
(6) 希望有各种形状面块的方便面，适合于不同形状的碗或杯。
(7) 希望有大肉包和大菜包的方便面调料。
(8) 希望有不加汤食用的干拌方便面。
(9) 希望生产玉米等粗粮方便面。

（二）参考发明方案：
(1) 用纸塑复合材料做成方便碗来盛装方便面，方便冲泡。

（2）开发出香辣味、微辣味、海鲜味、泡椒味、酸辣味的方便面，适合不同地区的消费者。如四川地区大都是泡椒味的方便面。

（3）碗装方便面中加入一个经过真空包装并杀菌的卤蛋。

（4）采用挤出法生产出非油炸的方便面。

（5）生产出可以煮一煮吃的"煮着吃"方便面。

（6）生产长方形、圆形等形状的方便面面块。

（7）生产真空包装并杀菌的大肉酱包和冻干蔬菜包做方便面调料。

（8）生产干拌型方便面。

（9）对玉米面经过配比和糊化处理等技术措施生产玉米方便面。

可以看出，要利用希望列举法进行发明创造，其关键在于要设身处地地为他人着想。如上述的发明设想中，想发明碗装方便面的可能是经常外出者，想发明玉米方便面的可能是老年人，因此只有认真地收集这些不同人的希望，才可能有效地利用这一发明方法。

另一方面，我们必须时刻注意社会的"共同希望"，能够预测社会上将会欢迎什么，希望有什么样的产品出现。如"保健型方便面"则迎合了人们希望保健的心愿，有可能受到一些中老年人的欢迎。

缺点列举法和希望列举法有可能"殊途同归"。但缺点列举法和希望列举法互相不可取代它们各自的功能。任何一种方法都不是万能的，也可能在一定范围内适用。列举法也是如此，只是一个提供思路的方法，对所获得的新设想从可能性转为现实性，还需要与其他方法结合，实现从设想到试制产品，从试制产品到商品的转化，特别是一些技术比较强的问题，甚至需要探索新的技术手段才能实现。

三、特征列举法

特征列举法是美国布拉斯加大学教授克劳福德创造的发明方式。它通过对发明对象的特征进行分析，并一一列举出来，然后探讨能否改革的方法，所以，也称作分析创造技法。

（一）使用特性列举法的程序

（1）将对象的特征或属性全部罗列出来　譬如，把一个产品分解成一个个零件，每个零件具有何种功能，有什么特性，与整体的关系如何，都毫无遗漏地列举出来，并作详细记录。

（2）分门别类加以整理　主要按以下几方面归类：名词性质的词（材料、形状等）；动词性质的词（方法及作用等）；形容词性质的词（状态、色泽等属性）。

（3）在各项目下进行缺点和希望点列举，试用可替代的因素加以置换，引出具有独特性的方案。

（4）方案提出后还要进行综合评价改进，使产品更能符合人们的需要。

例如，要改进一种 750mL 甜型红葡萄酒。使用特征列举法将该葡萄酒的构造及其功能按要求一一列出，然后试着改变每个部分，或用别的材料替换，这样你就会发现产品改型换代的潜力相当大，针对一瓶普通的葡萄酒，就可以提出几十种改进方案。

（1）名词特性词：玻璃瓶、软木塞、胶帽、白砂糖、酸、酒精、商标等等。

其材料有：玻璃、塑料、木材、白砂糖、酒精、纸等等。

改进方法：玻璃瓶可否磨砂，呈半透明状？

白砂糖可否减少到微量，生产半干型葡萄酒？

可否对山葡萄酒应用降酸技术生产高果汁含量的葡萄酒？
商标是否可以使用收缩塑料标签，热缩贴标？
可否用塑料柱型塞子代替软木塞子？

（2）形容词特性词： 玫瑰红色，透明的，（瓶身）溜肩的、光滑的、较重的，（商标）精美的，（口味）甜酸的、较涩的，装量多的等。

改进：可否用透明塑料瓶装酒，轻便易携带？
可否生产低糖或无糖的葡萄酒？
能否生产出 200mL 或 350mL 小瓶装量的葡萄酒或便携式瓶装酒？
可否生产涩味较轻的葡萄酒等等？

（3）动词特性词：握（瓶），起塞子，倒酒，（直接）喝，卧放，封瓶，送人等。

改进：瓶子太粗不易握住，应细点。
塞子容易断裂，应选用原木的塞子。
倒酒时有沉淀，应有卧放贮存架。
送人要有包装，应像白酒一样进行单盒包装。

最后，将这些改进方案筛选合并，经过试验，确定切实可行的改进方案。

同理，我们还可以对看似结构简单的瓶装饮用水产品进行特征列举法改进之。

（二）特性列举法的使用规则

使用特性列举法要注意将一事物所有属性（名词、动词、形容词）都列举出来，尽量不要遗漏，否则就会降低这种技巧的实际效用。因为使用特性列举法改进产品，能够奏效的原因之一是促使人们全面感知事物，防止遗漏。每个人的思维方式包括感知方式，都不尽全面，因此，一旦要求改进某种产品，头脑中便无法调动出全面的信息，也就妨碍了对问题的分析。

使用特性列举法还要注意到的一个规则是所选题目宜小不宜大，问题越小，越容易获得成功。如果研究对象是一个大的课题，应分成若干个小的课题来进行。

一般来说，改进一个产品，最好先做调查研究，征求对产品的改进意见。如果时间不允许，产品更新换代很快时，可将市场上类似的产品都拿来，使用特性列举法分别列举这些同类产品的特性，相互取长补短，获得一个最佳方案。

第四节 组 合 法

一、技法原理

创造的实质，最终可归结为信息的截取和处理后的再次结合。在发明创造活动中，把集聚的信息分离开，以新的观点、新的方式再进行组合，就会产生新的事物，这源于创造工程组合原理的组合型创造技法。所谓组合法，使指按照一定的技术原理或功能目的，将两个或两个以上的科学原理、技术方法、产品实物等通过巧妙地结合或重组，去获得具有统一整体功能和实用价值的新技术的创造发明方法。

说到组合我们首先会想到组合家具、组合音响等，当然还有更具创造力的创造。它的鲜明特点和能动作用主要体现在以下三个方面。

1. 创造性

关于组合的创造作用，我国先秦时期的著名军事家孙武，在其流芳百世的名著《孙子兵法》中对此就有过精辟的论述："声不过五，五声不变，不可胜听也；色不过五，五色不变，不可胜观也；味不过五，五味不变，不可胜尝也；战势不过奇正，奇正不变，不可胜穷也。"其意思是说，声音不过只有五种：宫、商、角、徵、羽，人们却可以运用这五种音阶，谱写出听不胜听的人间仙曲；颜色不过只有五种：青、赤、黄、白、黑，人们却可以运用这五种颜色，描绘出观不胜观的传世名画；味道不过只有五种：酸、甜、苦、辣、咸，人们却可以运用这五种味道，制作出尝不胜尝的美味佳肴；战术不过只有奇和正两种，人们却可以运用这两种战术，演变出无数惊天动地的战役。

现代人对组合的认识当然要比古人更深刻。现在，人们已认识到，组合并非仅仅是现象的简单罗列，也并非是事物的一味机械叠加。比如，把温度计、笔筒、台历共装在一个底座上，算不上创造；但是把温度计与饭勺组合在一起，使得能够在炒菜时掌握温度、火候，却是了不起的组合发明创造。

由此可见，创造性的组合一般需具备以下三个特点：

（1）是由不同技术构成的具有统一结构的功能整体。所有特征都是为统一目的起作用，并且它们相互支持、相互补充和相互促进；

（2）具有新颖性、独特性和实用性；

（3）组合后的新事物应产生积极的社会效应、显著的经济效应或较高的学术价值。

2. 普遍性

利用组合的方式，人们可以使既有的技术思想和既存的物质产品，经过意义、功能、原理、方法、结构、材料等方面的组合变化，形成新的技术思想或新的物质产品。组合方法无处不用、组合现象无处不在，其应用的普遍性通过以下方面表现出来。

（1）范围广泛——人们几千年的文明发展史，为我们积累和提供了数不胜数的科学技术思想和发明创造产物，这些都是组合创造的基础材料。

（2）易于普及——在很大程度上，组合创造是人们按一定的功能需要，选择若干成熟的技术或现存的产品加以组合，并没有在原理上有多大突破，因此不需要高深的专业理论知识，普通人就可应用，例如威廉把橡皮和铅笔组合而获得专利。

（3）形式多样——组合，既可以是产品或事物的近亲结合，也可以是技术或方法的远源杂交，还可以是现象或理论跨越时空的联姻。

（4）方法灵活——常用的组合方法有二元式组合、多元式组合、内插式组合、外推式组合、辐射式组合和综合式组合。人们可以根据发明创造的具体情况，灵活采用不同的方法来进行组合。

3. 时代性

任何一项技术都是由两个或两个以上技术要素组成的系统。这个系统会随社会发展和科技进步而变化，会有新的事物或新的技术组合进来，会打上鲜明的时代烙印。在创造工程领域内，人们把发明创造分为两类：一类是原理突破型，一类是技术组合型。前者是由于发现了新的自然规律，探索出新的技术原理而作出的发明，其突破在于创造者找到了以科学原理物化为技术原理的方法，从而获得发明创造的成果。如内燃机取代蒸汽机、食品的真空冷冻干燥取代热风干燥、超滤除菌取代热杀菌等均属此类。后者是利用已有的成熟技术，通过适当的组合，产生出新的技术、新的方法和新的成果。

有人分析了自 1900 年以来的 480 项重大发明创造成果，发现发明创造的性质和方式在 20 世纪 50 年代期间发生了显著变化。50 年代以前，原理突破型的发明创造所占比例急剧增加，而 50 年代后技术组合型成果已占全部发明的 60%～70%。共同合作取得的专利占了专利成果的绝大部分，造成了不进行多种技术的组合，不搞联合作战、协同攻关就很难取得技术突破的局面。

组合的时代性还表现在组合的思想以作为处理技术问题的思考方式渗透到许多现代设计方法之中。如模块化设计、系统设计等。总之，组合贯穿于各种设计方法之中，提高创造动机、强化组合观念，这是时代的要求。

二、运用要点

组合法作为一种创造性思维的工作方法，在运用时必须根据所依据的条件、所采用的方式、所研究的对象以及所达到的目标掌握要点、灵活处理。下面按照不同事物之间的组合，介绍其运用特点。

1. 原理与技术之间的组合

在发明创造过程中，人们可以将某种科学原理与若干技术方法组合起来，以寻求发明创造的新途径。其具体操作过程如下。

先在组合构造圆的中心内填写某种科学原理，再在四周小圆内写上各种技术方法，然后将中心圆同四周的小圆用细线连接起来。接着判断一下哪些技术已被开发，哪些技术尚未开发，哪些技术可能开发，哪些技术不能开发，以及已被开发的技术能否再扩大应用范围等，分别在细线旁注明，以此来启发人们的创造思维。

例如：超声波在食品上的开发应用，我们可以得到超声波破碎、超声波震荡搅拌、超声波提取有效成分、超声波催熟白酒、果酒等新的设想和发明。

2. 技术与方法之间的组合

将某些技术同一种方法组合起来，以寻求解决问题的新创意，有时可获发明创造的成果。此做法的过程是：先在组合构造圆的中心圆中填写某种方法，再在四周的小圆内填写各种技术手段，然后将中心圆同四周的小圆用细线连接起来。接着判断一下新组合的技术方法中，哪些可利用，以此来增进人们的新设想容量。

例：小电机的组合开发，微型电扇、剃须刀、擦鞋器、电推子、电吹风等等。

3. 技术与技术之间的组合

不同技术之间也可以进行组合，其结果可能产生出新的发明创造。在组合时，应研究各种技术的技术特征、功能特点以及运用条件，还研究它们之间的相容性、互补性和共促性，使组合后的产物具有创新性、突破性和实用性。例如，西班牙建成的门泽乃斯气流发电厂，就是多种技术的组合体。

食品的真空冷冻干燥技术则是综合了已经成熟的真空技术、冷冻技术、加热技术以及升华的物理现象后得到的一项食品工程高新技术，目前真空冷冻干燥机已经实现了国产化，食品冻干产品也已经扩大到许多品种。

4. 现象与现象之间的组合

现象是自然规律和科学法则的表现形式。现象之间存在着组合的可能性。在现象组合时，要注意它们的物理含义和表现形式，还要注意它们的相互关系和组合特点，使现象组合后，能充分发挥各自的能动作用，衍生出新的发明创造成果。

超临界流体萃取技术就是某种气体在超临界状态下具有气体和液体双重性质的现象，其温度、压力稍微变化就可以使其溶解度发生很大变化，这两种现象结合便产生了一种食品有效成分提取分离的新方法。

5. 产品与产品之间的组合

环顾四周，我们人类生活在各种产品的包围中。产品的门类包罗万象，为人们进行广泛的组合提供了物质基础。产品的相互组合，应以能产生功能更全、性能更佳、用途更广、能耗更低、费用更省的新产品为目标，其中尤以提高功能、降低成本为重。例如，留声机的发明就是锡纸圆筒、螺旋杆以及带有尖针和薄膜的圆头的组合。电脑就是光驱、显示器和存储器等硬件的组合，剥离后可得到 VCD 机、电视和电子记事本等。

蛋糕面包是将蛋糕卷入面包中而得，汉堡包是面包和肉饼、蔬菜、奶油色拉等的组合产物，热狗也是面包与香肠结合而产生的。

三、常用组合创造法

1. 主体附加法

（1）基本原理

主体附加（添加）法是指以某一特定的对象为主体，通过置换或插入其他技术或增加新的附件而导致发明或创新的方法，它又可称为内插式组合。此法常适于对产品作不断完善、改进时使用。如最初的洗衣机只是代替人的搓洗功能，以后增加了甩干、喷淋装置使其有了漂洗和晾晒的功能。电风扇也是如此，在逐渐增加了摇头、定时、变换风量等装置后才成为今天的样子。

附加与插入除了可更好地发挥主体的技术功能外，有时还可增加一些辅助功能或相关功能。如在老人用的手杖中插入电筒、警铃、按摩器等后就成了多功能拐杖；在自行车上安装里程表、挡雨罩、折叠货物架、小孩坐椅等便也使之用途更广。

（2）实施步骤

① 有目的地选定一个主体。

② 运用缺点列举法，全面分析主体的缺点。

③ 运用希望点列举法，对主体提出种种希望。

④ 考虑能否在不变或略变主体的前提下，通过增加附属物以克服或弥补主体的缺陷。

⑤ 考虑能否通过增加附属物，实现对主体寄托的希望。

⑥ 考虑能否利用或借助主体的某种功能，附加一种别的东西使其发挥作用。

（3）注意事项

运用主体附加法往往可使主体获得多种附加功能而成为多功能用品，然而作为多功能物品的设计应该全面考虑，权衡利弊，否则会事与愿违，费力不讨好。

有人在学生的文具盒上不断地进行"功能附加"，结果使普通的学习用品成了布满按键机关、还有好些"小房间"的玩具，既价格昂贵，又容易分散学生注意力，影响学习。

2. 成对组合法

成对组合是将联众不同的技术因素组合在一起的发明方法。依组合的因素不同，可分成材料组合、用品组合、机器组合、技术原理组合等多种形式。如带电子表的圆珠笔是电子表和圆珠笔的组合。

3. 辐射组合法

辐射组合法是以一个新技术或令人感兴趣的技术为中心，同多方面的产同技术结合起来，形成技术辐射，从而导致多种技术创新的发明创造方法。

一项新技术诞生后，人们总是千方百计地把它迅速应用到各个传统的技术领域，去推动传统技术的创新。如超声波技术能与哪些传统技术组合成新技术。小电机同各种日用品组合的新产品也是这样发明出来的。

4. 焦点组合法

焦点组合法也称焦点法和强制联想法，是美国的赫瓦德创立的一种创造技法。该法是以一特定对象为焦点，然后与其他乍看起来无关的事物强行结合在一起，进而导致发明与创新的组合方法。强制联想的作用主要是寻求信息刺激。在运用其他组合方法时，一般容易想到司空见惯的事物，组合的成果缺乏新颖性。而强制联想是列举一些表面上看来与改进的事物毫不相干，甚至风马牛不相及的事物强行组合。其中，大多数组合可能是无意义的、荒唐的，但往往也不乏有价值的方案。

焦点组合的步骤如下。

（1）选择焦点　企业要改进的产品就是"焦点"。例如：豆腐。

（2）列举与焦点无关的事物　一般来说，列举的事物与焦点姻缘越远，就越容易打开思路，得到超常的、崭新的组合。如灯泡、油漆、挂钟等。

（3）强行将所列事物与焦点结合　也可以将所列事物的属性、因素、功能与焦点结合，可得到许多结合方案。灯泡包括的因素有：玻璃、脆、球型、螺旋等，油漆的因素有色泽、黏度等；挂钟的因素有悬挂、指针走动等；结合后可产生下述方案：脆的豆腐；圆形的豆腐；各种颜色的豆腐；挂起来晒的豆腐干等。

（4）进一步发展完善各种组合，使方案具体化　通过评价筛选，得到可供实施的最佳方案。

第五节　设　问　法

提出疑问对于发现问题和解决问题是极其重要的。创造力高的人，都具有善于提问题的能力。众所周知，提出一个好的问题，就意味着问题解决了一半。提问题的技巧高，可以发挥人的想象力。人们提的最多的问题是"是什么"、"什么时候"、"什么地方"、"为什么"、"怎么样"、"谁"，这些构成了"5W 1H"法的总框架。由于"5W 1H"法和奥斯本检核表法都是以提问的方式，发现解决问题的线索，寻求发明的思路，所以将这类技法归为设问法。

在创造发明中，对问题不敏感，看不出毛病是与平时不善于提问有密切关系的。对一个问题追根刨底，有可能发现新的知识和新的疑问。所以从根本上说，学会创造首先要学会提问。善于提问是有创造性的人最重要的特点之一，而大多数人都不善于提问，一是怕提问多，被别人看成什么也不懂的傻瓜；二是随着年龄和知识的增长，提问的欲望渐渐淡薄。这主要可能与大人对孩子的提问没有耐心，或学校教育对提问有所限制所致。提问得不到答复和鼓励，反而遭人讥讽，结果在人的潜意识中就形成了这种看法：好提问、好挑毛病的人是扰乱别人的讨厌鬼，最好紧闭嘴唇、不看、不闻、不问，但这样恰恰阻碍了人的创造性地发挥。

善于提出疑问的品格，通过有意识的努力是可以养成的，而学习设问法是学会提问题的最简便的途径之一。因为设问法中有许多提问题的技巧。设问法是通过提问的方式，对拟改进的事物进行分析、展开、综合，以明确问题的性质、程度、范围、目的、理由、场所、责任等项，从而由问题的明确化来缩小需要探索和创新的范围。

一、"5W 1H"法

这是美国陆军首创的提问方法，是一种通过为什么，做什么，何人，何时，何地和如何几个方面的提问，从而形成创造方案的方法。

"5W 1H"法的应用范围很广，不仅可以用于技术上的产品开发，还可用于改善管理。因为该方法是从客体的性质、主体的本质、物质存在的最基本的形式、事物发生的原因、程度等着几个角度提问的，这些方面属于事物存在的根本方面，其中哪一个出了问题，都会影响到这一事物的运动和发展。抓住事物存在的根本方面和制约条件来分析问题，往往会一下子找到发生问题的根本原因。有些事物的缺点并非一眼就可以看出来，借助缺点列举法可以找到缺陷，但有的缺陷即使找到了，产生原因却相当复杂，若能进一步使用"5W 1H"法，则能抓住缺陷和问题背后隐藏的原因，使解决问题范围得以确定或使问题迎刃而解。

（一）"5W 1H"法应用程序

首先对一种现行的方法、做法或现有的产品，从六个角度检查他的合理性，这六个问题是：

(1) 为什么（Why）？
(2) 做什么（What）？
(3) 何人做（Who）？
(4) 何时（When）？
(5) 何地（Were）？
(6) 如何（How）？

如果现行的做法或产品经过6个问题的审核无懈可击，便可认为这一做法或产品可取。如果六个问题中有哪一个答复不能令人满意，则表示这方面还有改进的余地。如果哪方面的答复有独创的优点，则可以扩大产品该方面的效用。

"5W 1H"法后来又发展为"5W 2H"法，即把"如何做"分成怎样（How）和多少（How much）两个提问。

其次，7个提问视问题性质不同，发问的内容也不同，举例如下。

(1) 为什么（Why）？ 为什么采用这个工艺技术参数？为什么用这种颜色？为什么要做成这个形状？为什么用这种瓶子包装？为什么买这个产品？

(2) 做什么（What）？ 条件是什么？目的是什么？重点工艺是什么？与什么有关系？功能是什么？规范是什么？工作对象是什么？买了干什么？

(3) 谁（Who）？ 谁来办最方便？谁会生产？谁不可以办？谁是顾客？谁被忽略了？谁是决策人？谁会受益？

(4) 何时（When）？ 何时要完成？何时销售？何时是营业最佳时间？何时工作人员容易疲劳？何时产量最高？何时购买？

(5) 何地（Where）？ 何地生产成本最低？从何处买？还有什么地方可以作销售点？安装在什么地方最合适？何地有资源？

(6) 怎样（How to)？ 怎样做最省力？怎样做最快？怎样做效率最高？怎样改进？怎样增加销路？怎样食用该食品？怎样使食品食用起来更加方便？

(7) 多少（How much)？ 技术指标达到多少？销售额多少？成本多少？需求量多少？体积多少？重量多少？

（二）"5W 1H"法的应用

(1) "5W 1H"法常用来改善企业管理现状、生产现状，如表6-1所示。

表6-1 用于改善产品生产的"5W 1H"法

项 目	现状如何	为什么	能否改善	该怎么改善
对象(What)	生产什么	为什么生产这种产品或配件	是否可以生产别的	到底应该生产什么
目的(Why)	什么目的	为什么是这种目的	有无别的目的	应该是什么目的
场所(Where)	在哪儿干	为什么在那儿干	是否在别处干	应该在哪儿干
时间和程序(When)	何时干	为什么在那时干	能否其他时候干	应该什么时候干
作业员(Who)	谁来干	为什么那人干	是否由其他人干	应该由谁干
手段(How)	怎么干	为什么那么干	有无其他方法	应该怎么干

(2) "5W 1H"法更多的是用来进行食品研发的产品定位。

例如我们要开发"速冻豆角"新产品，在产品定位方面应用"5W 1H"法。

Why? 为什么买这个产品？因为方便、新鲜，所以豆角要择洗干净并切分，采用速冻技术保鲜，直接解冻食用。

What? 买了做什么？目的是用来烹调食用，那么加工工艺就应该是规范的。

Who? 谁来买？家庭主妇居多，那样包装要尽量实用，要用透明塑料包装有直观感。

When? 什么时候买？什么季节买？依此我们设定旺季产量，确定销售时机。

Where? 在哪里买？社区超市，离家远不远？若远可配置一保温袋供顾客租用。

How to? 买了怎样做？烹调食用，因此要有做法说明，要根据烹调过程把工艺完善好，在工厂洗好、烫好，直接下锅解冻即可。

How much? 买多少？一次吃多少？大约一盘，一盘约装400g，那一袋就装400g。而且在能炒一盘的前提下包装量尽量小。

根据上述问题的解答，我们就开发出了适销对路的"速冻豆角"新产品。

二、 奥斯本检核表法

它是一种以提问的方式，对现有的产品或发明，从9个角度加以审核，从而形成新的发明方法，奥斯本检核表法主要抓住了声音、颜色、气味、形状、材料、大小、轻重、粗细、上下、左右、前后等事物的基本属性大做文章，因而具有普遍性的意义。

这种方法属于横向思维，要求思维灵活交换。在探讨解决方案时，多角度地考虑问题，运用联想、类比、组合、分割、移花接木、异质同构、颠倒顺序、大小转化、改性换代等思维技巧得到各种类型的答案，最后加以综合。奥斯本检核表法的9个问题是：

(1) 可否将产品的形状、制造方法、颜色、声音、味道等加以改变？

(2) 能否将现有的发明应用到其他的领域？

(3) 能否在现有的发明中，引入其他创造性设想？

(4) 能否在现有发明的基础上略加创造，使他增加功能，延长使用寿命？
(5) 可否将现有的发明或产品缩小体积、减轻重量或者分割化小？
(6) 能否用其他材料代替原有的产品或发明？
(7) 可否将现有的发明更换一下型号或更换一下顺序？
(8) 可否将现有的产品、发明或工艺进行颠倒？
(9) 可否将几种发明或产品组合在一起？

检核表法常用来降低食品生产的成本。例如：如何降低某碳酸饮料的生产成本？
(1) 能否节省包装物等原料？可以将瓶盖高度变矮。
(2) 生产操作中有无可能简化的工艺流程？采用常压汽水混合机省去冷却步骤。
(3) 能否回收和最有效地利用不合格的原料和操作中所产生的废品？能否把废品变成其他种类具有商品价值的产品？废品包装可以重新吹塑新瓶利用；可以把废品变为收藏品。
(4) 能否采用标准件，并将其编入饮料的生产程序？使用标准瓶盖。
(5) 将用自动化而节约的人工费和手工操作进行比较，其利害得失如何？装车环节自动化成本太高，可以用人工代替。
(6) 饮料所用原料能否用其他材料代替？性能、价格如何？非糖甜味剂代替砂糖；塑封箱代替纸箱，价格降低但不影响质量。
(7) 产品设计和工艺能否简化？果汁型汽水采用一次杀菌以降低成本。
(8) 材料的堆放、处理是否合理？堆放点与工艺点尽量靠近。
(9) 零部件是从外面定购合适，还是自制合适？与专门的生产商合作建立生产车间自行生产。

通过上述设问，该碳酸饮料的成本有所下降。

三、十二路思考法

也叫十二个聪明的办法，是我国的研究者许立言、张福奎对奥斯本的稽核问题表法进行了深入研究，并加以改造和发展，提出了的十二个聪明的办法，也叫"和田十二法"。这些"办法"具有中国式的表述风格，更有助于对该法的深刻理解和实际应用。

1. 加一加

可在这件东西上添加些什么呢？需要加上更多时间和次数吗？把它加高一些、加厚一些行不行？把这些东西跟其他东西组合在一起会有什么结果？

汉堡包就是面包加上肉饼和蔬菜得到的，可以加两层或三层，食用起来方便。

2. 减一减

可在这件东西上减去些什么呢？可以减少些时间或次数吗？把它降低一些、减轻一些行不行？可省略、取消什么吗？

普通眼镜将镜片减薄、减去镜架，就变成了隐形眼镜。把传统月饼、果酱中的糖度降下来，通过改进保藏工艺，就生产出低糖的月饼和果酱。同样我们又生产出低糖的饮料，低盐酱菜等产品。

3. 扩一扩

使这件东西放大、扩展会怎么样？

将伞面积扩大，并做成椭圆形，结果就是"情侣伞"。汉堡包加层放大变成"巨无霸"；面包放大成为"大列巴"；巨型南瓜的培育等。

4. 缩一缩

使这件东西压缩、缩小会怎么样？

如折叠伞、折叠沙发等。将果汁中的水分蒸发除掉一部分就得到浓缩果汁，便于保存和运输。微型玩具南瓜的培育，珍珠柿子的培育也是缩一缩的结果。

5. 变一变

改变一下形状、颜色、音响、味道、气味会怎么样？改变一下次序会怎么样？

例如：改变颜色生产出了绿、黄、红色的彩色豆腐，改变味道生产出了辣味的糖果，改变形状生产出了各种动物形状的饼干等。

6. 改一改

这件东西还存在什么缺点？还有什么不足之处需要加以改进？它在使用时是否给人们带来不便和麻烦？有解决这些问题的办法吗？

塑料袋装酱油往瓶子里倒时容易撒出来，所以研究了菱形包装袋，便于倒入瓶中。酱菜、酱等的包装袋上打的撕开口位于下方的改为上方使产品打开后直立时图案都是正的，感官效果好。

7. 联一联

某个事物的结果，跟他的起因有什么联系？能从中找到解决问题的办法吗？把某些东西或事物联系起来，能帮助我们达到什么目的吗？

黄瓜干晒制时候容易褪色，采用草木灰拌和后就可以达到保持绿色的目的。

西安太阳食品集团创始人李照森有一次陪同客人到西安饭庄进餐，发现人们对一道用锅巴做原材料的菜肴很感兴趣，不由得联想到：锅巴能做菜肴，为什么不能加工为小食品呢？美国的土豆片能风靡世界，作为烹饪大国的中国也应让锅巴食品征服世界。此后，西安太阳集团开发出大米锅巴、小米锅巴、黑米锅巴、五香锅巴、牛肉锅巴、海鲜锅巴、果味锅巴、咖啡锅巴、乳酸锅巴、西式锅巴等系列产品。

8. 学一学

有什么事情可以让自己模仿、学习一下吗？模仿它的形状、结构会有什么结果？学习它的原理、技术又有什么结果？

模仿速热垫开发出自热米饭、自热牛肉罐头等食品，模仿球型机械开关开发出后混合的饮料，喝时按动机关，两部分液体溶合成不同口味的饮料。

9. 代一代

有什么东西能代替另一些东西？如果用别的材料、零件、方法、代替另一种材料、零件、方法等，行不行？

爱迪生测量一个灯泡型玻璃瓶的容积，是将水注满这个瓶子，然后再倒入带刻度的量杯中直接读出。这里用的是"方法"替代。

如采用煎的方法熟化饺子得到了锅烙，采用复合薄膜代替玻璃包装罐头生产出软罐头，应用魔芋为原料生产出魔芋豆腐等。

10. 搬一搬

把这些东西搬到别的地方，还能有别的用处吗？

北方生产的低温肠到南方还能存在吗？南方生产出的则是腊肠。

11. 反一反

如果一件东西、一件事物的正反、上下、左右、前后、横竖、里外颠倒一下，会有什么结果?

人们知道气体和液体受热后要膨胀,受冷后要收缩。伽利略把它反过来思考,即胀——热,缩——冷,从而发明了温度计。

12. 定一定

为了解决某个问题或改进某件东西,为了提高学习、工作效率和防止可能发生的事故或疏漏,需要规定些什么吗?

据检测,茅台酒所含对人体有益的微量物质至少在 170 种以上,远胜于其他白酒,贮存时间越长,保健功能越突出。茅台酒股份有限公司采取了"定一定"的办法,将每瓶茅台酒出厂前都标上出厂年份,出厂后第二年,茅台酒价格将自动上调 10%,以后逐年以此类推。这一做法被称为"价格年份制",在中国白酒市场上是首创。

第六节 信息交合法

一、概述

信息交合法是华夏研究院的思维研究所所长许国泰副教授,经过八年验证,于 1986 年首创,也称"二元坐标法"。许国泰因提供"发明之发明",荣获联合国开发署"青年爱迪生发明奖杯"。目前信息交合法已日趋完善,适用于一些学科和行业,取得了可靠的成果。

信息交合法,俗称"魔球"理论。它神奇而多变,颇有实效。学习、掌握、运用它,可使人们思维敏捷,耳目一新,有所发现和创造,要了解它的作用,还需从一则佳话谈起。

1983 年 7 月,在广西南宁召开的中国创造学第一届学术研讨会上,日本专家村上幸雄为与会的作家、艺术家、编辑、记者、发明家、厂长、经理、教育专家们讲课。他讲得挺有魅力,也挺新奇,"请诸位朋友动一动脑筋,打破框框,说出回形针形形色色的用途,看谁创造性开发的好!"大家七嘴八舌,大约说了 20 多种。人们问"村上先生,您能讲出多少种?"村上莞尔一笑,伸出三个手指头。人们问:"30 种?"村上摇头:"300 种",人们不胜惊讶。

此举使台下一位与会者的心阵阵紧缩,他不禁递了张条子:"对回形针的用途,我能说出三千种、三万种!"。

第二天上午他走上讲台,拿起一节粉笔,在黑板上写下"村上幸雄回形针用途求解"。原先不以为然的听众一下子被吸引住了。他说"昨天大家和村上讲的用途可用勾、挂、别、联 4 个字概括。要突破这种格局,创造性的讲出回形针的千万种用途,最好借助简单的形式思维工具:信息标与信息反应场"。他首先把回形针的总体信息分解成若干信息,如材料、重量、体积、长度、截面、韧性、颜色、弹性、硬度、直边、弧度等,把这些信息点(要素点)用线连成信息标(X 轴)。然后,再把与回形针相关的人类实践也进行要素分解,如:数学、物理、化学、磁、电、音乐、美术等,连成信息标(Y 轴)。两轴相交并垂直延伸而成"信息反应场"。使各轴信息依次"相交",即进行"信息交合"。这种思维奇迹油然而生。

如 Y 轴上的数学点与 X 轴上的材质点交合,回形针可变成 1234567890,$+-\times=\div$ 等数字符号。Y 轴的文字与 X 轴的材质、弧等交合,回形针可做成英、日、俄等外文字母。材质与磁交合可做成指南针,美术与材质、颜色交合可做成铁画,电与长度交合可做成导线等等。

二、信息交合法的基本原则

1. 不同信息的交合可以产生新信息

信息是事物间本质属性即联系的印记。人类认识事物，必须而且只能通过信息才能达到，因为事物在相互作用中会不断产生新信息。新产生的信息称为子信息，产生子信息的信息称为父信息和母信息。"大豆"为父本信息，"牛奶"为母本信息，相交合后，产生子信息："豆奶"。

2. 新信息、新联系在互相作用中产生

（1）不同信息，相互联系产生的设想 如大枣与山楂是两个不同的信息，但交合在一起，成为山楂大枣饮料。

（2）相同信息、不同联系产生的设想 如同样是"大枣"，还可以点缀在馒头、面包上等。

（3）不同信息、不同联系产生的设想 如食盐、各种香辛料、辣椒、各类中草药等与蚕豆、白酒没有必然联系，但交合联系在一起，就是怪味豆、配置酒。

三、信息交合法的应用方法

运用信息交合法，可分为四步进行。

（1）定中心 即确定所研究的信息及联系的上下维序的时间点和空间点，也就是零坐标。如研究"冰淇淋"的革新，就应以冰淇淋为中心。

（2）划标线 即以矢量表串起信息序列。根据"中心"的需要划分几条标线，如研究"冰淇淋"，则在"冰淇淋"的中心点划出时间"过去、现在、未来"，空间（结构、种类、功能等）坐标线若干条。

（3）注标点 在信息标上注明有关信息点：如在"种类"标线上注明牛奶、大豆、绿豆、小豆、地瓜……意即牛奶冰淇淋、大豆冰淇淋、绿豆冰淇淋……

（4）相结合 以一标线上的信息为母本，以另一标线上的信息为父本，相结合后可产生新信息。仍以冰淇淋为例说明，以"大豆冰淇淋"为母本，以"荔枝"为父本，交合后可产生"大豆荔枝味冰淇淋"。"绿豆冰淇淋"与"苦瓜"交合可产生"解暑绿豆冰淇淋"。

在此基础上仍可进行交合，又可产生无数新信息，新联系，其实这些都是新型设计与新产品。看上去还是原来的冰淇淋，但体内的"机关"、功能增加了，它的用途也就更加广泛开来。由此可得出结论：一个操纵、使用这个信息反应场、熟悉掌握信息交合法的人，必须具有相当广博的知识，多方面的能力和美感思维等方面的训练，才能进行发明创新。这种发明创新是具有创造性、新颖性、实用性，实际上就是为商品的更新换代，新产品的开发提供了千百例的可能性。

四、信息交合法的应用实例

定型的产品不容易被更新，这是由于人们旧的思维形式造成的。信息交合法完全能打破固有的模式，使思维形式更新、突破，因此能更新，开发新产品。

以"面包、蛋糕"等为主体来进行信息交合，主要因素还有和面包蛋糕相关的水果、蔬菜、肉等原料因素，有方便、贮存期等消费因素，以此为例来阐述新产品、系列产品的构思和开发过程。具体见图6-1。

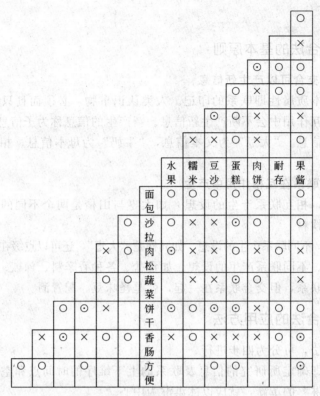

图 6-1 信息交合法的应用
×代表没有组合产品；⊙代表可以开发；○代表已经有产品；□代表为无意义

例如，水果面包已有，沙拉蔬菜已有，香肠面包已有；肉松与水果的产品可以开发，蛋糕和肉饼可以开发，蔬菜香肠可以开发；水果和香肠、豆沙肉饼、饼干香肠等暂无产品。

又如，开发香肠系列产品。魔球的中心是香肠，围绕中心可设立6个信息标（见图6-2）：①肉禽类；②药材类；③肠衣类；④水产类；⑤水果类；⑥形状类。然后，在每一信息标上注明标点。信息交合过程可按信息标展开，共分为三个方案。第一是肠衣开发方案，如：无毒塑料、高温纸、羊肠衣、牛肠衣、猪肠衣等；第二是形态开发方案，如：管状肠、方形肠、球形肠，再加上不同长度与规格的香肠；第三是材料开发方案，如：火腿肠、红肠、橘红肠（橘皮磨粉、白糖、瘦肉）、砂仁小肚、三丝果脯午餐肉肠。这样，除了肉、禽类系列香肠外，还可开发出水果、水产、健美、健脑、药膳及儿童营养系列香肠。

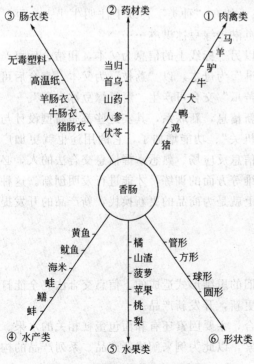

图 6-2 香肠开发信息场示意图

第七节 形态分析法

一、概述

形态分析法是美国的兹维基创立的一种技法。其原理是：将发明课题分解为若干相互独立的基本因素，找出实现每个因素功能要求的所有可能的技术手段（形态），然后加以排列组合得到多种解决问题的方案，最后选出最优方案。

形态分析组合的一个突出特点，是所得方案具有全解的性质。也就是说，如果把发明课题的全部要素和各种要素的全部可能形态统统列举出来，那么组合后就会将所有可能的解包罗无遗。另一个特点是具有形式化性质，它需要的主要不是发明者的直觉和想象，而是依靠发明者认真、细致、严密的工作及精通与发明课题有关的专门知识。因为它要求对问题进行系统分析并借此确定出影响问题解决的重要对立因素及其可能形态。经验证明，有专门知识和经验的个人或包括 2～3 名成员的小组是运用此法的适当的组织形式。

二、形态分析法的具体步骤

（1）定义发明对象　目的是明确发明课题所要达到的功能属性，并按这种功能属性确定发明对象属于何种技术系统，以便于进行后几步的因素分析和形态组合。

（2）因素分析　就是明确发明对象的主要发明部分即基本因素。确定的基本因素在功能上应该是相对独立的，因素的数量不宜太多，也不宜太少，一般以 3～7 个为宜。数量太少加两个，会使子系统过大，使下步工作难度增加，数量太多，组合时会很不方便。

（3）形态分析　即按照发明对象对因素所要求的功能，列出各因素全部可能的形态（技术手段）。这一步需要认真仔细的工作和较强的横向思维能力。要尽可能列出具有这种功能特性的各种技术手段，无论是本专业领域的还是其他专业领域的，为便于分析和进行下一步的组合，往往要采取列矩阵表的形式，把各种因素及相对应的各种可能的技术手段列在一目了然的表格中，一般表格为二维的或三维的，每个因素的每个具体形态用符号表示，其中有的代表因素，有的代表具体形态。

（4）形态组合　按照对发明对象的总体功能要求，分别把各种因素的各形态一一加以排列组合，以获得所有可能的组合设想。

（5）评价筛选组合方案　制定评价标准，通过分析比较，选出少数较好的设想，然后通过把方案进一步具体化，再进一步选出最佳方案。

对上述步骤只是一般程序，有经验的研究者可以不拘泥于这些步骤。比如，在形态组合中可预先对各种形态做些筛选，删去明显不可行的形态，在组合方案时也可以把存在不相容的即不可能组合在一起的方案删掉。另外，对于复杂的技术系统，可以分层次进行多级形态分析，然后上下反复协调，直到取得有创意的方案。

三、形态分析法的应用

形态分析法应用领域，主要是在新产品和新技术的开发以及产品和包装的改进方面。下面，我们就以改进某种软饮料的包装这样一个简单问题为例，对形态分析法的应用作以具体解释。

(1) 问题 改进某种软饮料的包装形式。经过仔细分析后确定的重要独立要素有：包装材料、包装大小和包装形状。

(2) 列出每要素的所有可能状态。

(3) 假设：
① 包装材料：玻璃、软塑料、马口铁、铝箔、不渗水的特种纸、纸塑复合材料。
② 包装大小：500g、450g、400g、350g、300g、250g、200g、150g。
③ 包装形状：细口瓶、圆筒状、方盒式、袋式、玩具造型、动物造型、扁盒式、葫芦状。

将各要素及各种可能形状排列成表（见表6-2）。

表 6-2 形态分析法改进软饮料包装的因素表

序号	包装材料	包装形状	包装大小/g	序号	包装材料	包装形状	包装大小/g
1	玻璃	细口瓶	500	5	不渗水的特种纸	玩具造型	300
2	软塑料	圆筒状	450	6	纸塑复合材料	动物造型	250
3	马口铁	方盒式	400	7		扁盒式	200
4	铝箔	袋式	350	8		葫芦状	150

将表 6-2 中的三个独立要素和各种可能形状作任意组合后，可构成 6×8×8＝384 种可能组合。如果就各个独立要素和各种可能形状孤立地看，都完全不是什么新东西，但这 384 种组合则肯定不是市场售软饮料都已有过的包装款式。经仔细比较、鉴别和进一步的细致设计后，其中很可能就有新颖的、为不同层次的消费者群所喜爱的包装款式。

四、形态分析法的改进

尽管形态分析法具有可以避免先入为主的影响，并可避免单凭思考而出现挂一漏万现象等优点，但在评价和选择各种可能设想时必然遇到工作量极其浩繁这一棘手问题，也使不少应用者望而生畏，感到十分头疼。德国巴特勒研究所的施利克祖佩和格什卡，经过一段时间的潜心研究后，他们感觉到，如果能根据一定的评价标准将这些要素按其重要性程度排个队，然后按此顺序逐次对那些重要要素及其各种形态加以组合并随之予以评价，就能得出相对最优的方案设想，而那些重要性程度较低的要素就可以不必去组合了。这样做，即可大大减少评价各种设想的数目，又可保证不会漏掉那些最重要的设想。据此认识，他们将其具体化为一种称为"序贯形态法"的创新技法。

此种方法的实施，大致可按如下步骤进行：

(1) 系统地分析所要解决的问题，找出可能影响解的重要要素。

(2) 从问题所特有的目标系统出发，推论出据以评价可能解的标准。

(3) 按其对目标系统的相对重要性，赋予各项评价标准以相应的权数。

(4) 分析并从数量上确定各要素与评价标准之间的相互关系，也就是确定各要素对形成可能解的质量的影响的大小，影响大小的系数规定在 0 到 1 的范围内。

(5) 分别求出每一要素用数量形式表示的重要性程度，具体做法是：先用相互关系系数与评价标准的权数相乘求出乘积，然后将每一要素的各项乘积相加求其和，即可得出。

（6）根据数值的大小，将各要素按其重要性程度顺序排列。

（7）先就两个最重要的要素用形态分析法的方式将要素与其形态加以整理，并参照有关的评价标准求出这两个要素的最优组合。

（8）将此最优组合与第三位重要的要素的各种形态加以组合，并求出其中的最优组合。依此类推，直至得出相对最优的方案。

第八节 借用专利文献法

它是利用情报、专利文献寻求发明创造的设想或目标，故称借用专利技法。

专利制度已在世界范围内被200多个国家和地区所采用，并建立了100多个国家和地区专利局。通过专利文献，把发明创造作为技术知识向世界各个国家传播。因此，专利文献是创造发明的一个巨大宝库，我们必须善于和有效地利用专利文献，充分发挥其作为创造发明的重要源泉作用。

借用专利技法有四种形式，分述如下。

一、调查专利进行创造发明

专利文献是发明人向政府有关部门申请专利时写的一份专利说明书，在专利说明书中，发明人必须将发明的技术公开。现在世界上积累的专利文献已达3000多万种，内容涉及各个方面。同时，由于专利文献对技术成果的说明较为详细，比一般的技术论文更具有使用价值。因此，发明家都十分重视专利文献。在科学技术发明史上，通过查找专利文献来寻找创造目标和创造性设想，最后获得成功的例子很多。

这种方法目前已为较多的科技人员广泛应用。此法一般是按照自己确定的发明对象，从专利文献寻找有关的专利提供借鉴参考，并在此基础上促进创造发明；也有直接从调查专利文献过程中，找出符合自己需要的发明对象开拓研究的。

二、综合专利成果进行创造发明

在实际创造发明活动中，有时单凭一篇专利文章，还不能解决发明创造中的问题，这时就需要采用综合专利文献的方法进行创造发明。

三、寻找专利空隙进行创造发明

在查阅专利文献时，探索技术发展的脉络是开拓新发明的一个有效途径。当一种发明目的没能实现时，可能是由于技术手段不完善，也可能是由于技术手段选择不当，在一项新的发明创造问世时，发明人往往拘于自己有限的眼界，看不到发明创造的全部应用领域。凡此种种都会在专利文献中显露出某种"空隙"，这就提供了进一步进行发明创造以弥补此类"空隙"的机会。

例如，有人看到复写文件需要费大量劳动，于是想发明新的复印方法。通过查阅专利文献，他发现前人都是采用化学方法，并未应用过物理效应。他根据专利文献中存在的这一知识空隙，提出了用光电效应和静电学相结合的复印技术，发明了一种完全干式的照相复印技术。

每年有数以万计的专利，因超过保护期、解密而成公开的财富。寻找专利空隙进行发明创造只需花少量的钱就可以获得要花费大量财力物力人力和时间才能取得的成果。

四、利用专利法的知识进行创造发明

自有专利制度以来，就伴随出现专利的诉讼。大多数发明家不关注专利诉讼，认为这是专利律师的事物。但是，许多事例表明，凡是容易发生专利诉讼的新技术、新产品，往往是具有较高商业价值和销售前途的技术和产品。因此，有许多发明家通过专利诉讼而谙熟了专利，寻找到发明的途径。

例如，1938年匈牙利人拜罗发明了圆珠笔并申请了专利，1945年美国人雷诺兹带回了这种圆珠笔。他请教了精通专利法的专利律师，知晓了如何区别两种同类专利的方法，很快的研制生产出新颖的圆珠笔来，随即畅销全世界，雷诺兹的成功，说明了充分利用专利法知识，可以在前人的专利上进行发明创造。

除上述创造技法外，还有许多创造技法，在此不一一介绍。

思考题

1. 举例说明创造技法应用的原则。
2. 为什么说智力激励法是发明创造的母法？
3. 请用特征列举法改进一种食品。
4. 写出当代常见的组合发明。
5. 什么是"5W 1H"法？它最适合用于新产品开发的哪一方面？
6. 何为信息交合法？为什么说它是"魔球"理论？
7. 对你来说创造技法是否能起到发明创造的作用？

第七章 食品新产品开发方向与方法

第一节 新产品开发的信息需求

一、新产品开发过程中的信息需求

新产品的开发,一般要经过计划决策阶段(主要任务是进行市场预测,同时形成新产品开发设想)、设计阶段(主要任务是将新产品开发设想转化为技术上的可能性)、试制阶段(主要任务是将新产品在技术上的可能性转变成新产品的样品)、生产阶段(主要任务是将新产品投入生产,形成规模)和市场实现阶段(主要任务是将新产品引入市场,获取收益)。

(一)计划决策阶段的信息需求

计划决策阶段是重要的战略决策阶段,企业应该全面地调查分析社会的需要,并根据企业本身的条件和客观的竞争状况,来决定企业究竟应该研制什么样的新产品。此阶段的信息需求主要包括以下几点。

(1)政策法规信息 对国家颁布的相关产业和行业政策、优惠和鼓励措施以及政策走向等信息应有很透彻的了解和掌握。

(2)市场信息 主要包括消费者需求变化的动向,以及影响市场需求变化的因素,如购买群体的变化,原材料供应情况等。利用市场信息是创新产品"适销对路"的前提。

(3)技术信息 主要包括相关技术在国内外发展情况、当前水平与未来趋势以及衡量本企业的技术在同类技术中的地位。依据技术信息,结合项目的进行,分析技术的形式、结构要素、基本技术原理,寻找开发或技术改造中的关键技术,确保项目的正常进行。

(4)竞争信息 包括竞争对手在技术水平、产品定价、促销战略、产品成本、生产工艺、销售额、知识产权管理等方面的信息,以及潜在竞争对手的预测信息。

(5)企业内部条件信息 主要包括人员情况、技术水平、自然条件、生产能力、管理水平以及资金等等。企业在实施产品创新时,必须首先对自身的实力做到胸中有数,使新产品的开发先进度与本身的实力相匹配。

(二)设计阶段的信息需求

设计阶段的主要任务是通过设计构思,在技术上、经济上将社会的需要和用户的要求,从设想变成现实。设计完善与否,将直接影响产品的质量、成本、研制周期和销售服务。

此阶段的信息需求主要包括用户对产品性能、质量、外观、操作的要求,与产品有关的科技动态、设计标准、技术参数、资源状况、能源政策、环境保护法等等。

(三)试制生产阶段的信息需求

产品的试制生产阶段是将产品开发设计阶段的成果转化为现实的生产力,生产全新的产品,以满足社会需要。其中样品试制的主要目的是考验产品结构、性能及主要工艺,验证与修正设计图纸，使产品设计基本定型，样品试制。

试制生产阶段的信息需求主要包括工艺的质量情况，原、辅材料等。包括实际总成本，新产品的技术特点，新产品的试销情况等等。在新产品试销过程中，要注意从产品的外观、品种、耐用性、方便性和安全性等方面搜集顾客对产品的评价、意见和要求，为企业完善产品性能，订出合理的产品价格，提高服务质量提供依据。

（四）市场实现阶段的信息需求

市场实现阶段是将创新产品推向市场为用户所接受。企业向市场推出的新产品成功与否，除了取决于市场需求、产品质量，还取决于市场营销策略，因此市场实现阶段的信息需求主要包括：国内外先进的市场营销理论知识与方法，现代电子商务理论与方法，新产品的销售情况，用户的反馈意见等等。

二、新产品生命周期中的信息需求

任何一种产品都要经历从诞生到消亡的过程，新产品的生命周期可分为市场导入期、成长期、成熟期和衰退期，全世界每天都有数以百万计的企业诞生，同时也有数以百万计的企业倒闭。一个企业要想生存和发展，就必须生产用户欢迎的产品，因此，产品从研究、设计开始，直到生产、销售和售后服务，都应该以满足用户需要为出发点，这就必须利用信息，不断推出并改进新产品。

（一）市场导入期的信息需求

市场导入期的信息需求主要是市场信息，即顾客在产品的花色、品种、规格、包装、耐用性、方便性和安全性等方面对产品的评价、意见和要求，这些信息为企业预测销售前景，完善产品性能，订出合理的产品价格提供依据。用户对产品售前、售后服务方面的意见和建议，为提高服务质量提供了条件。例如，珠海某食品工业集团股份有限公司，在其产品投入市场后积极搜集市场反馈信息，在认真分析、研究后，决定根据企业生产条件和西北、东北等地消费者的不同爱好，不断扩大企业生产线，为产品迅速进入成长期奠定基础。

（二）成长期的信息需求

此阶段销售额增长很快，为了增强产品竞争力，快速步入成熟期，此阶段的信息需求主要包括：工艺技术信息，包括新技术、新工艺、新材料、新产品、新能源等现状及其发展趋势；市场需求信息，包括现有需求容量和潜在需求容量，本企业和竞争企业的同类产品在市场上的占有率。消费信息，包括消费者的年龄、性别、民族、职业、居住地区、消费动机、消费习惯、消费水平等等。价格信息，产品定价是否合理，既关系到广大消费者的利益，又直接影响到产品销售，还关系到企业自身的利益。市场上同类产品和代用产品的价格水平，国家有关价格政策的调整变动情况等信息，能为企业进行合理的产品定价和价格浮动提供依据。销售信息，包括产品流通、分配渠道的现状及存在问题，广告媒介及其效果，各地经销机构的数量及其经销能力，自销产品的推销方式等。竞争信息，包括竞争对手基本情况，如对手厂家的数量、分布、生产的总规模，满足市场需要的总程度等等，以及竞争对手的竞争能力，这主要包括竞争对手的市场占有情况、企业规模、技术水平、技术装备情况、产品质量、服务态度等等。

（三）成熟期的信息需求

此阶段的时间长短直接关系到产品开发经济效益的大小，所以企业经营者总是要努力去延长这一阶段，尽可能维持或提高市场占有率。由于此阶段竞争十分激烈，因此，信息工作者要密切关注市场动态。

此阶段的信息需求主要包括市场竞争情况、市场需求情况和企业的生产技术和经营情况。从企业实际出发，根据企业需要与可能，寻求产品改进的大致方向、内容和形式，改进产品性能、产品包装，提高产品差异性，发展系列产品和派生产品。目前，世界上众多企业，无论是制造业还是批发商或零售商，都同时经营多种类的产品，大家熟悉的可口可乐饮料以独特的风味风靡世界，百年不衰，其主要原因就是可口可乐公司在日趋激烈的市场竞争中，能够不惜血本、不断推出新的广告力作，同时，不断推出"小精力"、"瞬间小姐"、"节食可口可乐"等系列产品，使得可口可乐在竞争激烈的饮料市场上，始终保持稳固的地位，市场占有率遥遥领先。

（四）衰退期的信息需求

此阶段企业经营的策略思想是逐渐淘汰旧产品，开发新产品。在衰退期，企业应注意将旧产品的有关资料搜集、整理、归档，以便留存备查或为新产品的开发提供有益的经验或数据，因此，衰退期的信息需求主要包括：竞争信息、销售信息、新老产品的技术对比信息等。

三、新产品技术引进中的信息需求

技术引进是技术开发的一种常见形式，技术引进不能追求"越先进越好"，而是要选择适宜技术。所谓适宜技术，实际上就是从本国经济力量、市场容量、文化、社会环境、生态环境、资源等各方面因素加以综合考虑，力求取得最大经济效果的技术。一切从本国、本企业实际情况出发，讲究适用、先进，这是技术引进的一个根本原则。

技术引进的内容很多，总的来说包括"硬件"和"软件"两个方面，在技术引进中，我们应大力引进软技术，并适当引进硬技术，两者要有机地结合起来，以达到技术引进的目的。在技术引进过程中，信息需求主要包括以下几个方面：

（1）有关的技术贸易法律和政策；
（2）技术输出者的情况；
（3）技术可行性；
（4）经济可行性；
（5）社会可行性；
（6）设备安装和使用信息。

第二节 市场导向型开发方向

市场如同战场，结果是优胜劣汰。市场导向型是融汇了市场经济规律的一种创造性思维方法，是创造学与市场学杂交的产物，是立足于市场经济带有定向发明创造的方法，它对于开发畅销产品，革新经营活动具有事倍功半的效果。

一、市场细分思考法

市场细分就是按照消费的需要，动机及购买行为的差异性，将整个市场划分为若干子市场，即将消费者区分为若干不同的消费者群，作为发明创造的目标，具体方法如下。

1. 按职业变量细分市场

如对饮料类产品进行市场细分，可以开发矿工清肺的"黑木耳饮料"，运动员饮用的"运动饮料"等等。

2. 按照男女性别差异细分市场

如汇源营养素饮料"他＋"，"她－"、"含情王子"、"含情公主"五味子饮料等。

3. 按地域变量细分市场

地域不同可以引起气温的不同，可以开发适合南方人饮用的"凉茶"饮料、盐汽水等产品，适合北方人饮用的人参饮料等。

4. 按使用场所细分市场

目前市场上标有"酒店专供"字样的饮料就是按场所细分市场的结果。

5. 按时差变量细分市场

既可以春夏秋冬为变量，也可按早中晚为变量，例如早茶、晚点、餐后鸡尾酒、餐前鸡尾酒、睡前鸡尾酒等。

6. 按经济变量细分市场

如白酒有中国名酒、驰名商标酒、省级名酒、地方名酒、普通小烧酒等高中低档产品。有几元钱一公斤的小烧，有几百元一瓶的名酒，通过采用不同的原料、生产工艺、包装等来表达。

二、引申需求列举法

通过列举引申需求进行发明创造，由一种需求带动而产生的另一种需求，比如随着人口增多，生活节奏加快，人们对方便食品的需求也在增加。这是一种顺藤摸瓜的研发方法。

1. 按需求链进行引申列举

在需求分析中，由基本需求→第一引申需求→第二引申需求……构成需求链。如为满足人们快节奏的需要，开发出方便面快餐，方便面需要不同的味道，就开发了不同风味的调料，调料中的蔬菜需要是干制的，就开发了冻干脱水蔬菜……

2. 按系列化要求进行引申列举

如某公司生产减肥饮料，抓住减肥这一需求，可以开发减肥醋、减肥酒等。

3. 按现实需求热点进行引申列举

着眼于现实需求容易与他人"撞车"。如果列举出潜在需求，独具慧眼地开发出别人未曾想到过的新产品，则是一种更高明的发明策略。如传统中药人参在东北普遍种植，根据国人对人参的食用习惯，研究人参酒、人参饮料、人参糖果是一种潜在的市场。

4. 按相关联想进行引申列举

前段时间流感流行，所以开发预防流感作用的食品可能会受到欢迎。

三、消费趋势导向法

衣食住行是人类的基本需求，饮食档次逐渐提高，开始讲究科学、营养和卫生，追求方便、安全。

1. 以需求层次模型导向进行创造

美国著名心理学家马斯洛所建立的需求层次模型，该模型认为人的需求是有层次的，按照其重要性和发生的先后顺序列为五个层次。要分析人们在某方面的消费需求已发展到哪个层次，如选择葡萄酒创新，首先要进行需求层次定位，如今的人喝葡萄酒，已不再停留在满足口味，而是作为一种身份的象征，故开发高档葡萄酒受到欢迎。

2. 按消费心理特征导向进行创造

消费者的心理因素不尽一样，不同消费地区，不同消费层次和不同年龄的消费者的心理状况不大相同。但是一些普遍的带共性的消费心理，也可以成为创造的源头，一般来说，消费心理特征主要表现为"十求"，即求新、求优、求廉、求美、求实、求特、求知、求乐、求情和求癖等。食品研发中既可以其中一"求"进行某一项创意，也可同时满足其中的几"求"进行综合开发。如"魔鬼糖"推出求新求特，但是因为含合成色素在食用时，会使孩子舌头染色，所以不受家长看好，故又推出"跳跳糖"等等。

3. 按畅销产品的畅销因素导向进行创造

当前社会上畅销的食品类产品有：多功能型的、专门型的、便捷型的、小巧型的、优质型的、普及型的、豪华型的、愉快型的、流行型的、仿天然型的、新奇型的、保健型的、系列型的等等。

（1）舒适、安全性导向　按此畅销因素进行思考，可集中精力在高档食品、方便食品、绿色食品等方面进行发明创造。

高档食品如咸菜中的"橄榄菜"、白酒中的"驰名商标酒"等对低收入者也是一种挡不住的诱惑。

方便食品，如适应快节奏生活的"速冻水饺"、"方便米饭"、"一拉热牛肉"等。

安全性食品，如绿色食品，有机食品等，满足人们回归自然的要求。

（2）重视健康的导向　一些大城市流行保健食品，如"苗条淑女"减肥饮料、"纤维饼干"减肥食品等。

（3）经济合理性导向　物美价廉是消费者衡量购买是否合算的一条基本准则，在廉价食品方面，发明者具有广阔的天地，一般可通过开发新型添加剂来实现。

（4）消费者参与的导向　消费者追求亲自参与逐渐形成一种风尚，如发明者开发了"自助葡萄酒"、"自助面包"，适应了消费者需要。

四、市场定位分析法

实施市场定位分析法进行发明创造时，一般按以下步骤进行：

1. 确定定位分析的基本对象

某公司生产蛋糕，以蛋糕为对象，消费者希望蛋糕具有较长的保质期。

2. 进行产品的市场定位

通过比较目前市场上蛋糕的特点和成本，产品定位为生活水平中上的阶层。该蛋糕需要在标准和工艺上进行改进。由于保质期长故价格高，同时产品要松软可口。

3. 利用市场定位进行创造性思考

按照这种方法进行发明创造的最大特点是能做到知己知彼，即充分了解市场上已有的东西和有待创造的事物之间的联系，并能帮助发明创造者本着避实击虚原则去确定自己的创新方案。

五、创造新型消费法

按照消费需求去发明创造才能获得成功，这已为大量的实践所证明，能否主动的创造新的消费需求，从而搞出新的发明呢？这就是"创造新型消费法"。它是一种进攻型的创造技法，主动引导消费。

1. 通过改变消费习俗创造新型消费

如人们通常希望产品经久耐用，若反其道而行之，就产生"一次性消费品"的新概念，现在一次性饭盒、一次性食用的小包装醋、酱油、酱等产品满足了旅游饮食的需要，已逐渐被人们所接受。

2. 通过改变环境创造新型消费

由于一种产品在设计时就被定位，被投放市场后，便逐渐的在消费者心中形成某种稳定的使用环境形象，如将面包和香肠经常被组合做室外快餐，但是也可以将其有机组合成热狗做办公室快餐。

3. 通过强制手段创造新型消费

各种政策法规是社会行为的准则和约束，也是创造新消费的环境和契机。如国家限制白酒生产，那么葡萄酒就有很好的发展空间，消费者逐渐喜欢上了葡萄酒产品。

六、产品用途扩展法

小苏打最初的用途或功能是在面包等焙烤食品中做发酵剂。阿尔姆-哈默公司对小苏打的功能进行研究分析，发现小苏打还具有多种功能，可以除臭，可以作清洗剂，推出"电冰箱除臭盒"，烤箱、餐具清洗剂等产品。此外，还有人将小苏打的功能扩展到抛光、冲洗、漂白、保持游泳池中合理的 pH 值等。

实施这种发明创造技法，应注意以下几点：

1. 克服固定概念，扩展创新

如水果罐头的食用方法就是作为水果的替代品直接食用，而由于新鲜水果增多，水果罐头产品销售量逐渐减小，于是有人开发了用水果罐头中的水果"炒冰"，而"炒冰"需要专门的水果，于是开发出"炒冰"专用水果罐头。

2. 分析事物性能

分析现有事物的性能是扩展其功能的基础，分析事物的性能离不开知识的运用，比如酒是一种用来交际的饮用食品，但是根据酒的成分和性质，可以用酒去治疗风湿病痛，从而知道酒还有其他用途。抓住那些非常规或鲜为人知的特性跟踪追击，就有发明创造的契机。

3. 进行新产品形象策划

产品功能或用途的改变，必须辅以新的市场形象，这是将创意变为产品必不可少的一步，比如设计一种瓶子，里面装有白酒，但命名为"风湿去痛液"。

4. 产品拓展创新法

拓展创新就是在原产品、设备、人才技术基础上，根据市场需求进行产品广度和深度开发的方法，当前不失为企业摆脱困境的一种良策。其要点如下。

（1）造型艺术化　在市场上造型别致、新颖漂亮的产品备受青睐，对食品进行艺术化处理，使其既有使用价值，又有艺术欣赏价值，是食品新产品创新的一个方向。例如各种形状的巧克力、各种形状的冰淇淋等。

（2）产品新潮化　追求时尚已成为一种潮流，企业在开发新产品中如能恰当地顺应这种潮流，就会开发出一系列适销对路的新产品。当韩剧热冲击着街头巷尾时，可以对韩剧中的韩国食品进行改进生产。

（3）使用方便化　随着生活节奏的加快，追求方便提高效率已成为人们的共同愿望。例如，"净菜""半成品菜""微波炉食品"十分畅销。

（4）产品系列化　使用配套产品、组合产品、系列产品，是当今市场上消费中又一大特点。如某公司生产火锅用肥牛肉，配套开发了火锅底料，而后又开发了火锅蘸料。

（5）功能多样化　一物多用是产品发展的一大趋势，其突出特点是使用便宜，价格也比分别购买各个单一用途的产品便宜，因此对顾客自然有吸引力。

（6）产品情趣化　随着社会生活节奏的加快，生活在大都市的人们越来越向往着生活的轻松、洒脱、温馨。因此，情趣化产品渐渐走进家庭，如卡通形状的食品，带有音乐的月饼、葡萄酒等礼品盒、双吸管的情侣饮料等。

（7）产品保健化　健康和长寿越来越成为人们期望和追求的目标，保健食品越来越受到人们的欢迎。例如降血糖、降血脂、抗疲劳等保健食品及具有保健作用的山楂、沙棘等食品广泛流行。

（8）性能特异化　企业要想在激烈的市场竞争中站稳脚跟，必须开发出自己独具特色的产品。例如将饮料原浆与水分别包装，饮用时现混合为不同风味的饮料的特色饮料产品使企业具有较强的竞争力。

七、产品附加值思考法

有名外商用每顶0.2美元的价格从我国购买一种工艺草帽，回去后再加压定型并另添花布飘带，结果在国际市场上以每顶18美元售出，这种做法叫提高产品附加值法。附加值就是在原产品价值的基础上，再增加新的价值，而成为一种新产品或新品种。

1. 准确捕捉信息

掌握市场信息是开发高附加值产品的前提，因为只有被市场接受的产品，才有真正的价值。所以超前的市场调研，准确捕捉消费趋势，及早开发出能够代表消费新潮流的产品，捷足先登，适销对路，就能提高产品的附加值。

市场信息就是一种附加价值。比如，超前知道国际市场上纺织品正趋向香味化，那么开发香味纺织品并及时投放市场，便形成高附加值的产品。有如有人闭门造车，精心开发现代浮雕工艺花瓶，运销美国后，却发现它还不如十分粗糙的仿古陶瓷卖得起好价钱。

2. 附加使用功能

在产品基本功能的基础上附加辅助性的使用功能，是实施提高产品附加值的有效措施。如水杯状的罐头，食用后罐头瓶可以做水杯等。但是要注意：避免盲目附加，避免因增加功能，使生产成本过分上升。

3. 进行深加工

现在，许多企业向市场提供的都是初级产品，缺乏深度加工的最终产品。如红薯每千克2元，加工成淀粉每千克4元，烤红薯每千克6元，加工开发红薯酒每千克18元，加工成味精每千克20元，加工提取纤维素每千克48元。直接深加工建立食品厂就可以开发某类产品了。

产品深加工是以半成品为产品的企业进行食品研发的主要途径。

4. 加大科技含量

尽管产品是科学技术的载体，但不同的产品的科技含量是不同的，因此，应注意采用高新技术促进产品上档升级。目前食品加工中高新技术层出不穷，食品加工技术多体现在设备上，因为不是所以食品企业的人都能应用高新技术，但是他们都可以操作加工设备。目前如超临界萃取、超微粉碎、超高压处理、膜技术等已经有了成型的设备，食品企业可以利用其改进现有产品的品质。

5. 产品的工业设计

工业设计是工业产品的技术功能设计和美学设计的结合和统一，它贯穿于产品构思、到调查研究、图纸设计制作、直到产品包装、销售、广告等一系列的全部设计过程，使产品更迷人、更有魅力，更适销对路，更具备高附加值。

全新的工业设计是市场效应的先导，顾客过去重视品质，现在反过来更重视设计。在高度竞争的市场经济社会和科技时代，各种产品的技术差异正在缩小，在新产品领域，要开发一种从未见过的食品几乎不可能，企业为了生存，只有在现有的同类产品的基础上进行新的设计，通过设计使产品拥有自己的个性，以区别竞争者。国际市场的竞争已演化为设计和科技的竞争，设计是产品的灵魂，是产品的龙头，是效益的先导。

现代工业设计首先研究人类的需求和欲望，贯彻功能第一，形式第二的原则。市场竞争在一定程度上就是个厂家工业设计的竞争，厂家要吸引顾客，占领市场，就必须在设计创新上下功夫。企业要发展就要有顾客至上的经营观念，就要不断开拓产品市场，就要不断开发优质的产品，提供真诚的服务——这就是工业设计者的创造。那么如何做好食品新产品的工业设计？

（1）色彩的运用与产品的规格组合策略　恰当运用色彩。日本的一家咖啡店，曾做过实验，发现人们对质量完全一样的三杯咖啡反应是：红色杯子的太浓，青色杯子的太淡，黄色杯子的正好，这说明了颜色对味觉的影响。合理配置产品规格。饮料类产品，应先推销小包装，再推销中型的，然后再推销大型的。对于食品的礼品包装产品，组合要恰到好处。

（2）增添产品的新用途　开发新功能，深加工增值。增加产品的软件价值，也就是产品的流行性、新潮性等。使操作简化，主要是一些半成品的需要消费者自行烹调的速冻蔬菜、干制品等方便食品要尽量简便消费者食用加工的步骤。

（3）包装和品牌是关键　产品的价值是由产品原有价值（功能、品质等）和附加价值（设计、色彩、包装等）组成的。

包装是无声的推销员，新产品更要新在包装上。要为散装产品设计包装；为简装产品设计精细包装；为可以久放的食品如白酒等设计纪念包装；为适应竞争，设计赠品包装；为常用必备产品，设计配套包装；为刺激购买，设计兼用包装，产品卸下包装后，其包装可以作其他物品的容器、儿童玩具、文件袋等。

消费者购买品牌的偏好，世界有十大名牌中，食品类品牌有可口可乐、雀巢咖啡、麦当劳快餐、百事可乐饮料。其品牌价值不可估量和忽视。一般的同类食品在市场上有很多种，消费者还是靠广告来选择产品的多，而广告是品牌培育的主要渠道。

第三节　传统食品工业化与食品新产品开发

一、传统食品及其种类、特点

"一方水土养一方人"，中国的饮食文化在世界享有盛誉，虽然人类具有相同的消化系统，相同的味觉和相同的代谢机制，可是不同国家、民族，甚至不同区域的人却有着不同的饮食习惯。世界各国都努力发掘、弘扬自己的传统食品。中国传统食品在营养方面的价值，可以说在合理性、丰富性、科学性方面都值得向世界推广。

（一）传统食品的概念和种类

各民族、各区域人们日常餐桌经常食用的、历史悠久的食品被称作传统食品。传统食品也是地方文化的重要标志。

中国的传统食品大都是中国居民的主食，也有一些优秀的副食。中国传统食品有很多，全国各地都有地方特色食品。一般将其分为以下几类。

（1）主食类　如月饼、油条、千层饼、拉面、刀削面、凉面、米粉、豆拌面、麻花、热干面、饸饹面、粽子、糯米粑粑、饺子、馒头、大碴粥、汤圆、馄饨、面条、包子、煎饼、寿糕、羊肉泡馍、灌汤包、过桥米线、烧卖、烧饼、锅巴等。

（2）副食类　大豆腐、水豆腐、豆花、茶蛋、东北酸菜、农家大酱、泡菜、萧山萝卜干、皮蛋、八宝酱菜、腊肉、烤鸭、烤鸡、金华火腿、火锅、卤肉、高邮咸鸭蛋、干白菜、黄瓜钱、川菜、粤菜、桂菜、湘菜、佛跳墙、狮子头、鸡汤豆腐串、炒粉、三鲜豆皮、鸡丝卷、灯影牛肉、皮蛋瘦肉粥等。

（3）休闲小吃类　驴打滚、果丹皮、糖葫芦、凉茶、酸梅汤、豆浆、豆汁、奶茶、奶豆腐、耳朵眼炸糕、鱼皮花生、怪味豆、油炸臭豆腐、甜酒酿、凉皮、爆米花、炒米、果脯、棉花糖等。

（二）传统食品的特点

1. 源远流长、文化积淀深厚

中国许多传统食品历史悠久，世代相传，延续至今，少则数十年，多则数百年，长期为一定的人群习惯食用，具有习惯成自然的天然可接受性而拥有相应的市场。自然环境和人文社会给予的影响，使中国传统食品表现为中国饮食文化的载体，透过中国的传统食品，可以感受到中国的一些相应的自然风光和人文风俗，给传统食品以除实物本身以外的无形价值。

2. 中国传统食品的基本体现了"素食养身，医食同源，源于农耕，和谐自然"

从历史上看，中华民族大部分属于农耕文化，中国人的主食一般指粮食做的"饭"，而把副食称作"菜"，中国人的主食米饭、馒头、豆腐、粥和西餐的牛排、奶酪、面包相比更有利于健康。

3. 中国传统主食加工工艺的特色在于蒸煮，产品具有高度的安全性

蒸煮有利于营养保持和调和。例如，汽蒸馒头和烘烤面包相比，汽蒸火候易控。现代热物理知识也说明，汽蒸很容易把加热温度控制在100℃左右，使馒头、包子等熟化时外不焦内不生，营养破坏降到最少。带馅的面制品也是中国古代的一大发明，还有煲汤、煲粥等，营养丰富、美味而保健，这些都和蒸煮加工有关。

（三）传统食品工业化开发的意义

传统食品工业化，即是将具有悠久历史、流传至今的中国传统食品，用先进的加工手段进行工业化生产，以最大限度地保存其原有风味和营养价值，提高附加值，延长货架期。这是中国食品界长期以来不断追寻和探索的目标，也是世界各国食品界关注的热点。

中国传统食品在数千年的发展中，是一个逐渐扬弃、不断进取的过程。然而目前在中国，我们的传统食品却受到很大挑战。首先是西方的快餐文化，迅速影响了一部分青少年的饮食习惯，西餐也在"文明"、"高雅"、"营养"的光环下对中国传统食品提出了挑战；另外由于农畜产品的极大丰富和中国人收入水平迅速提高，传统食品也在发生着前所未有的变化。传统遇到现代的挑战，经验受到科学的考验，给传统食品的开发赋予了新的意义。

1. 充分利用食物资源，促进以农业食物资源为主要原料的食品工业发展

通过深化原料的综合利用，发掘新的资源，大大提高附加价值，以至于超过农业食物原值的数倍。乃有谓"农业的出路在食品工业"、"现代食品工业是农业产业化的必由之路"。中国传统食品正是食品工业最具发展潜力的门类。

2. 丰富人民饮食生活，满足日益增进的需求

随着人民生活水平的提高，人们对与日常饮食生活密切相关的传统食品，无论在数量上、质量上都会有更新的需求，只有工业化的传统食品方能适应这种需求。

3. 提高人民健康水平，造就知识人才资源

工业化生产传统食品通过传统的饮食习俗，透入饮食生活，可以改善饮食构成，提高人民健康水平，造就强体质、高智能的知识人才。

二、传统食品开发与现代加工技术应用

中国传统食品营养丰富，品种繁多，要将现代食品、生物、营养学等科技知识与我国传统饮食文化有机结合，开发出适应市场形势的新产品，尤其是"营养、安全、保健"型新产品。如适应糖尿病人和肥胖者食用的高纤维素馒头、蔬菜馒头、南瓜面馒头等；面制品中开发非油炸方便面、鲜食面、蔬菜面、鸡蛋面等；饼干业开发无糖饼干、纤维素饼干、高钙饼干等。

传统主食食品工业化生产并非简单的规模化、自动化改造，它既包括对产品从营销学角度的定位和设计，也包括运用现代营养学、加工学、工程学知识和技术生产出受市场欢迎的新产品，主要目的是使产品具有一定的营养并达到一定的货架期。在这些传统食品加工过程中，诸多的科技问题，包括了发酵方法、原料配方、工序选择、工艺指标、储藏影响因素、嗜好性评价等多个研发课题，涉及生物技术、谷物化学、发酵学、食品工程、机械学等多门应用学科的研究和技术。因此要尽可能采用真空冷冻干燥、超高温瞬时杀菌、超高压处理、速冻加工等食品工程高新技术，达到机械化、连续化、自动化，方能避免直接手工操作带来的对产品质量的不利影响。在国外，像肯德基炸鸡、麦当劳汉堡包、方便面等等就是这样成功开发的范例。

三、传统食品开发与口味

"民以食为天，食以味为先"，味是一种文化的积淀，是历经时空变迁而顽固存在的民俗。尽管它在变化发展，但一个国家民族对味的认同是基本不变的。传统食品具有适应性较强的色、香、味，在开发中一是需要保存这种原汁原味，二是要改革原味道。例如茶蛋的工业生产中我们要保持原来的味道才能受消费者欢迎，而凉茶的开发中我们则要改民间凉茶的苦涩的中药味为略带中药味道的酸甜适口的口味，从而适合大众消费需要。

四、传统食品开发与标准化

产品标准是提高产品质量的重要保证。传统食品大多没有国家或行业标准，有些作坊生产的甚至还没有企业标准。因此在传统食品开发中要标准先行，对没有国家和行业标准的要

做好产品的企业标准,如主食类企业根据自己产品的独特性如烹调特性分析评价指标和嗜好性评价指标(筋道口感的黏弹性分析方法)等,制定相应的企业标准。这样制订的标准符合中国主食食品多样化、地域性强的特征。随着企业的发展壮大,逐步升级到行业标准,最后上升到国家标准。

五、最小工业规模与产品成本控制

工业化生产必须达到最小规模下限以上的一定的规模,以发挥规模效应。小于最小规模下限,技术上不合理,经济上不合算,生产效率低,就保持不了稳定生产。还会造成产品的生产成本过高,影响产品销售。

六、传统食品开发应注意文化传承和国际化

文化对经济的发展有着不可估量的作用,应对加入WTO的一个重要战略就是发扬民族文化,强化具有民族特色的消费氛围。许多国家,如日本、法国、韩国等都是这么做的,他们十分重视传统食品加工技术与文化的统一,十分珍视自己的食品文化,保护和发扬自己的食品文化,甚至把它作为维护民族权益,保护本国农业的战略。

中国的饮食文化源远流长,博大精深,我们应该把这种文化推向世界,把中国的传统食品推向世界。因此我们在传统食品开发中要做好产品的国际化准备,如把中国的传统食品名称经过再创造翻译为独特的英文,而不是简单的意译,并注册具有相应寓意的国际化商标和品牌名称。

综上所述,传统食品工业化中,食品因其特性不同,加工保藏方法也不同。加工主要是为了达到延长货架期的目的,但是也要保持产品的感官特征。然而并非所有传统食品都可以进行工业化开发,例如有些要求特殊口感的传统食品是不宜进行工业化开发的,如油条、棉花糖、豆花等。

第四节 畅销产品创意开发方向

畅销产品可能是新产品,也可能是老产品。同样,新产品中也有一部分是畅销产品,其余是滞销产品。

(一)以奇制胜

产品的开发贵在一个"创"字,贵在一个"新",为了做到这一点,必须从实际需要出发,努力寻求各种容易被人忽略的潜在的"机会"。

一位名叫安藤百福的日本人,在回家的路上,看到有许许多多的人排在饭馆前,等着吃热面条。安藤想,吃热面条需要在饭馆等待、费时、费力,如果能有一种只用开水一泡就可以吃,而且本身带有味道的面条,该有多好。经过三年多的试验,终于创造了"鸡肉方便面"。

(二)挖掘传统特色

我国是一个历史悠久,幅员广阔的国家,在全国各地有许多具有传统特色的食品,挖掘传统特色是开发畅销产品的重要法则。

1. 挖掘和恢复失传了或者快要失传的传统产品,名牌产品

如采用酒海储存的白酒,酒海是用桑皮纸和猪血糊起来的酒篓子,几近失传,将其开发

出来弘扬酒文化;"鼎丰真"老字号面点产品的开发等都是发掘特色的结果。

2. 在传统产品基础上进行创新,开发出新的产品

例如在传统产品茶蛋上进行创新,开发出常温保存的茶蛋,经过技术创新,又开发出营养丰富的重组蛋制品。

3. 利用新技术开发新的畅销产品

利用冷冻技术、罐头技术可使一些传统食品、饮料,制成罐头、冷冻食品。如天津友谊罐头食品厂试制成的"中餐宴席罐头"有八菜一汤。又如冷冻"狗不理"包子,便于运输、储存。

4. 仿制出土物,开发新产品

如"道光廿五"酒,企业在扩建时挖到一个千年的储酒坛子,于是开发了具有收藏价值的"道光廿五"酒,产品供不应求。

(三) 从统计资料上产生创意

从政府机构及其各机关定期或不定期公布的统计资料,可以得知现在的状况和将来的动向。下面从人口统计指标分析,看可以开发哪些畅销产品。

1. 根据低出生率而产生的产品创意

现代的父母亲由于大都一个孩子,在经济上也付出多一些。因此,小孩子的消费是不可忽视的,依此开发出儿童增智食品、儿童休闲食品、儿童食品玩具等。

2. 随着高龄化而获得产品的创意

随着人口逐渐迈向高龄化,出现了一种银发市场。因此,根据高龄者的消费特点可开发出脑白金等老年保健食品、传统食品及民族食品、曾经吃过做过的怀旧食品等等。

(四) 注重女性的产品创意

犹太人经商的秘诀是瞄准女人的荷包,他们研究人类的特点发现,世界各国家庭的购物权,均掌握在女性手中。家庭消费品,主妇购买的占55%,男性购买的占30%,夫妇一起购买的占11%,小孩购买的占4%。因此开发出女性减肥食品、美容食品、调节代谢食品等。

(五) 销售人员的信息反馈和产品创意

用户从某种意义上说,才是真正的产品设计者。"用户至上",不仅在于企业生存必须依赖于产品能够赢得用户的欢心,还在于生产者能从用户那里得到许多改进产品的有益启示。营销人员是最常接触产品的实际使用者和消费者的人,他们最容易收集到消费者和使用者的需求,可以根据消费者对产品的抱怨和改善要求,获得珍贵的创意。

如消费者抱怨传统的"锦州小菜"太咸,于是开发了低盐的锦州小菜,抱怨果酱太甜则开发了低糖果酱。

(六) 开发"轻、薄、短、小"的畅销产品

1. 开发"轻"的畅销产品

食品的所谓"轻"一是指重量轻,二是浓缩了体积的轻。因此可以开发各类干制品,如干白菜、黄瓜干等,还可以应用冻干技术开发冻干大豆腐、冻干草莓、浓缩葡萄汁等"轻"型食品。

2. 开发"薄"的销售产品

食品的"薄"主要还是形态上的薄,就是薄层状食品如煎饼、春饼、面片制品等,产品

薄而香，或脆或软。薄还可以指淡淡风味的食品，如淡味啤酒、淡味汤料等。

3. 开发"短"的销售产品

食品中的"短"意为快，很多是以"快速"而占优势的产品，如速溶咖啡，速溶奶粉，速冻方便食品等。

4. 开发"小"的畅销产品

例如迷你番茄、小型包装的糕点、酒版化包装的白酒、葡萄酒，专为旅游者设计的微型包装的食品、滋补品，具有消炎杀菌作用的调味品等。

（七）技术领先与技术追随

技术领先时企业在技术改革上保持领先，所有不是领先者的企业都被看作是技术追随者。完全依靠自己的力量开发新产品，需要雄厚的技术力量和强有力的盈利的产品作为后盾，还要承担一定的风险。为了使新产品开发获得更大成功，企业要走新产品开发的捷径。

1. 瞄准需求，借"鸡"生蛋

豆腐的工业化生产在我国起步晚，因此相关企业借鉴日本豆腐的工艺技术，开发了我国的内酯豆腐。

2. 借机创新，改良品种

山东沃特食品机械公司为了使产品达到世界先进水平，从国外引进真空油炸食品生产设备研制生产真空油浸设备。样机经过鉴定，达到真空油炸的技术性能指标，具有国际先进水平。

（八）瞄准市场注意技术的综合运用

1. 利用新技术开发畅销产品

开发新技术型食品新产品要采用新技术，包括新型杀菌技术、包装技术及生物技术、提取分离技术中的各种新技术，特别是生物技术应用越来越广泛。采用现代生物技术研发的食品新产品如玉米深加工的味精、赖氨酸等具有高附加值。

2. 利用技术复合开发畅销产品

利用一种新技术可以开发畅销产品，将两种技术复合也可以创造一种畅销产品。技术复合型新产品可以通过下列方法得到。

（1）一般技术与一般技术复合　冷冻、真空、加热技术组合就发明了冻干技术。

（2）一般技术与先进技术的复合　显微镜的制造是一般技术，电子计算机是新技术，两者复合在一起就创造了具有记忆功能的显微电镜这种新产品，可用于食品分析检测。

（3）先进技术与先进技术的复合　微波技术与冻干技术结合开发出了微波冻干的食品。

3. 从擅长的技术领域开发畅销产品

每个食品加工企业都有一个主攻的技术领域，产品应在这一领域进行延伸和开发，延长产品线的深度。

（九）积极采用国际标准，提高产品开发水平

目前我国已经逐步认识到产品标准的重要性，一些大企业和国家有关部门已制订了一些我国出口产品的标准。目前有"小型企业做产品，中型企业做技术、做品牌，大型企业则做标准，长青企业做文化"之说，充分说明了产品质量标准的重要性。如上海星辉蔬菜有限公司，先后制定、实施了"星辉大葱"、"星辉结球甘蓝"等17个产品标准及操作规程，顺利进入海外市场，实现了"一流企业卖标准"。

第五节　食品新产品开发策略

综合中外企业新产品开发精华，结合我国当前的实际，启发灵感，活化思维进行新产品开发有 36 计。

1. 连锁开发法

分析市场消费结构的内在联系和发展趋势，把握产品之间的连锁关系来开发新产品。如传统食品饺子带动了饺子面、饺子醋、饺子酱油等产品的开发。

2. 冷门开发法

方便面开发出来后，都是用热水浸泡来食用，虽然方便但还需要泡开，有企业开发出干脆面。

3. 缺点逆用法

某烟厂生产出保健香烟，形成销售旋风，可能治疗心血管等许多疾病。

4. 改头换面法

根据产品的文化内涵和科技内涵将原产品另取名称，赋予新的涵义。如湖北省"随州特曲"酒销售不畅，后来根据考古发掘出编钟乐器，他们改为"钟乐"商标，换成编钟造型包装而名扬海外。

5. 寻找漏洞法

各个产品在使用中总有不足之处，通过开展小发明、小革新、小改革、小设计和小建议活动来弥补漏洞赢得市场。如开发彩色巧克力等。

6. 功能变换法

根据消费者需要，增减功能。如白酒增加保健的功能生产出药酒。

7. 材料变换法

变换其中某些材料，使产品产生新的性能和功效。某企业以木糖醇代替白砂糖，开发出无糖的饼干、月饼、蛋糕和面包等。

8. 外形变换法

凭外观的标新立异，博得人们宠爱。如水果罐头现在销路一般，企业多通过包装瓶的标新立异来吸引消费者。

9. 出奇开发法

开发出奇特功能的产品来出奇制胜。如咸味、辣味的饮料，供给某些特定的地区。馅饼历来都是圆的，那么用面片和馅卷起来的长卷再围成一个圆形的饼就避免了馅饼馅分布不均匀的缺点。

10. "一次"开发法

开发价格低廉、用后即扔的"一次性"使用产品。如开发小包装的葡萄酒，白酒等产品，避免了一次喝不完而引起的质量变异。

11. "迷你"开发法

以小巧美观、便于携带取胜。其特点是轻、薄、短、小，备受消费者欢迎，如 100mL 装的扁瓶白酒，便于携带；脱水蔬菜便于运输和储存。

12. "怪缺"开发法

"怪缺"产品的市场需求量也不少，主要指特殊人群需要的食品。如盲人需要的食品，职业病人食品等。

13. 仿古开发法
如古色古香的酒类礼品装，还有从名称上体现古的特点的御酒、红楼食品等。

14. 满足好奇法
满足消费者的好奇心理，如开发出的"跳跳糖"、"自混合式饮料"等。

15. 发现需要法
日本人发明的方便面，就是从人们快节奏中生活中发现的。野外作业人员食用的一拉热自热米饭等则是从野外饮食中发现的，"一拉热方便米饭"、"自热牛肉罐头"等是根据旅游中人们的饮食需要发现的。

16. 配套开发法
小企业着力开发大企业不屑生产的小食品，或给大企业高配套产品生产。关键是瞄准紧俏产品和目标选得准。如青红丝、清水保鲜蕨菜、方便面酱包、调料包、肉包等。

17. 再生开发法
如用可食用的包装袋（盒）包装的食品、用水果罐头下脚料开发的配制酒等，可大大降低成本。

18. 开发节能产品法
如高压锅食品、微波炉食品、超高压加工的食品等。

19. 开发环保产品法
例如无烟烧烤的肉串，采用烟熏液代替果木熏制的香肠、腊肉等大受欢迎。

20. 追求流行法
及时而又准确地预测市场信息，开发相应的流行产品，如带果粒的蓝莓饮料满足了人们见到真材实料的心理，它来源于十年前人们开发的一种将罐头中的水果切片装如透明塑料杯中以吸引消费者的带果块的饮料产品。

还有依赖某电视剧、电影流行，国内国际大型事件的发生，都可以依次开发出相应品牌的食品来。

21. 逆反开发法
利用逆反消费心理开发出的新产品，同样销路好。传统月饼是硬的就开发软的月饼；糖果也是硬的，就开发出软糖果；榛磨、木耳、竹笋等都是干品，开发出泡发的榛磨、木耳、竹笋，满足了人们方便的需求，一时销路极好。

22. 创造市场法
一般人认为，在市场经济条件下，左右市场消费结构的是消费者，而不是生产厂家。保健食品脑白金就是创造了"送礼就送脑白金"的消费时尚，做到了引导消费。

23. 创造惬意法
让人们使用起来更舒适，更能消除压力和疲劳。保健食品可以归此类，开发具有解酒功能的保健饮料产品。

24. 交叉开发法
解放初期实行的是男性中心创意法，以男性眼光设计男性专用产品和女性专用产品，致使许多产品不适用而积压。后来发展为同性创意法，即男性设计男性专用产品，女性设计女性专用产品。现在出现了异性创意法，即男性也注意开发女性专用产品，如适合女人喝的饮料、酒等，而女性也注意开发男女专用产品，如男人食用的滋补食品等。

25. 直观开发法

根据某种消费现象，进行纵延横伸的直观思维，找出新产品开发的路数。如削水果皮机、包饺子机、压面机、搅拌机，保鲜面片、保鲜面条等。

26. 反观开发法

利用逆向思维反其道而行之，以期新中求异、异中求特。如豆腐是压制而成的，某企业开发了直接凝固成型的内酯豆腐，大受欢迎。

27. 聚优开发法

把多种相关的开发思路汇聚起来，求得创新。如饺子产品可以将饺子的馅料经过替代开发出燕窝馅的、鲍鱼馅的、鱼翅馅的等高档饺子产品。

28. 发散思维

即从某研究对象出发，由一点联想到多点进行发散思维。如碗装方便面问世后，由它发散出碗装的"酸辣粉"、"羊肉泡馍"、"皮蛋瘦肉粥"、"八宝粥"、"土豆泥"、"大酱粉"等。

29. 开发"保健"法

由于人们的生活水平和消费层次的不断提高，日益注重对保健的投资，因此，开发保健食品市场的潜力很大，如各种美容食品、减肥食品、增强记忆力食品等。

30. 别出心裁法

含有食盐、辣椒等调味料的产品外观是无法区别，故应用此法，我们将产品用从浅黄色、橙黄色到红色不同颜色深度的包装袋包装以区分不同的辣度和咸度。

31. 差异开发法

即利用消费层次或消费习俗的差异化来获得新产品的开发创意。这其中不仅有消费水平、生活方式、文化习俗的差异，而且还有年龄、性别、地区以及民族等多方面的差异，开发的范围很广。

由于人们的消费层次不同，既存在富豪型、富裕型的高档消费者，也存在贫困和温饱型的低档消费者。注意拉开档次开发新产品，如既有上千元的白酒，也有百十元的白酒、还有几元一瓶的小烧白酒等。

32. "时差"开发法

某发展中国家的厂商，每到美国、西欧、日本去转一趟，回来后就着手开发出很多新产品。发达国家现在普及、流行的许多产品，不少是发展中国家一定时间后的走俏产品，利用这一时差来开发国内的新产品。

33. 紧跟开发法

有的小型企业技术开发力量薄弱，承受风险的能力差，以自身力量来开发新产品往往心有余而力不足，不妨采取紧跟开发的策略，下决心买下有利的专利或技术，组织力量生产实现效益。

34. 高点强攻法

应用高新技术开发新产品，如利用膜分离、超微粉碎、气调包装、欧姆杀菌、超临界萃取、超高压、分子蒸馏等食品工程高新技术开发各种食品新产品。

35. 钻空隙开发法

搜集国内外著名食品公司产品，分析其市场空隙，盯紧边角市场见缝插针来开发新产品。如根据大企业都生产纯净水和矿泉水的现实情况，小企业开发了山泉水。

36. 增值开发法

通过深加工提高产品的附加值，玉米是基本的生产原料，也是主食和饲料，将其深加工可以开发出玉米淀粉、玉米变性淀粉、玉米酒精、味精、赖氨酸等，价值大大提高。

第六节　食品新品开发方法

（一）贴身跟随法

紧跟行业领导品牌的产品，其产品的成功已经证明了该类产品的市场接受度，而且领导品牌已经聚积了消费者，引导了某种消费潮流，无形中为开发的新产品节约了大量的宣传成本，比如杯装奶茶这样一个新的品类，联合利华推出的立顿奶茶通过大量的传播、推广手段引导了一种新的消费习惯，后期其他品牌跟随推出的杯装奶茶也获得了成功。

（二）消费方式创新法

同样以奶茶为例，它的创意源自于街头巷尾的奶茶铺，开发出适于超市销售的产品有：袋泡奶茶（立顿）、袋装冲饮奶茶（立顿）、杯装奶茶（立顿、喜之郎）、瓶装液态奶茶（呦呦奶茶）。消费方式的创新包括：食用方式的创新（茶饮料）、产品形态的创新（利乐包咖啡饮料）、包装形式的创新（牛奶的利乐包、PET 瓶、塑料杯、爱壳包、新鲜屋等多种包装形态）、消费时间、地点的创新（如蒙牛的早上好奶及晚上好奶）等等。

（三）功能强化、口味多样化法

以酸奶为例，这样一个品类的创新，除包装形态的创新，更多地往功能化，口味化创新的方向发展。如益生菌牛奶、加钙奶、光明的草本系列等等。这种创新法一般通过添加强化因子如钙、铁、锌、硒等人体必须的微量元素，强化产品功能；能过添加各类水果成份如草莓、香草、苹果、咖啡、牛奶等多样化产品口味。

（四）延长保质期法

仔细观察市场中近期流行的产品，发现有个有趣的现象，这些产品并不能算是新产品，但是其通过工艺处理后，在保持风味不变的基础上，把原本传统的、短保质期的产品改变为较长保质期的时尚消费品，并适于在超市货架销售。以前米糕这种食品只能即时食用，在家里存放两三天就会变味。"米老头"发现了其中的商机，开发出的米通系列产品，不仅可以保证九个月以上时间内不会发生变质，而且风味口感比以前的米糕强上数倍，于是取得了成功。

同样近年流行于市场的小面包（三辉面包、盼盼小面包），创意来自于面包房的普通面包，只是将其保质期延长了几个月而已。还有蛋黄派、脱水果蔬片等等，无不源自于一些传统食品，它们之所以能取得成功，一是这类产品迎合了消费者的需求、满足了现代人快节奏的生活方式，二是满足现代销售渠道的需求。当然这种方法对生产工艺的要求相对较高。

（五）市场细分法

市场细分的方法有很多种，传统的细分法是按照人口统计特征细分，如按年龄分，可分为幼儿、儿童、青年、成人、老年人等；按职业分，可分为学生、白领、普通工薪层、家庭妇女等；按性别分为男性、女性；按收入分为月收入 2000 元以下、2000～5000 元、5000～10000 元、10000 元以上等层级；按生活区域分为城市、农村；按地理区域分为南方、北方。一般细分市场都会结合以上几种元素进行，比如某咖啡产品的目标消费者定位为城市中 25

岁到 35 岁的女性白领。

聚焦于某个特定细分市场的产品战略需要考虑到市场的容量、目标消费群的购买能力、与竞争品牌的区隔等因素。一个合理的聚焦战略取得成功的概率要大很多。如高乐高、格力高等因聚焦于儿童市场而取得巨大的成功。

（六）搭车法

所谓搭车法，是指开发的新产品与某个具有极大市场空间的产品品类相关联，跟随该品类的发展而发展。比如市场中的"牛奶搭档"消化饼，紧跟牛奶这样一个年销售几百亿的品类而发展，它解决了中国人空腹喝牛奶易患乳糖不耐症的问题，虽然市场上的消化饼有很多竞争品牌，但是其采用搭车战略开发的产品，因其清晰的定位而取得成功。再如川崎的火锅底料，因搭上国内火爆的火锅市场而成功；太古方糖，因搭上咖啡市场的发展而获得成功。

（七）特定渠道法

所谓特定渠道法是指专为某类特定的销售渠道而开发产品的方法。如专为学校渠道开发的学生奶、专为邮政渠道开发的礼品包产品、专为农村渠道开发的非常可乐、专为 KA 店开发的三联包优惠装等等。利用此方法开发新品，首先需要分析此类渠道的特点以及在该渠道购物的消费者特性，我们开发的产品一定要迎合这些特点，满足该渠道消费者的需求，方能取得成功。

当然，一个新产品的成功取决于诸多的因素，比如：新品的推广、品牌的传播、营销组织的架构、销售队伍的管理、招商政策的制定等，但是产品的开发是个基础，没有一个满足消费者需求的产品，其他的都无从谈起。

 思考题

1. 如何获取新产品的开发信息？
2. 市场导向型新产品开发都有哪些方面？
3. 试举出传统食品工业化的例子并加以说明。
4. 食品新产品开发方法有哪些？

第八章 食品新产品生产过程与开发实例

第一节 食品类产品生产过程

在企业的食品新产品研发过程中,食品新产品要进行试生产,食品的生产过程从建厂到生产一般包括以下几个方面。

一、企业注册程序

注册在工商部门进行,经过预先核准企业名称、持工商行政管理部门出具的单位名称预先核准证明文件到卫生部门办理食品卫生许可证,再到环保部门办理建设项目环境影响评价文件审批,验资后,到工商部门办理营业执照,持营业执照到公安部门办理公章备案,到质监部门办理组织机构代码证,再到税务部门办理税务登记,最后到银行开户。

二、食品卫生许可证审批流程

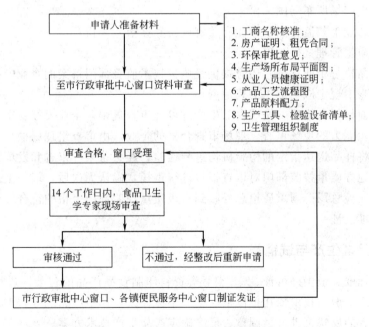

图 8-1 食品卫生许可证审批流程

三、产品标准的编写、审批、备案

食品新产品的标准由专业技术人员起草,经专家委员会审批报技术监督部门备案,具体程序如下：

(1) 企业标准文本草案（电子版）；

(2) 标准备案登记表 3 份；

(3) 企业按标准组织生产检验能力审查表；

(4) 产品质量检验报告（1 份）；

(5) 企业标准编制说明（1 份）；

(6) 企业标准内部审查意见书（1 份）；

(7) 企业相关证书（复印件）：营业执照、代码证书，食品卫生许可证。

四、办理食品生产许可证（QS）

QS 是"质量安全"（Quality Safety）的英文缩写，它是我国新近实施的食品质量安全标志。国家强制性规定，所有的食品生产企业必须经过检验，合格且在最小销售单元的食品包装上标注食品生产许可证编号并加印食品质量安全市场准入标志（"QS"标志）后才能出厂销售。

目前，我国已在食品生产领域全面推行食品质量"QS"认证。食品生产加工企业按照地域管辖和分级管理的原则，到所在地的市（地）级质量技术监督部门提出办理食品生产许可证的申请，提交申请材料。所需资料及过程如下：

(1) 填写《食品生产许可证申请书》（到所在市（地）质量技术监督部门领取）两份；

(2) 企业营业执照、食品卫生许可证、企业代码证（复印件）一份；

(3) 不需办理代码证书的，提供企业负责人身份证复印件一份；

(4) 企业生产场所布局图一份；

(5) 生产企业工艺流程图（标注有关键设备和参数）一份；

(6) 企业质量管理文件一份；

(7) 如产品执行企业标准，还应提供经质量技术监督部门备案的企业产品标准一份；

(8) 申请表中规定应当提供的其他资料。

企业的书面材料合格后，按照食品生产许可证审查规则，企业要接受审查组对企业必备条件和出厂检验能力的现场审查。现场审查合格的企业，由审查组现场抽封样品。审查组或申请取证企业将样品送达指定的检验机构进行检验。经必备条件审查和发证检验合格而符合发证条件的，地方质量技监部门对审查报告进行审核，确认无误后，统一汇总材料在规定时间内报送国家质检总局。国家质检总局收到省级质量技监部门上报的符合发证条件的企业材料后，审核批准发证。

五、产品试生产与试销售

根据产品标准、卫生许可证、QS 编号等资料印制食品产品的包装，进行产品生产和试销。产品试生产一般由技术依托单位根据产品小样放大，调整产品配方和工艺流程进行。试销后根据消费者的反映再进行微调整，最终确定产品生产技术方案。

第二节　保健食品的生产

保健食品系指表明具有特定保健功能，适宜于特定人群食用，具有调节机体功能，不以治疗疾病为目的的食品。凡声称具有保健功能的食品必须经卫生部审查确认。研制者应向所在地的省级卫生行政部门提出申请，经初审同意后，报卫生部审批。卫生部对审查合格的保健食品发给《保健食品批准证书》，批准文号为"卫食健字（ ）第号"。获得《保健食品批准证书》的食品准许使用卫生部规定的保健食品标志。

由于保健食品的特殊性，在生产保健食品前，食品生产企业必须向所在地的省级卫生行政部门提出申请，经省级卫生行政部门审查同意并在申请者的卫生许可证上加注"××保健食品"的许可项目后方可进行生产。保健食品审批流程如图8-2所示。按照国家《保健食品注册管理办法》的要求，主要有以下几个方面。

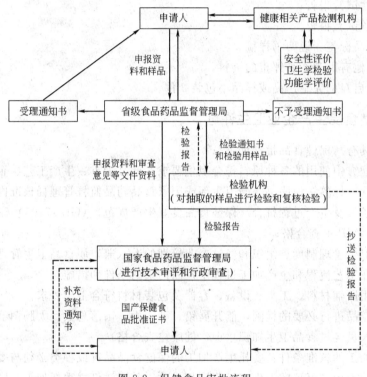

图8-2 保健食品审批流程

一、国产保健食品申报

（一）保健食品注册申请表。
（二）申请人身份证复印件或营业执照复印件。
（三）提供申请注册的保健食品的通用名称与药品通用名称不重名的检索材料。
（四）产品品牌名为注册商标的应当提供商标注册证明文件。
（五）产品研发报告（包括研发思路，功能筛选过程，预期效果等）。
（六）产品配方（原料和辅料）及配方依据。原料和辅料的来源及使用的依据和质量标准。
（七）功效成分、含量及功效成分的检验方法。
（八）生产工艺简图及说明和有关的研究资料。
（九）产品质量标准（企业标准）及起草说明。
（十）直接接触产品的包装材料的配方及选择依据、质量标准。

(十一) 检验机构出具的检验报告，包括：
(1) 试验申请表；
(2) 检验单位的签收通知书；
(3) 安全性毒理学试验报告；
(4) 功能学试验报告；
(5) 兴奋剂检验报告（仅限于申报缓解体力疲劳、减肥、改善生长发育功能的注册申请）；
(6) 功效成分检测报告；
(7) 稳定性试验报告；
(8) 卫生学试验报告。
(十二) 产品标签、说明书样稿。
(十三) 其他有助于产品评审的资料。
(十四) 未启封的完整产品或样品小包装 2 件。

二、保健食品生产企业卫生许可

(1) 产品具有《保健食品批准证书》；
(2) 产品配方中使用的各种原料符合卫生要求；产品配方、生产工艺、企业产品质量标准以及产品名称、标签、说明书等与卫生部或国家食品药品监督管理局核准内容一致；
(3) 生产条件及生产过程符合《保健食品良好生产规范》（GB 17405）和相关卫生规范要求，并通过 GMP 审查合格；
(4) 具有卫生管理制度、组织和经过专业培训的专（兼）职食品卫生管理人员；
(5) 具有在工艺流程和生产加工过程中控制污染的条件和措施；
(6) 生产用原辅材料、工具、设备、容器及包装材料符合卫生要求；
(7) 能对产品进行必要的检测，能开展铅、砷、汞、菌落总数、大肠菌群检验；
(8) 从业人员经过食品卫生知识培训、健康检查合格；
(9) 委托加工的核准条件：委托生产加工的保健食品品种或种类必须与委托方和受委托方双方所持有的卫生许可证的卫生许可范围相一致，并通过订立委托加工合同以公证的形式明确双方食品卫生的责任及责任的期限；委托方必须具备保证委托生产加工食品的卫生安全保证体系和风险控制能力，并具备相应的产品检验能力；受委托方必须达到食品企业卫生规范的各项卫生要求，且取得保健食品生产企业 GMP 审查证书；受委托方不得将接收委托生产加工的保健食品再委托其他食品生产经营者生产加工；
(10) 产品经省级卫生行政部门认定的检验机构检验合格；
(11) 卫生行政部门规定的其他生产经营条件。

三、国家对保健食品原料的要求

为了进一步规范保健食品原料的管理，也让广大群众和生产厂家更多地了解保健食品原料使用的规定，卫生部发布了《既是食品又是药品的物品名单》、《可用于保健食品的物品名单》和《保健食品禁用物品名单》。

(一) 可用于保健食品的物品名单

人参、人参叶、人参果、三七、土茯苓、大蓟、女贞子、山茱萸、川牛膝、川贝母、川芎、马鹿胎、马鹿茸、马鹿骨、丹参、五加皮、五味子、升麻、天门冬、天麻、太子参、巴戟天、木香、木贼、牛蒡子、牛蒡根、车前子、车前草、北沙参、平贝母、玄参、生地黄、生何首乌、白及、白术、白芍、白豆蔻、石决明、石斛（需提供可使用证明）、地骨皮、当归、竹茹、红花、红景天、西洋参、吴茱萸、怀牛膝、杜仲、杜仲叶、沙苑子、牡丹皮、芦荟、苍术、补骨脂、诃子、赤芍、远志、麦门冬、龟甲、佩兰、侧柏叶、制大黄、制何首乌、刺五加、刺玫果、泽兰、泽泻、玫瑰花、玫瑰茄、知母、罗布麻、苦丁茶、金荞麦、金樱子、青皮、厚朴、厚朴花、姜黄、枳壳、枳实、柏子仁、珍珠、绞股蓝、胡芦巴、茜草、荜茇、韭菜子、首乌藤、香附、骨碎补、党参、桑白皮、桑枝、浙贝母、益母草、积雪草、淫羊藿、菟丝子、野菊花、银杏叶、黄芪、湖北贝母、番泻叶、蛤蚧、越橘、槐实、蒲黄、蒺藜、蜂胶、酸角、墨旱莲、熟大黄、熟地黄、鳖甲。

（二）保健食品禁用物品名单

八角莲、八里麻、千金子、土青木香、山莨菪、川乌、广防己、马桑叶、马钱子、六角莲、天仙子、巴豆、水银、长春花、甘遂、生天南星、生半夏、生白附子、生狼毒、白降丹、石蒜、关木通、农吉痢、夹竹桃、朱砂、米壳（罂粟壳）、红升丹、红豆杉、红茴香、红粉、羊角拗、羊踯躅、丽江山慈姑、京大戟、昆明山海棠、河豚、闹羊花、青娘虫、鱼藤、洋地黄、洋金花、牵牛子、砒石（白砒、红砒、砒霜）、草乌、香加皮（杠柳皮）、骆驼蓬、鬼臼、莽草、铁棒槌、铃兰、雪上一枝蒿、黄花夹竹桃、斑蝥、硫磺、雄黄、雷公藤、颠茄、藜芦、蟾酥。

四、新资源食品

《新资源食品管理办法》已于2006年12月26日经卫生部部务会议讨论通过，现予以发布，自2007年12月1日起施行。

（一）新资源食品的范围

该办法规定的新资源食品包括：

(1) 在我国无食用习惯的动物、植物和微生物；
(2) 从动物、植物、微生物中分离的在我国无食用习惯的食品原料；
(3) 在食品加工过程中使用的微生物新品种；
(4) 因采用新工艺生产导致原有成分或者结构发生改变的食品原料。

新资源食品应当符合《中华人民共和国食品安全法》及有关法规、规章、标准的规定，对人体不得产生任何急性、亚急性、慢性或其他潜在性健康危害。在此基础上，国家鼓励对新资源食品的科学研究和开发。

（二）新资源食品的申请、审批与生产

申请新资源食品的，应当向卫生部提交下列材料：

(1) 新资源食品卫生行政许可申请表；
(2) 研制报告和安全性研究报告；
(3) 生产工艺简述和流程图；
(4) 产品质量标准；
(5) 国内外的研究利用情况和相关的安全性资料；
(6) 产品标签及说明书；

(7) 有助于评审的其他资料。

另附未启封的产品样品 1 件或者原料 30g。

卫生部制定和颁布新资源食品安全性评价规程、技术规范和标准，新资源食品专家评估委员会（以下简称评估委员会）负责新资源食品安全性评价工作，根据评估委员会的技术审查结论、现场审查结果等进行行政审查，做出是否批准作为新资源食品的决定。

新资源食品生产企业应当向省级卫生行政部门申请卫生许可证，取得卫生许可证后方可生产。

第三节 产品成本核算与价格估算

一、成本核算及其内容、意义

1. 成本及成本核算的概念

生产成本是生产单位为生产产品或提供劳务而发生的各项生产费用，包括各项直接支出和制造费用。直接支出包括直接材料（原材料、辅助材料、备品备件、燃料及动力等）、直接工资（生产人员的工资、补贴）、其他直接支出（如福利费）；制造费用是指企业内的车间为组织和管理生产所发生的各项费用，包括分厂、车间管理人员工资、折旧费、维修费、修理费及其他制造费用（办公费、差旅费、劳保费等）。

把一定时期内企业生产经营过程中所发生的费用，按其性质和发生地点，分类归集、汇总、核算，计算出该时期内生产经营费用发生总额和分别计算出每种产品的实际成本和单位成本的管理活动称为成本核算。成本核算的实质是一种数据信息处理加工的转换过程，即将日常已发生的各种资金的耗费，按一定方法和程序，按照已经确定的成本核算对象或使用范围进行费用的汇集和分配的过程。

成本核算的基本任务是正确、及时地核算产品实际总成本和单位成本，提供正确的成本数据，为企业经营决策提供科学依据，并借以考核成本计划执行情况，综合反映企业的生产经营管理水平。

2. 成本核算的内容

完整地归集与核算成本计算对象所发生的各种耗费。正确计算生产资料转移价值和应计入本期成本的费用额。科学地确定成本计算的对象、项目、期间以及成本计算方法和费用分配方法，保证各种产品成本的准确、及时。

3. 成本核算的原则及意义

计算成本应遵循合法性原则、可靠性原则、相关性原则、分期核算原则、权责发生制原则、实际成本计价原则、一致性原则、重要性原则。

成本核算是成本管理工作的重要组成部分，成本核算的正确与否，直接影响企业的成本预测、计划、分析、考核和改进等控制工作，同时也对企业的成本决策和经营决策的正确与否产生重大影响。

做好计算成本工作，首先要建立健全原始记录；建立并严格执行材料的计量、检验、领发料、盘点、退库等制度；建立健全原材料、燃料、动力、工时等消耗定额；严格遵守各项制度规定，并根据具体情况确定成本核算的组织方式。

通过成本核算，可以检查、监督和考核预算和成本计划的执行情况，反映成本水平，对成本控制的绩效以及成本管理水平进行检查和测量，评价成本管理体系的有效性，研究在何处可以降低成本，进行持续改进。

因此新产品开发中正确、及时地进行成本核算，对于企业开展增产节约和实现高产、优质、低消耗、多积累具有重要意义。

二、成本核算的方法

会计学上的成本核算法有实际成本法、标准成本法、作业成本法等，大多数中小企业的特点决定了他们应对成本核算方法进行简化，使成本核算方法能适应其管理现实的需要；也同时决定了他们多数应使用的是实际成本法，其具体方法有品种法、分批法、分步法等。

无论什么工业企业，无论什么生产类型的产品，也不论管理要求如何，最终都必须按照产品品种算出产品成本。按产品品种计算成本，是产品成本计算最一般、最起码的要求，品种法是最基本的成本计算方法。

而本书所进行的成本核算属于实际成本法的简易核算方法。它是将产品的直接支出费用和制造费用进行分解，按品种的产量单位或最小包装单位进行分摊再累计的过程。分解后的成本项目如下。

（1）内容物成本　主要是内包装内产品的原料及辅料成本。如果汁饮料的果汁、砂糖、酸及其他添加剂等。按用料的市场价格和配方计算。

（2）包装成本　主要为内包装和外包装成本的分摊，包装物上的标签等也一并算入。如玻璃瓶价格、复合塑料袋价格、标签价格等。

（3）生产费用　主要为工资、福利、补贴等人工成本、水电气等燃料动力成本。按当地工资水平和能源价格及耗量计算。

（4）折旧及维修成本　主要是按照固定资产的折旧年限和残值计算出每年许折旧的金额，将其按日生产量分摊到单位产品当中。维修费用一般在当年累计计入。

（5）企业管理成本　主要包括管理人员的工资、办公费、差旅费、劳保费、招待费等。

（6）广告及运销成本　此成本在实际成本之外，但是也在总成本之中，故在此列入，主要为年或阶段广告费用、运输销售费用按生产量分摊到单位产品中。

三、销售价格的估算

产品成本价格为产品的总成本，企业将其加上利税即为产品的出厂价格，出厂价格加上中间商的利税即为批发价格，批发价格可以有一级批发和二级批发价格，批发价格加上零售商的利税就是零售价格，零售价格分为超市零售价格和商场零售价格，因为超市可以直接从厂家进货，故其零售价格低于商场零售价格。按出厂价格累计的金额也称为产值，生产商和各级销售商获得的利税经上缴各类税收后得到的是利润。

价格的估算需掌握生产商和各级销售商计划获得的利税，一般生产商的所获利税为产品出厂价格的15%左右，批发商所获利税为批发价格的5%左右，超市零售所获利税为零售价格的20%左右，商场经销者所获利税为其零售价格的30%左右。

当然同是食品因其食用特征不同，其价格也不同，有些商品的利税率就可能高或低。如乡巴佬茶蛋和盒装月饼就显示了两种不同的价格及利税关系。

四、成本核算及销售价格估算的应用

（一）某碳酸饮料的成本核算及销售价格估算

该饮料为 PET 包装，500mL。

(1) 内容物成本　按 10% 含糖，糖价格 4000 元/吨计，需糖 0.20 元；其他添加剂酸、香精、色素、防腐剂、改良剂等共计 0.10 元。合计 0.30 元。

(2) 内外包装成本　内包装瓶（含标签）0.60 元，外包装箱每瓶折合 0.10 元。合计 0.70 元。

(3) 生产费用　按每天支付的工资、消耗的水电气量和产量计算，每瓶折合人工费 0.10 元，能源费用 0.10 元。合计 0.20 元。

(4) 折旧及维修费用　按固定资产和折旧年限，计算出每年的折旧额，再根据每天产量推断出每瓶折旧额。每瓶 0.10 元。

(5) 企业管理费　每瓶分摊 0.20 元。

(6) 广告及销售费用　0.20 元。

以上合计成本为每瓶 1.70 元。预计出厂价 2.00 元，批发价 2.10 元，超市零售价 2.50 元，商场零售价 3.00。生产企业利税每瓶 0.30 元，超市利税每瓶 0.50 元，商场零售利税每瓶 0.90 元。

（二）某礼品盒月饼成本及销售价格预测

盒装双黄白莲蓉月饼，净重 1000g。

(1) 原辅材料成本　包括馅料、蛋黄、皮料、配料、油糖，如果按一级用料的标准算，合计需要 43.01 元。

(2) 内外包装成本　如铁盒、饼托、封塑、脱氧剂、纸箱、手提袋等，成本合计 14.5 元。

(3) 生产费用　包括做饼工、包装工、交通、福利、水电等，合计 5.3 元。

(4) 折旧费用　场租及维护费用等，合计 1.0 元。

(5) 企业管理费　企业招待的餐食、住宿、交际费及奖励等，1.50 元。

(6) 广告及销售费　媒体广告投放为 7.8，其他的是抽奖和印刷品费用，总计 1.2 元。销售费主要为促销费、运输费，成本为 2.5 元。

以上合计，一盒双黄白莲蓉月饼的生产成本是 76.81 元。出厂价 109.0 元/盒，批发价为 129.0 元/盒，零售价 188.0 元/盒。

第四节　食品新产品开发的评价

评价就是按照一定的观点来判断一个方案的优劣，选出最佳方案，为产品决策提供科学依据。新产品的评价方法作为开发新产品的工具，是讨论新产品开发工作的主要依据，是确定下一期新目标的基础。

一、新产品评价的目的

新产品评价，不是新产品开发过程的一个步骤，它贯穿于整个新产品开发过程，从新产品

设想的评价、产品使用测试到试销都是对新产品的评价。企业进行新产品评价的目的主要如下。

（1）剔除亏损产品　新产品评价的一个关键目的是指出那些将给企业带来财务危机的新产品，使企业在新产品开发中避开造成巨额亏损的风险。

（2）寻求潜在赢利的产品　新产品评价除筛选出亏损产品之外，还必须寻求有潜力的产品。如果企业丧失了产品赢利的机会，那么，它的代价是竞争对手会占领这一市场。

（3）提高产品创新工作效率　新产品评价为一系列的新产品决策提供信息。如审批一项制造产品的决策时，应首先评价项目的价值；作产品广告决策时，必须以市场敏感性评价为基础等。

（4）为后续工作提供指导　一些概念评价技术，如偏好研究、市场细分、感觉性差异，不仅能进行评价，而且能对未来活动方向、市场目标及市场定位提供良好的建议。

（5）维持新产品活动的平衡　企业的新产品活动可能不是唯一的，往往有多个新产品构思的评价同时进行。这样，各个产品的接受、否决、先后顺序应放在一起统筹安排。而且，新产品的开发是共同使用企业的资源，需要综合平衡。

二、新产品评价的内容和方法

食品新产品开发评价包括立项评价、创意构思评价和应用效果评价。其主要内容是立项和构思的可行性评价、产品质量评价和市场应用效果评价，质量评价包括理化指标分析和产品感官质量评价。方法如下。

（1）专家评价法　该法是以评价者（专家）的主观判断为基础的一种评价方法。专家评价法包括：评点法、轮廓法、检查表格法和实数法。

（2）经济评价方法　该法是以经济指标为标准对研究开发的改善进行定量研究、评价的方法。经济评价法包括指标公式法和经济计算法。

（3）运筹学评价法（OR法）　该法运用运筹学原理，以解决新产品研究开发（特别是大型项目）中的实际问题。该法是利用数学模型对多种因素的变化进行动态定量分析，包括线型规划法、动态规范法、模拟法和相关树法等。

专家评价法是一种直观的定量法，由于方法简便被称为"最实用的评价方法"。对于产品的感官评价现在有了更精确的量化方法，就是采用物性测定仪测量食品的物理特性，如嫩度、柔韧度、硬度、黏弹性等。而对于可行性和应用效果的评价则可以辅助表8-1新产品评价报告表、表8-2食品新产品开发评价表进行。

表8-1　新产品评价报告表

项目名称	评　分　等　级	分　数
质量目标	与其他同类产品比较： 非常好　　　　　好 普通　　　　　　不好	
技术水平	具有特色、性能优越　有一定优点 平常　　　　　　　　较落后	
市场规模	大　　　　中　　　　小	
竞争状况	无强大竞争者 存在强大竞争者但能抗衡 竞争者多 竞争能力小	

续表

项目名称	评 分 等 级	分　数
产品所属生命期	投入期 成长期 成熟期 衰退期	
开发技术能力	在现有人员设备和技术条件下： 具有充分的可能性 需增加一定条件才可 需增加很多条件才可	
销售能力	用现有人员和销售点： 具有充分可能性 需增加一定条件才可 需增加很多条件才可	
收益性	预估利润率： 　30％以上 　25％以上 　20％以上 　15％以上	
合计		

表 8-2　食品新产品开发评价表

品　名	产　地	规　格

同类产品销售状况：

包装与市价：

促销方式：

行销路线：

进货路线：

市场潜能：

报告人摘要说明：

相关部门意见	国 外 部	事 业 部	门 市 部

总经理：　　事业部：　　主管：　　填表：

第五节 食品新产品开发实例

一、台湾"桂冠熟布丁"的研发实例

以台湾食品"桂冠熟布丁"的市场研发为例,剖析其新产品的研发思路、研发方向、研发过程、研发推广等环节,为新产品开发作参考。

特写镜头:

① 以"熟"布丁切入布丁市场;
② 试吃对象涵盖900所幼儿园;
③ "画蛋比赛"小学生反应热烈;
④ "恐龙蛋"促销活动达1000场次;
⑤ 上市第一年夺下15%～20%的占有率。

在1989年4月之前,台湾的布丁市场掌握在两大食品厂商手中。"统一"和"味全"合计占有80%以上的市场,两大品牌虽曾受到新加入者(譬如"金甜甜"与"咪咪乐")的挑战,但地位始终不动摇,挑战者一律无功而退,布丁市场因此相安无事好几年,从1986年到1988年间电视广告不见布丁芳踪,可见端倪。

直到1989年4月"桂冠熟布丁"加入战场,才给平静无波的布丁市场带来几许涟漪。经过一年来的拼搏与厮杀,在两大食品厂商虎视眈眈的注视下,"桂冠熟布丁"展现其坚韧的生命力,终于在布丁市场中存活下来,并且占有市场一席之地,据估计其占有率在15%～20%之间。

这对于一个上市才一年的新产品而言,实是不可多得的成功案例。这份成功并非偶然,前后聚集了桂冠三年来的计划与准备。

(一)新产品市场调查研究

在此之前,桂冠公司是以冷冻食品起家,知名产品有桂冠燕饺、水饺、汤圆等火锅食品。这些产品基本上是以冬季为主,产销数量淡旺季极为明显,淡旺季销售量比例大约是3∶7。当时桂冠的产品线中只有沙拉酱是夏季产品,这对于一个拥有120名业务代表及庞大冷冻送货车队的公司而言,显然公司资源在夏季时未能充分利用。

因此,早在1986年,桂冠就开始思索如何找出夏季产品的切入点,来充分利用公司现有资源及平衡公司业绩在淡旺季的差距。

除了布丁之外,桂冠公司曾考虑过冰淇淋,经过深入研究之后,发现冰淇淋市场并不适合,其理由如下:

(1)冰淇淋市场过去五年的年平均成长率低于10%;
(2)因营销体系所致,利润大多由中间商所赚取,厂商的利润微薄;
(3)冰淇淋的生产设备投资金额过于巨大。

也就是说,在初期投资大、利润不高、成长率又太低的考虑之下,冰淇淋的产品构思就被放弃。

布丁原本也不看好,主要是市场主力"统一"与"味全"太强,他们的营销能力是业界的领先者,光比营业额就是桂冠的好几倍。

桂冠自知若是与两大厂正面冲突,必定是以卵击石,胜算全无。所以在1989年之际,尚未决定是否要进入布丁市场，桂冠只是密切注意市场动向，包括定点抄录两大品牌的销售量、促销活动及铺销体系。

（二）新产品构思与策划

桂冠的布丁梦到1988年3月才有了转机，当年桂冠通过机械供应商的介绍，前往日本各大布丁厂参观访问，发现其中一家布丁工厂生产熟布丁，算是新产品，上市四年成长三倍多，而且价格是一般布丁的两倍。

桂冠经营者思索："为何台湾没人做这种产品？这么贵的布丁在台湾会有销路吗？"桂冠一行人心里充满疑惑地回到了台湾来。

回到台湾才发现，原来熟布丁已经有人开始在做——那是乐乐美食品店生产的"台中布丁大王"。

不过，布丁大王属于小规模产销，只供应少数零售点，没有任何广告与促销支援，产品静静地躺在冷藏柜等候识货买主。每个零售价台币12元，远高于统一与味全布丁。可喜的是，桂冠发现布丁大王的销路不差，以台北某超级市场为例，布丁大王每天销150~200盒，大约是统一布丁在同一地点销售量的三分之一。这表示消费者很能接受熟布丁的口味及价位，于是桂冠公司1988年5月开始积极研究进入布丁市场的可行性。

为了深入了解消费者对布丁的看法与偏好，桂冠举行多场"小组讨论"，邀请初、高中学生畅谈他们对布丁的感受，在总共9场、每场15人次的小组讨论中，桂冠得到下列几个宝贵的参考资料。

（1）布丁主要消费者在5~14岁的男、女生及14~17岁的女生，最主要消费者则是小学与初中学生。

（2）消费布丁的人常常不是购买布丁者，也就是家庭妇女购买给家中的子女。

（三）新产品试制与包装、价格的确定

1988年7月，桂冠开始在实验室试做布丁，并送到台北地区各幼儿园试吃，根据小朋友及老师反应来修正口味，从7月到次年3月正式上市之前，口味修正无数次。试吃的对象极广泛，偏布台北地区900多所幼儿园（占台北地区幼儿园60%以上）。除了口味不断改正之外，在消费者测试中也发现不少珍贵心得。

（1）布丁容量100g正好；

（2）消费者希望布丁附有塑胶汤匙，方便随时食用；

（3）消费者不大能区别熟布丁与现有布丁的差别，除非是两种布丁同时品尝；

（4）不爱吃布丁的小朋友，看见别人吃布丁会跟着吃。

产品的口味与配方在进行修正之际，产品的包装设计与命名则同时展开。几经研究之后，产品包装——杯子与杯盖——采用日本制作的KNYLON材料，因其膨胀系数高、耐热耐煮。这与熟布丁的制作有关，一般布丁是采用冷凝法，而熟布丁是采用新鲜制作，用高温凝结蛋白质。所以布丁需按先封盖再经煮熟工艺，就像煮蛋一样，杯子与杯盖都是从日本进口。

产品命名则煞费周折。为了细分市场及反映产品利益，用"熟"布丁与市场上的布丁来作区别。当初曾考虑到"蒸"布丁，但是"蒸"只是制作中的一个过程，不如熟布丁更能反映产品利益。以桂冠为品牌而不另创品牌，因为桂冠毕竟在冷冻食品声誉卓著，家庭主妇对桂冠品牌耳熟能详，而她们也正是布丁的购买者。

桂冠布丁价位定在1粒12元台币、3粒一盒35元台币，比起统一与味全的售价贵了不少。桂冠刚推出时，市场领导品牌更是以买2送1的价格战，企图对新产品产生拦阻作用。

（四）新产品的试销与营销策略

产品的口味、配方、包装、命名都已告一段落，在1988年底由日本进口的生产设备安装试用之际，广告与促销活动的筹划，也同时悄悄地进行。

由先前的测试得知，布丁的主要消费群在小学及初中学生，消费旺季则在5月至8月，这两项发现，确定广告与促销的对象及时机。

桂冠企划人员深知不能光靠广告来建立品牌知名度及好感度，于是计划在4月正式上电视广告之前，在3月份就举办活动，打算先借此来为新产品造势，一方面也是为电视广告片打下基础，因为曾参与或听闻活动的消费群，对电视广告的注意度会大大提高。

1989年2月中旬，春节气氛还弥漫在人们心中之际，桂冠熟布丁开始发动攻势，企划部写信给全省1200所小学，邀请他们参加"画蛋比赛"，由同学将色彩涂抹在蛋壳上，桂冠公司派人前去收取，优胜的前10名可得到丰富的奖品。

统计之后选出10名最优秀作品，桂冠派人送奖牌及奖品到得奖人的学校，也让桂冠熟布丁再一次给全校师生留下印象。那些创意十足的入围作品，也被邀请上电视——4月4日儿童节的强棒出击。

4月1日，熟布丁电视广告也开始出现，广告仍然以蛋为中心，30秒的广告、500万的预算，针对85%以上的目标消费群——小学、初中学生。

桂冠公司120部冷冻运送车，也拿下燕饺、汤圆的海报。全数换上桂冠熟布丁海报。当这些运送车在全省大街小巷穿梭送货，也算是一个活动广告看板。

电视广告在5月底告一段落，接着是"恐龙蛋"促销登场。恐龙蛋促销活动从6月初持续到8月中旬。

熟布丁在上市之初的铺货目标，是全省10000个销售点，就120名业务代表来分配，平均一位业务代表要铺80家以上。由于桂冠在冷冻食品知名度，以及给业务代表的铺货奖励，初期铺货家数最高达到10000家。但经过一段时间的考验，其中只有3500家左右的销路达到一定经济规模。至于销售目标，桂冠定下一天4万粒的销售量。约为统一布丁的一半，这样的目标在当时算是极为大胆的。

今天，统一和味全仍然是布丁市场的领导品牌，不过，桂冠的努力确实值得肯定，尤其是在两雄环伺下，上市第一年就能以15%～20%的占有率存活下来，要归功于桂冠公司上市前缜密筹划（市场调查与口味测试）、市场细分（熟布丁）、环环相扣的促销与广告、业务人员（铺货及协助促销）的共同努力。

二、 台湾法舶纤维饮料研发营销实例

特写镜头：

① 台湾纤维饮料的鼻祖；
② "千中选一"的命名；
③ 包装设计实体模拟观察；
④ 两个月铺货近三万家；
⑤ 冬天上市，第一年广告费三千万。

金车饮料公司的营业额，从1990年的15亿元台币到1993年的22.4亿元台币，三年内

平均每年成长 18%。

（一）饮料业的急先锋

在同一期间，饮料业的成长每年大约在 15%～16% 之间，金车能以高于业界的速度成长，究竟其秘诀在哪里？主要是金车采用非常积极的新产品行销策略，也就是迅速推出全新产品，辅以强力的电视广告、全面铺货抢占货架。1988 年 12 月上市"法舶"纤维饮料、1989 年 3 月推出"博莱"纤维饮料、8 月玻璃瓶装 150mL 法舶、10 月"倍能"补给饮料、11 月"奥利多"寡糖饮料，1990 年 4 月"法纤"可乐饮料。从法舶到法纤，可以看出金车领先推出新产品的愿望极为强烈。

金车不怕新概念、敢冲敢尝试的个性，在饮料界独树一帜，甚至连原料供应商（譬如香料公司）都喜欢以金车作为推广新配方、新口味的第一站。

金车当然不是每站皆捷，早期"普拉玛瓜拿那"系列饮料已很少在货架上出现，"普力"运动饮料也惨遭败北，但是这些挫折并没有降低金车开发新产品的雄心，反而益加勇猛。

为何金车如此积极，金车又是如何计算失败风险呢？新产品创意源自哪里呢？金车在命名和包装上向来有其独到之处，他们是如何做到的？新产品如何做铺货计划、如何举办新品上市训练？下面以法舶纤维饮料为案例，来解答上述问题。

法舶的产品概念来自日本。日本大塚制药株式会社在 1988 年 1 月推出 100mL 瓶装的"FiberMimi"碳酸类纤维饮料，原先预定销售业绩 1 亿瓶，出乎意料，至同年 10 月的累计销售量已达 2 亿瓶，掀起巨大纤维旋风。

由于台湾市场与日本有些相似之处，消费习惯也颇类似，因此金车一向密切注意日本饮料市场的动态，从中吸取新产品发展趋势。

（二）市场可行性研判

"FiberMimi"在日本市场的爆发力，对金车经营阶层也产生震撼效果，该公司开始研究纤维饮料在台湾上市的可行性。经过研判分析，金车判断台湾消费者能接受，其理由如下：

（1）日本纤维饮料大幅成长，大有凌驾可乐、沙士及汽水之势，专家预测：低碳酸性的机能饮料，将是未来饮料市场主流。

（2）台湾消费者对纤维不陌生，1988 年市面上已有"快纤"、"纤姿"等口服液，也有"高纤苏打饼干"等强调天然与健康的纤维产品。

（3）报章杂志热烈讨论纤维对现代人健康的重要性。譬如人们饮食常过多、过油、过咸，但欠缺纤维素等的文章，似乎一股纤维热潮已蓄势待发。

基于以上三个理由，金车大胆的判断纤维饮料值得在台一试，而且动作要快，因为金车深刻了解台湾饮料大厂不可能没有注意到日本纤维饮料旋风。

（三）命名、包装、配方

从"伯朗咖啡"的愉悦造型到"波尔茶"的幽默表现，金车以展现出它产品设计的独到眼光。

"伯朗"这个品牌名称是从数百个候选名称中精挑细选出来的，法舶则"变本加厉"，是从近千个备取名单中挑出来的。

金车一再强调命名过程不可取巧，自行开发出一套"命名电脑软件"，金车也鼓励员工平时若想到任何名称，就输入电脑存档备用。广告代理商也会针对不同商品提供多种名称供金车选择备用。

聚集足够的"命名库"后，金车选择名称的标准如下：

（1）字体要稳，不能轻浮。

（2）名称有外来感。金车相信接受纤维饮料的消费群必定较年轻、时尚、对洋化名称有偏好，因此取"FIBER"谐音"法舶"以富洋味的名称为品牌。

金车决定使用法舶之前，先做了一个动作：把最后进入"决赛名单"的每一个名字"即登记的那几个"，逐一印在罐身上，与包装设计整体来观察，让营销人员体会这些名称在商品上看起来是什么样子。

包装也是法舶的重点，最后选定的是米白底色、绿色品名、果蔬图案的包装。

"品牌记忆点"是金车包装设计的秘诀。消费者每天看到数百则广告，到超市购物也会有数千种商品出现在眼前，如何有效的帮助消费者记住你的品牌？如同电脑储存档案要有档案名称，"品牌记忆点"就是人脑的档案名称，用一种独特、易被接受的图案是最佳的品牌记忆点，伯朗咖啡的"腮胡胖子"，波尔茶的"鼻子尖尖，胡子翘翘、带着钓竿"都是这种概念下的产物。法舶的品牌记忆则是果蔬图案。

不同的包装设计，金车也要求实际印在罐身上，放在货架上与其他品牌饮料相比较，金车表示此举大有帮助，许多设计上的盲点，在平面稿上发觉不出，一旦实际摆到货架上就自动浮现出来，法舶的包装也是经此实战演练才决定的。陈列的方便与否、会不会容易褪色后或因灰尘而看起来老旧，这些都是金车设计包装的考虑点。

命名和包装都是在1988年7月旧完成，产品口味则一直到同年10月才正式确定。原因是口味在饮料新产品成败中一向占有极高比重。金车为了调配出最佳口味，到了上市前两个月才决定。法舶的基本原料是水、糖、柠檬酸、维生素C、聚糊精，这些都没有味道，喝起来像糖水。金车最初在橘子、柠檬、葡萄柚之间调来调去，总觉得不妥，后来试用"瓜拿那"才觉得够味。至于使用5g纤维素，则是援用日本纤维饮料的做法。

（四）产品定位

"忙绿生活的营养师"这句广告词（后来改为"现代生活的营养师"），透露出法舶是以忙碌的上班族为诉求对象，这群人由于上班忙碌、工作紧张，无暇顾及饮食的需求，食物纤维摄取不够。主要目标消费群是25~35岁的上班族；初期则是以女性为主。

（五）上市发表会

新产品法舶如今蓄势待发，正是向第一线尖兵业务人员做简报的时候了。通常是调集全省业务人员，做全员讲习。

上市发布会主要是三个部分：

（1）产品口味、特点——由研究室报告；

（2）营销策略与广告安排——由企划部负责；

（3）铺货目标、奖励办法、推销技巧——由营业主管负责。

每次新产品发布会至少半天，长则一天，也经常与其他教育训练课程合办。会中准备新产品让业务人员试饮，并且备有商品说明书一份，作为业务人员的备忘录。

（六）初期铺货目标

法舶有营业二部负责销售，全省有将近80名业务代表，每人每天必须将法舶铺到7个新零售点，每天有五六十个新点，假设一个月按25个工作日来计算，可铺到14000个零售点，两个月内就铺货近 30000 家，效率惊人。其中超市、大型商店约 1000 点，更是要求在 30 天内铺六成，45 天内 100％铺满。

新品上市铺货要求"铺面不铺点"，意即成交客户数要达标准，却不要求进货量高。成交客户数则由业务人员的销售日报表来统计，企业人员与营业主管会根据销售日报表进行稽核工作，实际了解铺货状况、客户意见与产品销售情形，作为上市计划修正的参考。

（七）广告与上市时机

法舶上市的第一年，就投下 3000 万元台币的广告费用，创下饮料新产品上市的广告记录，活力空前猛烈。而且上市时机选择在 12 月，打破饮料新品不在冬天上市的禁忌，为的是打响第一品牌的知名度。

饮料界一窝蜂推出类似产品早已不足为奇，金车为避免竞争品牌进场"搅局"，赶紧大打广告，期望以巨额广告费来拉大与竞争品牌的距离。此举果然奏效，随后推出的同类饮料共有 20 几种，却已不能动摇法舶的第一品牌地位。

思考题

1. 保健食品生产与普通食品生产有何不同？应注意什么？
2. 产品成本核算在产品开发中的具有什么作用？
3. 做好产品成本核算需具备哪些方面的知识？
4. 以一种食品为例进行成本核算

第九章 新产品开发的管理

第一节 提高研发人员的素质

食品新产品开发是极其复杂、群众性的探索和创新的事业，需要有胆有识、敢作敢为、勤于思考、勇于创造、能够开创新局面，富有献身精神的创造型人才。这种人才最重要的特征就是创新精神。那些因循守旧、墨守成规、胸怀狭窄、不敢越雷池半步的人，是不能适应改革时代的需要的。

一、研发人员应具备的素质

在研发的道路上，一个人能走多远取决于他的基础理论知识的掌握程度，一个人能走多快要看他的实践水平和动手能力。因此食品研发人员要具备一定的素质。

（一）丰富的理论与实践经验

丰富的理论有助于研发人员进行逻辑推理，目的性强，不至于盲目地去做实验，而浪费大量的人力物力。这种理论包括思维创造学方面的理论，也包括食品加工工艺、技术方面的理论。

丰富的实践经验使开发人员熟悉大生产的单元设备操作，不至于实验在扩大生产时产生意外。一个优秀的食品研发人员必须具备对基础知识的系统掌握同时多动手多思考，加强自己的动手能力。

（二）知识面及视野宽广

世界的万物是相互联系的，只有视野广了，才容易总结它们并发现其中的规律，只有发现了其中的规律，才能灵活地运用。

在食品行业也是如此，知识面宽可以使人思考问题时简化思路，如粽子是什么？如何开发新型的粽子？简单地讲，粽子就是糯米饭，新型粽子可以是加入了各种其他食品材料的糯米饭，如肉粽子。

（三）富有创新思维

科技是第一生产力，而创新则是科技的火车头。作为产品研发人员必须具备创新能力，敢于突破常规，突破权威，只要理论上行得通，勤于实践，勇于创新，大都能成功。

（四）综合能力

作为一名真正合格的食品研发人员要有强大的综合能力，不但能熟悉的掌握所从事行业的加工工艺也要了解其他食品工艺的特点，还有就是要熟练掌握食品机械设备、食品包装等方面的有关知识。此外还要善于总结，要将产品研发过程中发生的成功与失败做详尽的记录和总结，才能不断改进，最终获得成功。

（五）市场能力

所有的产品都是面向市场的，因此一名优秀的研发人员还必须要关注市场，只有懂得了市场，才能懂得消费心理、懂得成本控制、懂得产品设计。

在实际开发的时候，最复杂的系统不是最好的，最有效的才是最好的，如何使用最简单的技术，做出一种有特色的东西这是一个研发人员应该追求的。

二、如何提高研发人员的素质

（一）要有创造意识

创造不是天生固有的，是靠培养的。创造意识是创造发明的前提，没有创造的愿望和动机，使绝不会有创造的行为。创造意识包括动机、信念、意志和情感。

1. 强烈的创造动机

动机是激励人、推动人去行动的一种力量，创造动机是发明创造活动的内在动力。培养和激发创造动机最根本的是要增强事业心和社会责任感，这是激发创造动机产生的思想基础，从而产生创造的动力。

2. 坚定不移的成功信念

信心是事业的立足点，是成功的思想基础。

（1）创造才能绝非天才所独有

创造潜力不是神秘之物，现代科技证明，每个人天赋的创造潜能没有很大的差异，只是因后天所受的教育、生活环境不同，才出现了较大的差别。即使先天禀赋再聪明的神童，如果没有后天的培养和自身的努力，也将一事无成。

创造力是人人都有，时时可见，处处在用的，缺乏创造力的人，经过创造性思维的训练和创造技术的传授，也能把创造潜能发挥出来。

（2）强烈的自信心

对发明创造有两种态度，一种是缺乏信心，他们抱怨自己不是那块料，担心搞不出成果怕别人说闲话，怕领导不支持，怕挤不出时间，怕没有资金、设备和其他物质条件的保证等等。另一种是具有必胜的信心，什么困难不在话下。只要认准了，就一定干道底，不动摇、不气馁，他们是生活中的强者，是发明队伍的中坚，是注定要走向成功的人。

从心理学的角度来看，自我心理暗示，会造成心理和生理上不同的变化。自信心强的人，做每件事情，总是满怀信心，百折不挠，虽经千辛万苦，终获圆满成功。而缺乏信心的人，做每件事情，总是感到力不从心，自卑自怯，事事害怕失败，时时想打退堂鼓。在工作和研究过程中，不能专心致志，精益求精，遇到一点挫折就一蹶不振，这种人常常以失败而告终。

3. 顽强的创造意志

人们要达到一个远大的目标，成功一件事业，必然会遇到各种意想不到的困难，经历各种坎坷，它是成功者的"题中应有之义"。成功者必须具有克服这些困难与障碍的勇气。美国的汽车大王福特，是经历了许多失败而成就一番事业的。他有句名言，"当一切似乎都不顺利的时候，要记住飞机是逆风起飞的"。明白了这个道理，弄清了困难与顺利、失败与成功的辩证关系，我们就有了对待困难、挫折和失败的正确态度。究竟应怎样认识和对待失败？不要"小题大做"，冷静下来泰然处之；在失败之后，要尽快地振作起来；必须对失败作出冷静的实事求是的分析。

4. 健康的创造情感

人的情绪，对其发挥创造力是有很大影响的。例如，当人情绪紧张或激动时，不仅会出现呼吸短促、心跳加快、血压升高、血糖增加等生理变化，而且在心理方面可能出现记忆力、理解力、想象力和自制力降低甚至失去理智的现象。

创造效率和心理紧张程度的关系可分为五种状态：创造力潜伏状态、理想状态、恐慌状态、混乱状态、精神崩溃状态。只有处于理想状态才能发挥出创造性。

(二) 提高创造性思维的素质

创造力的基础能力包括吸收能力、记忆能力、想象能力、观察能力和操作能力。它们属于发明者必须具备的一些智力素质。提高创造性思维的素质，就是要求提高上述各种能力。

1. 吸收能力

吸收能力包括学习能力和信息收集、应用能力。

(1) 学习能力

社会上有各种各样的技能，而最重要的是学习的技能。牛顿曾说过，他之所以成为力学奠基人的原因，是"站在巨人的肩上的结果"。良好的学习能力，使人不断获得新知识，增强自己的创造能力，在科学技术高度发展的今天，没有知识要做出高水平的发明是难以想象的。如何提高学习能力？

一是坚持学习。书山有路勤为径，学海无涯苦作舟，这是人们用来鼓舞自己勤学苦练的两句古语。爱因斯坦是20世纪的科学巨人，他创立的相对论开创了物理学的新纪元。有人问他为什么能获得如此巨大的成就，他写下了 $A=X+Y+Z$ 这样一个公式，并解释说 A 代表成功，X 代表艰苦劳动，Y 代表正确的方法，而 Z 呢，则代表少说空话，这就是爱因斯坦成功之路。

二是勤学好问，多思善疑。在"学"和"问"两方面，"学"是基础，只有在勤学的基础上好问，才能学有心得，学习深入。勤学离不开好问，一个人的经验和思维能力是有限的，不依赖前人和他人的知识来弥补自己认识的不足，学习过程就将无法进行。勤学好问，苦学善问，这是一个研发工作者本身所应具备的两种基本素质。学、问、思、疑是学到知识，练好本领，有所创新的重要环节，多思善疑是其核心。

三是科学的读书方法。就是泛读与精读交叉的方法。古今中外善读书者，都善于将泛读与精读巧妙地结合起来。泛读就是用较少的时间，浏览大量的书刊，用以扩大知识面，开阔眼界，更快地掌握新科学、新知识、新动向。精读就是对自己所喜爱的专业书籍专心致志地深入研读。

"博览"的方法很多，比如可以读读书目，翻阅文摘综述，学会利用图书馆、阅览室和网络，可采用"不求甚解"、"一目十行"、"快速阅读"的读书方法，在这同时逐步学会"捕捉要害"、"取其群尖、为我所用"的功夫和能力。所谓精读，就是要"去尽皮，方见肉；去尽肉，方见骨"，在层层深入的过程中，渐渐由表及里反复思索品味，才能寻到精华之处。

四是既知书内又知书外，学好书内知识是重要的，学会书外知识更为重要。书内的内容是固定的，书外的内容是可变的。只有对问题不仅知其然，而且知其所以然，才能对问题有透彻的了解，才能达到既知书内、又知书外的目的，这样才能融会贯通，有所创新。

(2) 信息收集能力

创造离不开信息，信息是创造的基本材料，作为一个创造者，对信息、情报需要有十分敏锐的感知能力，有收集、整理、分析的能力。现代几乎所有作出发明创造的人，大都是具有情报获得优势的人。精通情报、信息的运用，对提高发明创造效益有极大帮助。必须通过信息窗口，了解人类已取得的创作成就和继续创造的动向，信息闭塞，免不了在低水平上重复劳动。大量占有信息，迅速准确判断和加以利用，能在创造革新过程中少走弯路，缩短创造活动周期，节约投资，提高效率和水平。

据统计大中型企业科研生产中所遇到的难题，有 95%～99%可以从国内外文献中找到答案或借鉴，真正全新的国内外从未遇到的难题是极少的。有关一条信息救活一个工厂，一项成果变成一个产业等报道，充分说明了这个道理。

2. 记忆能力

记忆力是人脑对经历过的事物的反映能力。记忆是智慧的创造库，学习的基础，凭借记忆力，人才能不断储存于提取知识，发挥才智，使人聪明起来。

（1）记忆的品质

一般认为，良好的记忆力应具有四种特征：

① 记得快，能在较短的时间内记住尽可能多的东西；

② 记得准，能把该记忆的东西准确无误地吸引到头脑中；

③ 记得牢，能把头脑中已经记住的东西长期稳定地保持着；

④ 记得活，需要时能把记住的东西，灵活、准确地从头脑中提取出来加以运用。

（2）提高记忆力诀窍

要使自己的记忆力达到最佳水平，应努力具备以下条件：有明确的记忆目标、注意力高度集中、强化记住的信念、及时复习。

（3）科学的记忆方法

科学的记忆方法，不仅能提高记忆效率，还能改善大脑的功能，挖掘大脑的工作潜力。常用的记忆方法如下：系统记忆法、协同记忆法、重点记忆法、趣味记忆法、重复记忆法、直观记忆法、练习记忆法、回忆默忆法、笔头记忆法、生理节律记忆法。

在现实生活中，成人记忆差，这并不是记忆下降，而是事多干扰大，注意力不集中，只要安排好，减少干扰，就能保持应有的注意力。

3. 想象能力

想象力就是在记忆的基础上通过思维活动，把对客观事物的描述构成形象或独立构思出新形象的能力。简而言之，就是人的形象思维能力。

发明是一种创新活动，在动手之前先得把发明目标在脑子里刻下印象，然后构思出基本轮廓。因此，丰富的想象力也为发明者所必须。爱因斯坦认为："想象力比知识更重要，因为知识是有限的，而想象力概括着世界上的一切，推动着进步，并且是知识进化的源泉。"增强想象力的关键在于不断地打破习惯思维对自己的束缚，经常进行发散性思维，给思维上翅膀，让它在广阔无限的世界中自由驰骋。

如何培养想象力？

（1）积累丰富的知识和经验

丰富的知识与经验是想象力的基础，通过想象把过去的知识经验加工、改造、构思，而形成新的印象。知识经验与想象力水平也不是成正比关系，想象方法的使用要求是既意想天开，又实事求是。

(2) 注意强化自己的好奇心

好奇心是一种对自己还不了解的周围事物能够自觉地集中注意力，想把它弄清楚的倾向。如果对周围的一切都冷眼相看，无动于衷，甚至麻木不仁，可以断定这种人是不可能去积极探索未知世界秘密的，也就不可能做出发明成果。

要使自己具有好奇心还得养成遇事爱问"为什么"的习惯，在科学面前，在真理面前采取"知之为知之，不知为不知"的态度，对不知道的问题要提出疑问，勇于探索。

(3) 培养创造的激情

人的情绪对想象的丰富性、想象的强烈性、想象的倾向性都有影响。

研发工作者的情绪对想象力发展有很大作用。列宁指出："没有人的情感，就从来没有，也不可能有人对真理的追求。"研发工作者的创造热情可使想象展翅飞翔，他们的乐观情绪能增添想象的创造性成分。

(4) 坚持长期训练

从实际出发，"一日一设想"是培养想象力有效的基本功训练形式。一日一设想活动无需任何条件，每天给自己规定开展一项创造设想的目标，从选题到具体构思，并记录在随身携带的专用小本子上，内容可结合自己当前本职工作，也可以是所见所闻的一切信息启迪。每天坚持一日一设想，养成习惯便可极大地增强想象能力。

4. 观察能力

观察能力是一种有目的、有组织的知觉，全面的、正确的深入认识事物特点的能力。观察是发明设想的源泉，许多发明设想都起源于对事物的细心观察。

如何提高观察能力？

(1) 要养成注意观察的习惯

良好的观察习惯，是指乐于观察，勤于观察和精于观察。乐于观察是指对周围的事物有强烈的兴趣。勤于观察和精于观察是指坚持进行长期的、系统的观察。观察时能注意事物的细枝末节，留心意外现象，思想集中，态度认真，注意寻找有价值的富有启发的线索。缺乏观察的人，对所观察的事物浮光掠影，粗心大意，既不准确、又不深刻，甚至错误百出。

(2) 掌握一定的观察法

对从事研究的人来说，除了掌握用观察仪器，掌握观察必须遵循的客观原则、全面性原则和典型原则外，还要掌握观察的方法：如应根据观察目的，捕捉事物的主要特征来加以整体观察。在整个认识的基础上，根据需要，进行重点观察。

(3) 积累观察经验

观察能力不是一种孤立的能力，它与思维和知识，特别是和积累的经验有密切的联系，知识渊博、经验丰富、思维敏捷，才能"目光敏锐"、"独具慧眼"，俗话说，"外行看热闹、内行看门道"就是讲的这个道理。

5. 操作能力

操作能力是指在某种设想完毕后，独自完成这种设想的能力。它包括绘制加工图，制作样品模型和进行实验修正等方面技能。

动手能力是一个优秀的发明者所应具备的基本技能之一。尽管一些科学的设想也能申请到发明或实用新型专利，但它毕竟不是一个完整的思想发明。完整理想的发明应该有制成的样品，并经试验已达到了预期的目标，实施起来不用花很大气力。如果说发明的选题和构思阶段主要是用脑，那么，发明的完成主要靠动手。

试验是在技术开发和设计、实施过程中，为了实现和提高技术成果的功能效用和技术经济水平，人们利用科学仪器、设备，人为地控制条件，变革对象，进而在有利条件下考察研究对象的实践方式和研究方法。

发明产品在正式投产前要进行中试，就是发明产品的小批试制，产品经过鉴定合格后，再成批投产。这个阶段的主要任务是：对工艺及工艺装备的正确性加以验证；为批量生产创造条件；避免因不具备批量生产的工艺条件就成批投产而造成的重大损失。

（三）改善创造的环境

凡技术革新、合理化建议搞得好的单位，必然有一个良好的创作环境。在这种环境中，即使能力、知识较差的人，也能很好地发挥自己的聪明才智，成为有创造能力的人。若创造环境恶劣，即使是能力很强的创造发明家，也难发挥作用。创造环境一般可分为三个层次，即社会的、单位的和个人的创造环境。

1. 社会环境

社会环境主要是指社会政治、社会生产力的发展状况、社会需要情况对人们创造力的吸引和促进，以及社会分工环境。这种环境一般指宏观环境、大环境或大气候。

宏观社会环境对创造活动的影响十分深刻。我国创造发明的"大气候"、"大环境"变得越来越好，为创造力的开发提供了有利条件。

2. 单位环境

单位环境是创造环境中的主要因素，它包括领导层的重视程度、同事的支持和相应的管理制度等。但是，在诸多影响因素中，领导行为乃是一个关键性因素。

如建立健全强有力的工作机构和完善的工作制度，实行合理化建议、创新的全过程管理；明确单位长、中、近期技术发展目标，提出课题，善于引导，尊重并保护群众的创造权益；重视运用创造性人才；为创造、革新者提供良好的后勤和技术支援；在单位造成很好的创新竞赛气氛等等。

3. 个体环境

个体周围环境包括创造发明者与家庭、同事、创造发明小组成员之间的关系，大多数的发明创造是群体智慧的结晶，在现代社会里，那种闭门造车，只凭借自己的力量孤军作战的创造方式不能适应现代化社会需要。

（四）影响创造性思维发展的因素

人人都有创造潜力，为什么有的人发挥出来了，有的人发挥不出来呢？培养创造意识必须排除各种思想上、习惯上的不利因素。

1. 满足现有水平

对现有的产品设计、制造方法、工装设备、质量标准，以及对现有组织机构、管理规章等，认为"现在比过去好多了"，"能做到这样很不简单了"。

2. 刻板僵化

刻板是以一种固定的眼光看待事物，不能考虑多种可能性的思维方式和态度，缺乏思维的弹性。长期以来使用的工艺、操作方法、设备管理章法制度，往往在人的头脑中，形成一种"历来如此"、"自然合理"的概念，谁要是改变、突破，往往被认为犯规、没事找事，常常以一时、一事成功的经验套用到其他方面。

3. 习惯于走老路

循规蹈矩、因循守旧，总按老框框、旧套套去处理问题，"老师是这么讲的"、"书本上是这么写的"，只能照着做。人是有习惯的，这些习惯常支配人们思想行动，习惯成自然，人们往往喜欢已养成的习惯。因为这样，不用动脑筋就能把事情完成。这样的人是绝对搞不出发明创造来的。

4. 崇拜权威

有些人往往对公认的专家的判断深信不疑，作为全部真理接受下来。不愿触及避讳的事，不敢触犯禁区或背逆领导、权威、尊长的意愿，注重习惯、传统、规则和他人对自己的印象，而不是深究其是否合理。

对权威的崇拜使人们丧失自主性、主动性，没有自主选择、主动积极的努力，安于守旧，只崇拜和服从权威，无异于扼杀创造力。

5. 过早下结论

自以为重实效，坚持立竿见影，不赞成围绕一课题进行发散思维作深刻的探索。对创造学来说，成功率与设想的数量成正比，即试验的路子越多，成功率就越高。

6. 害怕失败

有的人认为失败是耻辱、丢脸、难看。害怕出差错，怕失败会惹人笑话。在创新问题上劝人或自劝说"安分点吧"，"稳当点好"等。害怕自己冒尖，遭到打击。

从众心理使人在与别人一致的时候，感到安全，而不一致时，则感到恐慌。从众心理太强的人，往往会丧失人格的自主性。多次失败，最后成功，这在发明创造过程中是经常存在、反复出现的常规现象。"失败是成功之母"，总认为自己是一贯正确的人，是创造不出什么东西来的。

7. 自卑感

自卑的人，看不起自己，也根本没想发挥自己的才能，实际上是一种自我埋没。我们常常听到有人说："我不是创造那块料。"或者"我水平低"，"我外行"，"我搞不了发明，因为我没上过大学"等等。

有人会想，认为自己不行，这是一种谦虚的表现，怎么会影响创造力的发挥呢？心理学家研究发现，自卑的人，他会把他所感受到的信息都带上自我否定的倾向性，他的行动也就越发畏缩小心，甚至最后真的变成一个无能的人。殊不知千千万万的普通劳动者，在实践中得到真知，在长期工作中得到锻炼，熟能生巧，加上肯钻研，同样能做出发明创造。历史证明，有名皆从无名出，更有无名胜有名。

第二节　开展群众性合理化建议

新中国成立后，我国在企业开展的群众性发明创造与合理化建议活动，曾经极大地推动了企业的进步，涌现了许多工人发明家和技术革新能手。企业的创造力，一是指企业员工每年提出的合理化建议，二是指企业拥有的年有效专利。职工群众中蕴藏着聪明智慧，职工群众中有许多真知灼见。通过群众性、经常性合理化建议活动，能够及时征集职工群众中的"金点子"，集中职工群众的智慧，引导职工群众努力实现自身价值，促进企业管理，提高企业效益，推动企业发展。也反映了以人为本的管理思想。

一、群众性、经常性合理化建议工作的程序

1. 广泛征集

征集是前提、是过程。这就要求进行广泛的宣传动员，引导广大职工群众积极参与、广泛参与，要把合理化建议的征集过程变成职工群众自我教育的过程、实现自身价值的过程。

2. 认真筛选

由专门工作人员对征集的大量的建议，进行登记、编号、筛选、分类，提出初步处理意见。

3. 及时处理

合理化建议专门机构负责同志，要认真批阅建议，对建议的具体处理作出批示；专门工作人员按照批示意见，转承有关人员、部门，并在规定的时间内处理完毕。

4. 论证转化

对一些重要的建议，涉及到技术含量较高的建议，一些有分歧的建议，还要组织专业人员进行全面、认真、科学的论证；有的建议，还需要有一个转化的环节，并投入一定的人力、物力和财力。

5. 反馈意见

对征集的建议，或采纳，或转化，甚至是由于建议的质量不高被否定，都要及时进行反馈，坚决做到每一条建议都能得到及时的、认真的反馈意见。

6. 评审奖励

建议被采纳、转化，要视产生的经济效益、社会效益程度的大小，组织评审，给予物质奖励和精神鼓励；对带来较大经济效益、较大社会反响和解决了企业管理中的关键问题的建议人，给予重奖，也可以记功。

二、群众性、经常性合理化建议的保证

1. 建立群众性、经常性合理化建议的管理机构

在职工群众中广泛开展合理化建议活动是开展群众性经济技术创新活动的主要形式之一。但要想开展好合理化建议活动，必须加强领导，各职能部门共同协作，建立健全管理制度，同时成立合理化建议评审委员会，可在基层成立合理化建议评审小组，班组设合理化议员等形式。

2. 认真做好合理化建议的评审

从各种渠道获得的大量合理化建议，各级组织一是要认真把关，班组要召开答辩会，答辩会一般由建议人介绍建议的理由，然后集思广益，互相补充，用集体的智慧加以完善，然后上报本单位合理化建议评审委员会，做到及时反馈。在开展合理化建议活动中，一定要加强各部门合作，尤其是重大技术创新方面的建议。

3. 提高职工文化、技术素质，提高合理化建议质量

要想开展好合理化建议活动，我们必须下大力气，在提高职工素质方面狠下功夫，利用多种形式，使职工了解合理化建议方面的知识。如合理化建议和技术创新工作的概念、合理化建议与一般意见的界线、合理化建议应具备的三要素即：先进性、可行性、效益性、本职工作与合理化建议、技术创新的区别等。

合理化建议的方式方法要有连续性，也可以组织职工学习创造学，加强创造性思维训练，提高创造技法应用。根据本单位生产实际，利用创造性思维和创造技法，提一条或多条合理建议。这样才能提高合理化建议的数量、质量、采纳率和实施率。

4. 完善激励机制是深入开展合理化建议活动的可靠保证

在开展合理化建议活动中，由于资金紧张或不到位，还存在着重发动轻奖励或奖励兑现不及时等问题，在一定程度上影响了提合理化建议的积极性。对征集的建议项目，应及时评审论证，经论证采纳的建议，要根据效益及时给予建议者奖励，对未采纳的建议项目，也要及时反馈给建议本人，使其知道未采纳的原因，只有把工作做得善始善终，才能充分调动职工群众的积极性。

第三节　企业技术创新

党的十七大报告指出：提高自主创新能力，建设创新型国家是国家发展战略的核心，是提高综合国力的关键。要坚持走中国特色自主创新道路，把增强自主创新能力贯彻到现代化建设各个方面。加快建立以企业为主体、市场为导向、产学研相结合的技术创新体系，引导和支持创新要素向企业集聚，促进科技成果向现实生产力转化。注重培养一线的创新人才，使全社会创新智慧竞相迸发、各方面创新人才大量涌现。

一、技术创新的概念

技术创新是一个从新产品或新工艺设想的产生到市场应用的完整过程，一般包括新设想的产生、研究、开发、商业化生产到推广等一系列活动。技术创新的实践与研究在世界范围内取得了巨大的成果。国际创新体系、国家创新体系、区域创新体系以及城市、产业、企业创新体系的构筑越来越受到人们和社会的关注，而企业技术创新是一个国家创新体系中最活跃的细胞和系统，只有依托基础科学，瞄准技术轨道，提升技术能力，实现技术跨越和自主创新，才能更有效地实现企业的技术创新目标。

二、企业技术创新的内容

企业的技术创新主要表现在产品创新方面。企业生产过程中各种要素组合的结果是形成企业向社会贡献的产品。企业是通过生产和提供产品来求得社会承认，证明其存在的价值，也是通过销售产品来补偿生产消耗、取得盈余，实现其社会存在的。产品是企业的生命，企业只有不断地创新产品，才能更好地生存和发展。产品创新包括以下几种。

（1）品种创新　要求企业根据市场需要的变化，根据消费者偏好的转移，及时地调整企业的生产方向和生产结构，不断开发出用户欢迎的适销对路的产品。

（2）产品结构的创新　在不改变原有品种的基本性能情况下，对现有生产的各种产品进行改进和改造，找出更加合理的产品结构，使其生产成本更低、性能更完善，使用更安全，从而更具市场竞争力。

产品创新是企业技术创新的核心内容，它既受制于技术创新的其他方面，又影响其他技术创新效果的发挥：新的产品、产品的新的结构，往往要求企业利用新的机器设备和新的工艺方法；而新设备、新工艺的运用又为产品的创新提供了更优越的物质条件。

三、加强企业技术创新的对策

1. 解决企业技术创新难点问题

影响企业技术创新的因素是多方面、多层次、多维度的，涉及政府、科研部门、企业、中介组织、大学等机构的理念、行为以及国际交流与合作，但难点问题主要体现在人才、资金、科学技术、市场、管理机制以及这些关键要素的组合效应和整合机理。企业要建立高素质创新企业家队伍和创新人才队伍，构筑人才高地，推进企业技术创新。使企业成为技术创新的投资主体，建立以企业为投资主体的多渠道技术创新投融资机构与体系。有条件的企业要建立技术创新中心，以产品为龙头，把新工艺、新技术渗透在新产品的研究开发过程中。

2. 建立创新股份机制，提升企业创新能力

由于技术综合性和集成性的增强，以及技术供需信息透明化的需要，使得技术交易的成本很高；而且由于技术的"无形商品"属性，企业很难通过技术交易完全获得与技术相关的知识和技能；加之我国科研体制缺陷导致的技术质量的不确定性，使得技术合作越来越成为主要的技术创新方式。根据产权理论，当合作双方资产相互独立时，投资激励的最好方式是合作双方分享资产的所有权，因此技术供求双方以商定的技术入股比例为纽带进行合作逐渐成为技术合作的重要方式。

3. 产学研联合推动企业集成技术创新

技术创新是企业发展的灵魂，也是企业生存的根本。企业通过内部创新要素集成，或外部集成网络的建设，迅速汇聚各种创新资源，加速知识流动和学习积累，通过创新管理和组织方式的变革寻求对技术创新中的关键要素：战略、技术、知识、组织、过程的匹配和集成，从而应对技术与市场均不确定条件下的竞争。开展"产、学、研"相结合的技术开发联合体进行技术开发是种好方式。

4. 合作网络模式推进企业集成技术创新

要借鉴国际先进的创新管理模式集成创新资源，如日本的"整体网络方法"和美国的"合作创新"模式。在研发合作最为流行的美国，企业研发合作的形态有10多种。从企业外环境来讲，要利用区域、行业创新资源。

5. 国际合作推进企业集成技术创新

在科学技术、经济、文化等领域高标准、大范围、跨领域进行国际经济技术交流与合作，整合和集成世界性的创新资源。探讨与国际产学研机构进行战略联盟。同时实施"走出去"战略，在海外融资、建厂、输出技术、引进智力，合作实施在海外创办技术创新研究开发机构。

第四节 新产品开发失败与分析

根据自1940年以来，若干著名企业进行新产品开发（包括引进代理新产品）的不完全统计，新产品开发项目平均成功率是25%，发达地区和国家成功率高些，在35%左右，落后地区和国家成功率低些，在5%～10%左右。同时，专业机构对新产品开发（包括引进代理新产品）失败的理由进行了分析，如下：开发前市场分析不足占32%、产品本身有缺陷（失）占23%、非经济行为性运营占14%、时效不当占10%、竞争者反应占8%、销售努力不足占7%、时间不够占6%。从数据可以看出，新产品开发失败有两个致命点，一是开发前的仔细的市场分析，一是产品本身的缺陷，两者占失败的55%。但对成功了的新产品开发的相同点分析，一是差异化做得好，二是低成本优势做得好。简单说就是差异化和成本控制。

一、产品沉默期导致的失败

从企业的"创新产品"到市场的"畅销产品"之间的时间，称为创新产品的"沉默期"。目前国内外的高科技产品和实用技术的新产品的确很多，这些产品改变了或替换了原有相似功能的老产品，而且把功能拓展到原有产品没有涉及的领域。但是，要客户认识并且接受这些"好东西"，的确需要企业很长的市场运作时间，在现代，越是高科技的产品，就越存在这种"沉默期"现象。也就是说，企业不知道什么人会买这款"好东西"，客户也不知道"好东西"到底能对自己有什么帮助。可能还有，大家都知道产品好，但是普通用户用起来却不是很方便，有待于在用法上的新的技术突破。

创新产品第一个进入市场者，往往从"产业先驱"被产品的沉默期折磨成"产业先烈"而夭折。如20世纪80年代初珠海华丰食品公司的华丰方便面，90年代初河北旭日集团的旭日升冰茶等。

二、战略的缺失导致新产品开发失败

1. 目标顾客定位不清晰

一些企业将目标顾客定位为渠道商或者是购买产品的人，而未能充分考虑最终的消费者的行为特征及需求。目标顾客定位的目的就是要在对目标顾客群的地理范围、行为特征及心理需要进行充分了解和分析的基础上，提出独具特色的新产品创意。

2. 顾客价值定位没有特色

一些企业清楚自己的目标顾客是谁，但是未能对目标顾客的价值需要进行深入分析和了解，未能有效的"倾听顾客的声音"，也未能将企业拟开发新产品的价值要素与竞争对手的同类产品进行对比，很多企业只是简单的模仿竞争对手的产品或者在竞争产品的基础上稍加改进即急不可耐地将"新产品"推向市场。由于产品与竞争对手雷同，企业只能通过广告战、渠道战和价格战与同类产品在市场中进行搏杀，其结果要不是两败俱伤，要不就是一败涂地。这样的案例在我国当前的饮料和啤酒等行业层出不穷。

3. 商业模式定位无实效

有些企业的目标顾客定位清晰、产品也受顾客喜爱，但是成本却高居不下。如果维持高价，则销量很难达到规模效应；如果低于成本价格销售，则可能卖得越多赔得越多，形成赔钱赚吆喝的局面。企业可在内部运营流程、外部合作伙伴及产品定价模式等方面进行创新，以有效控制企业成本，实现目标利润水平。

4. 前期产品定义准备工作不充分

很多企业以赶进度为由，对新产品开发前的论证阶段投入的人力和资源非常有限。更有一些企业的新产品开发完全基于某位公司领导的"拍脑袋"，或者以"边做边想"为指导思想。其结果很可能是"一步错，步步错"。成功的新产品开发经验表明，在正式进入开发阶段前，应进行非常严肃的市场、技术和商业可行性研究，产品本身定义也至少应有50%的确定内容，其余50%应有基本的想法，并在开发过程中进行验证和调整。

三、新产品在销售过程中的失败

造成企业新产品开发失败的一个基本原因是营销管理。

(1) 产品满意度不够，不足以达到或超过消费者的期望值，以及在与竞争品牌相比时，品质或性能落后，因此而失败的产品占 21%。

产品满意度主要来自于消费者对产品的综合评价。第一，产品品质评价；第二，使用价值或消费价值评价；第三，包装和外观评价；第四，与同类产品的对比性评价；第五，消费概念评价。如果消费者不认可，自然不可能购买。

(2) 产品知名度不高，其中大多数是因为产品无广告，或广告传播无力，或广告诉求不当，因此而失败的产品占 20%。

(3) 市场定位模糊，卖点不正确，因此而失败的产品占 11%。

产品定位不同，目标市场不同，在营销上就会产生明显的差异性。如果再加上产品没卖点，消费者不知道利益何在，他们就会认为："这个产品没有一点使用价值。"

(4) 分销不当或分销不力，因此而失败的产品占 10%。

销售方法失误往往是致使渠道分销不当的前提。分销无力度，新产品就不能进入渠道，商品流通环节因此而中断，销售就自然会面临着失败。

(5) 促销活动不足，因此而失败的产品占 10%。

新产品摆上货架并不意味着万事大吉，相反，面临考验的时间到了。如果 30 天内，新产品仍纹丝未动地摆在货架上，经销者就会失去耐心和信心。而促销活动不足，正是产品"走不动"的重要原因。

(6) 销售管理混乱，引起内讧并扰乱了市场，因此而失败的产品占 8%。

销售管理，包括目标计划管理、销售人员管理、销售渠道管理、区域市场管理、促销管理、价格与货款管理、契约与物流等管理，它必然是一个管理体系，而且在销售中缺一不可。销售人员懒惰、中间商不合作、应收账款增加、价格不一致、产品涉区流窜等，都是因销售管理不善而带来的结果，必然导致失败。

(7) 价格太高，无法与竞争对手抗衡，或者顾客不愿意购买，因此而失败的产品占 8%。

高质高价是一种传统的销售观念。这一观念也没有什么大的错误，但它有时不利于市场竞争。也就是说："我承认你是对的，但我并不喜欢你。"没能让消费者接受就是做错了事情。在销售实践中，价格太高使自己"曲高和寡"的情形屡见不鲜。

(8) 销售人员的销售素质低劣，因此而失败的产品占 5%。

销售人员的素质低，表现为无现代化的销售常识和销售技能，全靠莽撞或一点经验去做市场。因为他们没有销售力，就仿佛军队没有战斗力一样无法战胜敌人，更表现为他们的私心杂念，为了个人利益而损害企业，甚至毁灭市场。

(9) 选错了销售市场，因此而失败的产品占 4%。

区域市场的划分，可细分为一级市场、二级市场、三级市场和四级市场等。另外，市场特点还受到气候、习惯、文化、观念、环境、购买力和竞争态势的左右，如果不考虑这些市场因素而进入市场，将会导致失败。

(10) 决策者的个人意愿作祟，因此而失败的产品占 3%。

比如老板经常放弃老板的职责，而充当销售经理来指挥销售。他们可能是个好老板，但并不一定是个好的销售人员。有些决策者在开发新产品的时候，也往往是从个人的爱好入手而不是从市场入手。

第五节　新产品保护

产品保护也是产品开发中的一个重要内容，而且就我国经济发展阶段而言，产品保护是一个极其现实的问题。一是因为我国有些企业的产品保护意识不强，造成很多世界驰名品牌丧失在国际上的商标注册和使用权的事件令人倍感遗憾；二是国内不少不法商人仿造、盗用商标的犯罪活动频繁不断，防不胜防。产品保护的主要途径有两种：一种是国家有关法律政策的保护；另一种是企业自己的保密、保护。如果不对产品发明创造加以保护，那么从事产品开发的企业就会得不到新市场、新利益，而不从事产品开发的企业却可以坐享其成。这样新产品开发就失去了动力，科技进步就失去了动力。

一、熟悉掌握国家行业法规

与食品新产品开发方面相关的法律法规分为两大方面。一是基础知识方面，包括食品法律法规如安全法、质量法、标签法等、食品相关标准如食品成品、原料、包装等的标准、食品添加剂添加标准、卫生标准，以及食品工艺、制造设备、包装等相关技术标准。二是相关知识方面，包括供应商品质控制、市场调查、企划等其他行业法规知识。

食品相关的法律法规主要有：

（一）法律部分

《中华人民共和国食品安全法》、《中华人民共和国产品质量法》、《中华人民共和国进出口商品检验法》等。

（二）法规部分

《中华人民共和国进出口商品检验法实施条例》、《中华人民共和国进出境动植物检疫法实施条例》、《农业转基因生物安全管理条例》、《国务院办公厅关于印发中国食物与营养发展纲要》、《国务院办公厅关于实施食品药品放心工程的通知》、《国务院关于进一步加强食品安全工作的决定》等。

（三）规章部分

1. 部门规章

食品卫生方面主要有：《食品营养强化剂卫生管理办法》、《禁止食品加药卫生管理办法》、《新资源食品卫生管理办法》、《豆制品、酱腌菜等各类食品卫生管理办法》、《食品用塑料制品及原材料卫生管理办法》、《辐照食品卫生管理办法》等。

食品质量与安全方面主要有：《基因工程安全管理办法》、《转基因生物安全评价管理办法》、《食品加工企业质量安全监督管理办法》、《进出口食品标签管理办法》等。

保健食品方面有：《保健食品注册管理办法》、《保健食品评审技术规程》、《保健食品功能学评价程序和检验方法》、《保健食品标识规定》、《保健食品通用卫生要求》等。

其他方面有：《食品广告管理办法》、《食品广告发布暂行规定》等；《进口食品卫生监督检验工作规程》、《出口罐头检验和监管工作规定》等；《绿色食品标志管理办法》、《无公害农产品管理办法》；《食品添加剂卫生管理办法》、《消毒管理办法》等。

2. 部委规范性文件

食品卫生方面有：卫生部关于《中华人民共和国食品安全法》适用中若干问题的批复、卫生部关于印发《散装食品卫生管理规范》的通知等。

食品质量与安全方面有：农业部、教育部、国家质量技术监督局、国家轻工业局关于印发《国家"学生饮用奶计划"暂行管理办法》的通知、国家经济贸易委员会、教育部、卫生部关于印发《关于推广学生营养餐的指导意见》的通知、卫生部关于印发食品企业 HACCP 实施指南的通知、国家质量监督检验检疫总局关于印发《食品生产许可证年度监督审查工作规定》的通知等。

食品标签方面有：国家工商行政管理局关于将过期啤酒更换商标标贴、伪造生产日期认定问题的答复、国家经贸委、卫生部、国家技监局关于检查进口预包装食品标签的通知、进出口食品标签审核操作规程等。

此外还有具体产品方面的质量标准，分类标准，试验标准以及相关的标签标准、包装标准等。

二、利用知识产权法保护自己的合法利益

所谓知识产权法是调整著作权、专利权、商标权、发现权、发明权和其他科学技术成果权关系的法律规范的总称。我国知识产权发主要有三部法律构成，既《著作权法》、《专利法》和《商标法》。一般企业涉及最多的是《专利法》和《商标法》。

专利法的主要内容为：规定专利法的保护对象为发明专利、实用新型专利的外观设计专利；专利局为主管机关；授予专利权的条件为具有新颖性、创造性和实用性；专利的申请和审查批准程序；专利权人的权利和义务，专利保护期限，发明专利为15年，实用新型专利和外观设计专利为5年，期满可续展3年；侵犯专利权的负法律责任。

商标法的主要内容为：规定商标局为主管机关；经商标局核准注册的商标为注册商标；注册人享有商标专利权；除某些商品如人用药品及烟草制品等必须使用注册商标外，实行自愿注册制；不得用做商标的文字和图形；商标的申请、审查、核准程序；注册商标的续展、转让和使用许可；设立商标评查委员会裁定注册商标争议；商标使用的管理；侵犯商标专用权的法律责任；对外国人在中国申请注册商标实行国民待遇等。

企业要善于利用法律来保护自己的合法权益，保护自己的劳动成果，保护自己的市场地位，同时要注意到著作权法、专利法、商标法的时制性和地域性，一旦产品开发成熟应及早申请。著作版权、专利权也只有在有效期内给予法律保护，过期则不再给予保护。在我国获得这些权利，并不等于在各国都获得同样权利，在其他一些国家获得这些权利并不等于在各国都获得权利，因此，有国际竞争性的产品、技术、商标应尽早向其他国家申请，以便在他国保护自己的合法权利。

三、企业自己保护自己的发明创造成果

知识产权法的保护范围毕竟还是有限，有些还是不包括在内。如我国专利法第25条规定，对科学发现、智力活动的规定和方法，疾病的诊断和治疗方法，食品、饮料和调味品、药品和用化学方法获得物质，动物和植物品种，以及用原子核变换方法获得的物质不授予专利权；同时由于紧跟、模仿、窃取工业秘密和经济情报的存在，企业就必须自己保护自己。

世界上经济保密工作最好的大概就是可口可乐的秘密配方。可口可乐的配料99%以上

是公开的，只有比例不到1‰的"天然香料"是绝密的。只有公司少数几位经理知道，而且这个秘密从1886年诞生一直保持到现在。如果不是对秘密配方的绝对保密，世界上不知已有多少"可口可乐"公司了。反观我国经济失密事情不断发生，传统产品制作秘密的泄失所带来的冲击、影响和经济损失，不可不鉴，企业必须善于保护自己。

思考题

1. 食品研发人员有哪些素质要求？
2. 如何提高食品研发人员的市场敏锐性？
3. 如何做好企业技术创新？
4. 如何做好企业新产品开发的保护？

参 考 文 献

[1] 全国总工会职工技协办公室. 创造学与创造力开发 [M]. 北京：经济管理出版社，1999.
[2] 岳兴录，超波等. 企业创新与公关策划实用技法 [M]. 北京：科学出版社，1994.
[3] 埃德温·E·鲍勃罗. 新产品开发 [M]. 李茂林，许明，杨威译. 沈阳：辽宁教育出版社，1999.
[4] 文冲. 点子思维——清华北大学不到 [M]. 北京：作家出版社，1997.
[5] 鲁克成，罗庆生. 创造学教程 [M]. 北京：中国建材工业出版社，1997.
[6] 梁良良，黄牧怡. 走进思维的新区 [M]. 北京：中央编译出版社，1996.
[7] M·尼尔·布朗，斯图尔特·M·基利. 走出思维的误区 [M]. 张晓辉，王全杰译. 北京：中央编译出版社，1996.
[8] 谢贤扬. 创造性思维训练 [M]. 武汉：武汉大学出版社，2002.
[9] 丘磐. 产品创新实务 [M]. 广州：广东经济出版社，2002.
[10] 周树清等. 新产品开发与实例 [M]. 北京：中国国际广播出版社，2000.
[11] 南兆旭，腾宝红. 产品策划与推广技巧 [M]. 广州：广东经济出版社，2004.
[12] 肖云龙. 创造学基础 [M]. 武汉：中南大学出版社，2001.
[13] 李著信. 创造力开发与培养 [M]. 北京：科学技术文献出版社，2003.
[14] 张伟刚. 科研方法论 [M]. 天津：天津大学出版社，2006.
[15] 屈云波. 企划人实战手册 [M]. 北京：企业管理出版社，1998.
[16] 尹宗伦. 中国传统食品工业化问题 [J]. 中国食物与营养，1999.
[17] 李里特. 新食品研发与传统食品工业化 [J]. 中国食品工业，2007.
[18] 刘蔚玲. 企业产品创新中的信息需求 [J]. 科技进步与对策，2001.